21世纪高职高专计算机教育教材研究与编审委员会

名 单

（排名不分先后）

主任委员： 夏清国

副主任委员： 刘培奇　　刘　晔　　刘　黎　　刘鹏辉

委　　员： 罗　军　　任绍辉　　孙姜燕　　黄伟敏

　　　　　　韩银锋　　封　磊　　杨卫社

主　　编： 邢铁申　　冯　冰

参编人员： 张建林　　兰　鑫　　赵智勇　　高　红

　　　　　　李学军　　马小娟　　刘　睿　　闫晓敏

　　　　　　周永红　　李　帅　　蒋卫东

序

　　21 世纪是信息时代，是科学技术高速发展的年代。提高全民族的竞争力，积极发展高职高专教育，完善职业教育体系，是我国职业教育改革和发展的一项重要工作。

　　高等职业教育有其自身的特点。正如教育部"面向 21 世纪教育振兴行动计划"所指出的那样，"高等职业教育必须面向地区经济建设和社会发展，适应就业市场的实际需要，培养生产、管理、服务第一线需要的实用人才，真正办出特色。"因此，不能以本科压缩和变形的形式组织高等职业教育，必须按照高等职业教育的自身规律组织教学体系。为此，我们根据高等职业教育的特点及社会对教材的普遍需求，组织高等职业院校有丰富教学经验的老师编写了本套"21 世纪高职高专计算机课程规划教材"。

　　本套教材充分考虑了高等职业教育的培养目标、教学现状和发展方向，在编写过程中突出了实用性，重点讲述目前在信息技术行业实践中不可缺少的知识，并结合具体实践加以介绍。大量具体操作步骤、众多实践应用技巧、接近实际的实训材料保证了本套教材的实用性。

　　在本套教材编写大纲的制定过程中，我们广泛收集了高等职业院校的教学计划，调研了多个省市高等职业教育的实际情况，经过反复讨论和修改，使编写大纲能最大限度地符合我国高等职业教育的要求，切合高等职业教育实际情况。

　　在选择作者时，我们特意挑选了在高等职业教育一线的优秀骨干教师。他们熟悉高等职业教育的教学实际，并有多年的教学经验，其中许多是"双师型"教师，既是教授、副教授，同时又是高级工程师、认证高级设计师；他们既有坚实的理论知识，很强的实践能力，又有较多的写作经验及较好的文字水平。

　　本套教材是高等职业院校、高等技术院校、高等专科院校计算机课程规划教材，适用于信息技术的相关专业，如计算机应用、计算机网络、信息管理、电子商务、计算机科学与技术、会计电算化等，也可供优秀高职学校选作教材。对于那些要提高自己应用技能或参加证书考试的读者，本套教材也不失为一套较好的参考用书。

　　最后，希望广大师生在使用过程中提出宝贵意见，以便我们在今后的工作中不断地改进和完善，使本套教材成为高等职业教育的精品教材。

21 世纪高职高专计算机教育教材研究与编审委员会

前　言

随着科学技术的飞速发展，计算机技术已广泛应用于各行各业，成为帮助人们解决日常实际问题的强大工具。为此，许多读者为了跟上时代的步伐，增加自己的就业机会，都在积极学习和掌握计算机的核心技术和操作技能。

为了满足市场的需求，使读者在较短的时间内快速掌握最新、最流行的计算机技术，我们参考优秀教师的成功教案，总结计算机专家的实践经验，推出了这本实用性很强的《计算机应用基础》教材。

本书讲述了计算机基础知识、中文 Windows XP/Vista 操作系统、汉字的输入、中文 Word 2007 的基本操作、中文 Excel 2007 的基本操作、中文 PowerPoint 2007 的基本操作、Access 2007 数据库操作、畅游 Internet、多媒体计算机及应用和实训等内容，并且在主要知识点后附有应用实例，通过添加"提示""注意""技巧"来加强读者对知识点的进一步理解。同时每章后都配有丰富的习题，以便让读者及时巩固所学的知识。

本书思路新颖，图文并茂，练习丰富，即可作为高职高专计算机文化基础课程的首选教材，也可作为高等院校、成人院校、民办院校及各种电脑培训班的计算机文化基础课程教材，同时还是广大电脑爱好者的自学参考资料。

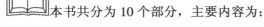本书共分为 10 个部分，主要内容为：

- ▶ 计算机基础知识
- ▶ 中文 Windows XP/Vista 操作系统
- ▶ 汉字的输入
- ▶ 中文 Word 2007 的基本操作
- ▶ 中文 Excel 2007 的基本操作
- ▶ 中文 PowerPoint 2007 的基本操作
- ▶ Access 2007 数据库操作
- ▶ 畅游 Internet
- ▶ 多媒体计算机及应用
- ▶ 实训

由于编者水平有限，错误和疏漏之处在所难免，希望广大读者批评指正！

编　者

目　录

第一章　计算机基础知识

教学目标

　　计算机是当代社会人们生活中不可缺少的一种电子设备。计算机的问世，对人类社会的生产和生活产生了深远的影响，极大地促进了生产力的发展和社会的进步。它标志着人类又开始了一个新的信息革命时代。

　　通过本章的学习，用户应了解计算机系统的基本组成、计算机的硬件组成、连接计算机的主要部件、计算机的启动与关闭、计算机中的数制与编码等内容。

教学难点与重点

　　（1）计算机概述。
　　（2）计算机系统的基本组成。
　　（3）计算机的硬件组成。
　　（4）连接计算机的主要部件。
　　（5）计算机的启动与关闭。
　　（6）计算机中的数制与编码。

第一节　计算机概述

　　计算机是可以接受、处理、存储并输出信息的装置。由于计算机在计算、数据和信息管理方面比人工做得更快、更精确，从而迅速地进入到人们的工作和生活中。

一、计算机的发展历程

　　计算机从诞生至今，经历了5次较大的发展，下面将对其各个阶段的发展情况进行简单介绍。

1. 计算机的诞生与发展

　　世界上第一台电子数字积分计算机 ENIAC（Electronic Numerical Integrator And Calculator）于 1946 年 2 月 15 日在美国的宾夕法尼亚大学问世。当时正处于第二次世界大战期间，美国军方为了解决新武器弹道轨迹计算问题，在美国陆军部的支持下，由艾克特（Eckert）和莫奇来（Mauchley）主要设计完成开发，其外观如图 1.1.1 所示。在体积上，ENIAC 非常巨大，重量超过 27 000 kg（60 000 磅），占满了一个大房间。现在看来，当时 ENIAC 的计算能力可能还比不上今天的计算器，但是它对后来计算机的发展奠定了技术基础。它的诞生使人们看到了使用电子计算机进行高速运算的曙光，标志着电子计算机时代的到来。

图 1.1.1　世界上第一台计算机 ENIAC

与早期的那些机器相比，今天的计算机令人惊异。其不仅速度快，而且还可以放在桌子上、膝盖上，甚至口袋里。

计算机发展到今天，多数人认为电子器件、计算机系统结构和计算机软件技术是影响计算机发展的重要因素，其中，电子器件中半导体技术的发展则是推动计算机不断发展的主要标志。迄今为止，经过 60 多个春秋，电子计算机的发展大致经历了以电子管、晶体管、集成电路、大规模和超大规模集成电路为主要特征的四个阶段，并向新一代电子计算机过渡。各阶段计算机的比较如表 1.1 所示。

表 1.1　各阶段计算机的比较

阶段 特征	第一阶段 （1946－1957 年）	第二阶段 （1958－1964 年）	第三阶段 （1965－1969 年）	第四阶段 （1970 年至今）
电子器件	电子管	晶体管	中、小规模集成电路	大规模和超大规模集成电路
主存储器	磁芯、磁鼓	磁芯、磁鼓	磁芯、磁鼓、半导体存储器	半导体存储器
辅助存储器	磁带、磁鼓	磁带、磁鼓、磁盘	磁带、磁鼓、磁盘	磁带、磁盘、光盘、优盘
软件	机器语言 汇编语言	监控程序 批处理操作系统 FORTRAN、COBOL、 ALGOL60 等高级语言	多道程序 BASIC 语言 结构化程序设计	实时、分时处理 数据库、软件工程 面向对象技术 网络操作系统
运算速度 （次/秒）	5 000～30000	几十万至百万	百万至几百万	几百万至几亿
典型机种	ENIAC EDVAC IBM -700 系列	IBM- 7000 系列	IBM- 360 系列 PDP- 11	IBM- 370 系列 VAX- 11 IBM -PC
主要应用	科学计算	数据处理 工业控制	系统设计 科技工程	事务处理 网格计算

值得一提的是，美籍匈牙利科学家冯•诺依曼（John Von Neumman）1944 年曾参与 ENIAC 的研究工作，其最大的贡献就是在他 1946 年 6 月发表的题为 "电子计算机装置逻辑结构初探" 的论文中提出采用二进制表示数据或指令，并设计出了世界上第一台存储程序式计算机 EDVAC（Electronic Discrete Variable Automatic Computer）。即世界上第一台基于冯氏思想的计算机 "电子离散变量自动计算机"，如图 1.1.2 所示，也就是人们常说的冯•诺依曼计算机。他的设计体现了 "存储程序"（Stored Program）原理和采用二进制代码表示数据和指令的思想，奠定了当代计算机硬件由运算器、控制器、存储器、输入设备和输出设备五大部件（子系统）组成的结构体系，统称 "冯•诺依曼模型"。直到今天，一代又一代的计算机仍沿用这一结构。冯•诺依曼在计算机逻辑结构设计上做出了巨大的贡献，因此，常被人们誉为计算机之父。

图 1.1.2　电子离散变量自动计算机

计算机技术的发展可谓日新月异。特别是近 40 年，集成电路的集成度每 18 个月翻一番，性能也相应增加，而价格和功耗却不断下降。尽管人们对此引发争议（半导体芯片的集成度有限），但计算机技术的进步是必然的。例如目前 Intel 公司刚刚推出的"Core2 Duo"双核 64 位构架处理器和 AMD 公司推出的"Athlon X2"双核 64 位构架处理器，足以使人们在 CPU 发展的争奇斗艳中眼花瞭乱。

2．新一代计算机

习惯上人们将新一代计算机称为第五代计算机，但新一代计算机无论是工作原理、体系结构，还是软件配置都应与前四代截然不同。人们普遍认为，新一代计算机应该具有高度的智能，即不仅能存储独立的信息，而且能存储有机的知识；不仅能处理数据，而且应能提供知识，并进行推理；不仅能简单地重复执行人的命令，还应具有一定的学习功能。

（1）神经网络计算机。近年来，欧美等国家大力投入对人工神经网络（Artificial Neural Network，简称 ANN）的研究，并已取得很大进展。人脑是由数千亿个细胞（神经元）组成的网络系统。神经网络计算机就是用简单的数据处理单元模拟人脑的神经元，从而模拟人脑活动的一种巨型信息处理系统。它具有智能特性，能模拟人的逻辑思维、记忆、推理、设计分析、决策等智力活动。

（2）分子计算机。据美国《科学》杂志报道，加利福尼亚大学洛杉机分校的科学家发明了一种新型的分子开关，使分子计算机研究又向前迈进了一步。这种分子开关相当于用于电子计算机的最简单的逻辑门。分子运算所需的电力将比现在的计算机大大减少，这将使它的功效达到硅芯片计算机的百万倍。

（3）量子计算机和生物计算机。2001 年，美国研究出最先进的量子计算机和生物计算机。IBM 研制的量子计算机使用了五个原子作为处理器和内存，并首次证明有明显快于常规计算机的运算潜力。威斯康星－麦迪逊大学研究出一种用于制造 DNA 计算机的技术，它不仅能将遗传物质 DNA 分子的活动范围限制在固体表面上来执行运算，而且能大大简化通过 DNA 运算来解决复杂数学问题的步骤。普林斯顿大学也开发出了一种使用 RAN（核糖核酸）来解决计算问题的简单的生物计算机。科学家们认为，生物工程是全球高科技领域最具活力和发展潜力的一门学科，加上计算机、电子工程等学科的专家通力合作，有可能在 21 世纪将实用的生物计算机推向世界。

3．计算机的发展方向

展望未来，计算机的发展前景将非常广阔，其主要发展方向为：巨型化、微型化、网络化和智能化。

（1）巨型化。目前，世界经济强国都十分重视超级计算机的研发，并将其视之为科技实力的象征。自 1993 年起，美国田纳西州立大学、劳伦斯伯克利国家实验室和德国曼海姆大学开始联合编制全球 TOP500 超级计算机排行榜。该榜每年 6 月、11 月各发布一次。TOP500 以国际流行的、用于超级计算机系统浮点性能的基准测试 Linpack 为标准，采用问卷调查的方式来编排 TOP500。在 2004 年 6 月发布的第 23 届超级计算机 TOP500 排行榜上，前 10 名中，日本占据第 1，7 位，美国占据第 2～5，8，9 位，欧洲占据第 6 位，我国上海超级计算中心的曙光 4 000 A 以每秒 11.26 万亿次的峰值速度首次进入世界前 10 名。2006 年 11 月，随着国际国内两大权威超级计算机排名"全球 TOP500 超级计算机排行榜"和"2006 年中国高性能计算机 TOP100 排行榜"的发布，超级计算机再次引起人们的高度关注。在 2006 年 11 月发布的第 28 届全球 TOP500 超级计算机排行榜中，IBM 制造的"蓝色基因 eServer Blue Gene Solution"超级计算机以运算速度高达 280.6 万亿次名列榜首。目前我国超级计算机 TOP100 的总性能为 19.2 万亿次。万亿次巨型机的研制成功，标志着我国超性能计算机技术又取得新的突破。它们已在我国的石油勘探、能源开发、核物理研究、中长期天气预报、飞行器设计等领域得到广泛应用。

（2）微型化。微电子和超大规模集成电路技术的发展，将计算机的体积进一步缩小，价格进一步降低。现在的笔记本电脑、掌上电脑技术已日渐成熟，并得到了广泛的应用。近年来，嵌入式系统是计算机微型化发展的又一个重要方向。

（3）网络化。目前，网络正在向方便、快捷、高速的方向发展，光纤和宽带接入已成为主流，"足不出户能知天下事"已成现实。网络化发展的一个重要方向是网格计算（Grid Computing）。

（4）智能化。实现"人工智能"一直是计算机科学技术发展的目标之一。智能化的研究包括模式识别、情感计算、自然语言的理解、机器翻译、博弈、定理自动证明、程序自动设计、专家系统、机器学习和智能机器人技术等。

综上所述，计算机更新换代的显著特点是体积缩小、重量减轻、速度提高、软件丰富和应用领域扩大。据统计，每隔 5～7 年，计算机的运算速度提高 10 倍，可靠性提高 10 倍，成本却降低 10 倍。这种发展速度是其他任何行业所不可比拟的。

二、计算机的分类与特点

计算机是一种能自动、高速、精确地进行信息处理的电子设备，可以应用于不同的领域与工作环境中。正是基于这些特点，出现了许多不同种类的计算机。下面详细介绍这些计算机的种类与特点。

1. 计算机的分类

（1）按照计算机的用途可将其分为通用计算机和专用计算机两种类型。

1）通用计算机是指可以用来完成不同的任务，由程序来指挥，使之成为通用设备的计算机。日常使用的计算机均属于通用机。

2）专用计算机是指用来解决某种特定问题或专门与某些设备配套使用的计算机。

（2）按照计算机功能的强弱和规模大小可将其分为巨型机，大型机，中、小型机，工作站和微型机。

1）巨型机：也称为超级计算机，在所有计算机中体积最大，有极高的运算速度、极大的存储容量。目前多用于国防尖端技术、空间技术、石油勘探、大范围长期性天气预报等领域。

2）大型机：一般认为大型机的运算速度在 100 万次每秒，甚至几千万次每秒，字长为 32～64

位，主存容量在几百吉字节以上。它有比较完善的指令系统、丰富的外部设备和功能齐全的软件系统，主要用于计算机中心和计算机网络中。

　　3）中、小型机：这类计算机的机器规模小、结构简单、设计制造周期短，便于及时采用先进工艺技术；软件开发成本低，易于操作维护。

　　4）工作站：这是介于微型机与小型机之间的一种高档微型机，其运算速度比微型机快，且有较强的联网功能。主要用于特殊的专业领域，例如图像处理、计算机辅助设计等。

　　5）微型机：这是 20 世纪 70 年代后期出现的新机种，它的出现引起了计算机业的一场革命。它以设计先进、软件丰富、功能齐全、价格便宜等优势而拥有广大的用户，如今计算机家族中微型机"人丁兴旺"。微型机采用微处理器、半导体存储器和输入/输出接口等芯片组装，与小型机相比，它体积更小、价格更低、灵活性更好、可靠性更高、使用更加方便。

　　随着大规模集成电路的发展，当前微型机与工作站、小型机乃至中型机之间的界限已不明显，现在的微处理器芯片速度已经达到甚至超过 10 年前的一般大型机的中央处理器的速度。

2．计算机的特点

　　计算机的发明和发展是 20 世纪最伟大的科学技术成就之一。作为一种通用的智能工具，它与其他工具以及人类自身相比具有以下主要特点：

　　（1）记忆能力强。在计算机中有一个承担记忆职能的部件，称为存储器。它能够存放大量的数据和信息，具有超强的记忆功能，并且非常准确，从不遗忘。

　　（2）运算速度快。计算机的运算速度一般是指单位时间内执行指令的平均条数。一台每秒运算一亿次的微型计算机，在 1 秒钟内完成的计算量，就相当于一个人用算盘工作数十年的计算量。

　　（3）计算精度高。计算机的计算精度取决于计算机的字长，而不取决于它所用的电子器件的精确程度。计算机的计算精度在理论上不受限制，一般的计算机均能达到 15 位有效数字，经过技术处理可以满足任何精度要求。计算机精确而快速地计算为人们争取了时间，特别是那些计算量大、时间性又强的工作，如天气预报、火箭飞行控制等，使用计算机的意义就特别大。

　　（4）具有逻辑判断能力。计算机不仅能进行算术运算，还具有逻辑判断能力。例如，对两个信息进行比较，根据比较结果，自动确定下一步该做什么。有了这种判断能力，计算机可以很快完成逻辑推理、定理证明等逻辑加工方面的工作，大大扩展了计算机的应用范围。

　　（5）具有自动控制能力。程序是人经过仔细规划，事先设计好并存储在计算机中的指令序列。计算机是一个自动化的电子装置，它采取存储程序的工作方式，能够在人们预先编制好的程序的控制下自动而连续地运算、处理和控制，这给很多行业带来了方便。人们可以利用计算机去完成那些枯燥乏味、令人厌烦的重复性工作，也可以让计算机控制机器深入到有毒、有害的作业场所，从事人类难以胜任的工作。

　　（6）通用性强。计算机既能进行算术运算又能进行逻辑判断。不仅能进行数值计算，还能进行信息处理和自动控制，具有很强的通用性。

　　总之，程序存储、程序控制和数字化信息编码技术的结合使计算机的功能越来越强大，使用也变得越来越容易。

三、计算机的主要应用领域

　　在科技高速发展的今天，计算机主要应用于科研、生产、国防、文化、教育、卫生及家庭生活等各个领域，计算机的发展促进了生产力的大幅度提高。下面将介绍其主要应用领域。

1. 科学计算

早期的计算机主要用于科学计算。科学计算是指利用计算机解决科学技术和工程设计中大量繁杂且人工或其他计算工具在短时间内难以完成的计算问题，例如高能物理、工程设计、气象预报、航天技术等。由于计算机具有高运算速度和精度以及逻辑判断能力，使得过去手工计算需要几年、几十年乃至上百年才能完成的工作，用计算机只需几分钟、几小时就可完成。这样大大提高了科学研究和工程设计的效率和质量，降低了成本，因此出现了计算力学、计算物理、生物控制论等新的学科。

2. 数据处理

数据处理也称为非数值计算，是计算机普及和应用中最重要的一个方面，它把人们从大量烦琐的数据统计与事务管理工作中解放出来。与科学计算不同，数据处理的数据量大。数据处理是对各种数据进行收集、存储、整理、分类、统计、加工、利用、传播等一系列活动的统称，目的是获取有用的信息作为决策的依据。

3. 过程控制

利用计算机对工业生产过程中的某些信号自动进行检测，并把检测到的数据存入计算机，再根据需要对这些数据进行处理，这样的系统称为计算机检测系统。特别是仪器仪表引进计算机技术后所构成的智能化仪器仪表，将工业自动化推向了一个更高的水平。同时，计算机及时采集数据、分析数据、制定最佳方案、进行自动控制，不仅可以大大提高自动化水平、减轻劳动强度，而且可以大大提高产品质量及成品合格率。因此，在冶金、机械、石油、化工、电力等行业的各种自动化系统中，计算机都已得到了广泛的应用，并获得了较为理想的效果。

4. 人工智能

人工智能（Artificial Intelligence，简称 AI）是利用计算机模拟人的思维方式，使计算机能够像人一样具有文字识别、语言、图像及声音等能力。智能计算机可以代替人类从事某些方面的脑力劳动，例如下棋、文字翻译等，还可以利用计算机识别笔迹和声音。它是在计算机科学、控制论等基础上发展起来的边缘学科，包括专家系统、机器翻译、自然语言理解等。

5. 计算机辅助系统

计算机辅助设计是近几年迅速发展的一个新的应用领域。利用计算机辅助系统代替人的工作，可大大减轻人的劳动强度，缩短工作周期，提高效益。目前常见的辅助系统有计算机辅助设计、计算机辅助教学、计算机辅助制造、计算机辅助测试等。

（1）计算机辅助设计（CAD）：利用计算机的计算和逻辑运算等功能来帮助设计人员进行工程和产品设计，以提高设计工作的自动化程度，节省人力和物力。目前，这种技术已经在电路、机械、土木建筑、服装设计等行业中得到了广泛的应用。

（2）计算机辅助教学（CAI）：通过计算机将具体的教学内容以文字、图像、声音等形式表现出来，可以极大地调动学习积极性，提高教学效果。

（3）计算机辅助制造（CAM）：在机器制造业中利用计算机控制各种数控机床和设备，可自动完成部分产品的加工、装配、检测、包装等工作。这样有利于提高产品质量、降低生产成本、缩短生产周期，并且还大大改善了制造人员的工作条件。

（4）计算机辅助测试（CAT）：是指利用计算机进行复杂而大量的测试工作。

6. 电子商务

电子商务（E-Business）是指通过计算机网络所进行的商务活动。电子商务始于 1996 年，起步时间虽然不长，但因其具有高效率、低支付、高收益和全球性的优点，很快受到我国政府和企业的广泛重视，发展前景非常广阔。

总之，计算机的应用范围非常广泛，同时也应该认识到，计算机是由人设计制造的，要靠人来使用和维护，它不能代替人脑的一切活动。只有正确认识计算机的优势和不足，才能充分发挥计算机的作用。

四、计算机的新技术

21 世纪是科技不断进步的时代，计算机新技术的发展具有以下令人瞩目的变化。

1. 芯片技术

2006 年，使用长达 13 年之久的 Pentium（奔腾）淡出市场。如果说以往"奔腾"给人们的印象是速度，那么双核 CPU 给人更多的是超越。据说，Intel 公司的 Core2（酷睿 2）双核处理器包含了 2.91 亿个晶体管，采用 65 nm 芯片加工工艺制造。这款新处理器与 Intel 公司之前最好的处理器相比，性能提升了 40%，而功耗却降低了 40%。计算机双核时代刚刚开始，四核又接踵而来。PC 领域正在进入一个全新的多核时代。

双核处理器是指基于单个半导体的一个处理器上拥有两个一样功能的处理器核心。换句话说，将两个物理处理器核心整合入一个核心中。双核的概念最早是由 IBM，HP 和 SUN 等支持 RISC 架构的高端服务器厂家提出的，但由于 RISC 架构的服务器价格高，应用面窄，并未进入主流市场。而现在常说的双核，主要是指基于 X86 开放架构的双核技术。目前多数操作系统均支持并行处理，并且常用软件的最新版本中也加入了对并行技术的支持，因此，配合双核 CPU 就可使系统性能获得明显提升。

值得一提的是，2006 年 9 月 13 日，由中科院计算所承担的"龙芯 2 号增强型处理器（即龙芯 2E）芯片设计"项目通过了科技部"十一五"863 计划信息技术领域专家组验收。世人的目光再次聚焦在这枚承载着国人无限期望的自主芯片上面。据介绍这枚包含 4 700 万个晶体管、最高主频为 1 GHz、面积约两个拇指盖大小、功耗在 3～8 W 范围内的龙芯 2E 处理器已达到奔腾 IV 处理器 1.5～2.0 GHz 的水平。

龙芯 2E 是国内首款 64 位高性能通用 CPU 芯片，支持 64 位 Linux 操作系统和 X-windows 视窗系统，比 32 位的龙芯 1 号更流畅地支持视窗系统、桌面办公、网络浏览、DVD 播放等，尤其在低成本信息产品方面具有很强的优势。同时由于龙芯采用特殊的硬件设计，可以抵御黑客和病毒攻击。由于在安全性上优势突出，在政务或军事等领域都有广阔的市场。随着"龙芯 1 号"、"龙芯 2 号"的成功研发，"龙芯 3 号"、"龙芯 4 号"等多核产品也已经纳入开发日程。相信龙芯团队能够开发出具有国际领先水平的芯片，将我国拥有自主知识产权的芯片技术做大、做强。

2. 并行处理技术

并行处理是实现高性能计算机系统的主要途径。并行处理技术包括并行结构、并行算法、并行操作系统、并行程序设计语言及其编译系统等。并行处理方式有多处理机体系结构、大规模并行处理系统和各种站集群等。

3. 嵌入技术

嵌入技术是指将操作系统和功能软件集成于计算机硬件系统中的一种技术，也就是系统的应用软件与硬件一体化，即将软件固化集成到硬件系统中，类似于微型计算机主板上的 BIOS 的工作方式。嵌入式系统具有软件源代码少、高度自动化和响应速度快等特点，特别适合实时多任务系统。

4. 中间件技术

中间件（Middleware）是基础软件的一类，属于复用软件的范畴。顾名思义，中间件处于操作系统与应用软件的中间。中间件在操作系统、网络和数据库的上层，用户应用软件的下层。作用是为处于上层的应用软件提供运行与开发的环境，帮助用户灵活、高效地开发和集成复杂的应用软件。

5. 分布式计算

分布式计算（Distributed Computing）是计算机科学的一个重要分支，主要研究如何把一个需要巨大的计算能力才能解决的问题分解成许多小的部分，然后把这些部分分配给许多计算机进行处理，最后把这些计算结果综合起来得到最终的结果。

6. 网格计算

网格计算（Grid Computing）是通过互联网络将不同空间位置、不同类型的物理与逻辑资源以开放和标准的方式组织起来，通过资源共享和动态协调，来解决不同领域的复杂问题的分布式和并行计算。网格计算改变了人们对计算的传统看法，也改变了人们解决问题的方式。

网格技术使人们可以通过互联网共享各种资源，包括计算资源、存储资源、通信资源、软件资源、信息资源和知识资源等，而不必知道资源的出处。网格技术是因处理海量数据的需要而提出并发展起来的，由于它可以实现全世界所有资源的连通共享，而被认为是继 WWW 实现世界各地页面连通之后的新的网络技术。

7. 容错计算

容错计算（Fault-tolernat computing）是在计算机内部发生故障时，仍能正常运行并给出正确结果的计算能力。又称"容错技术"。容错技术可以分为 3 类，即故障检测技术、屏蔽冗余技术和动态冗余技术。容错计算机具有较高的可靠性，因此特别适用于可靠性要求较高的场合。例如航天飞机控制、核电厂控制、银行金融系统、航空交通管制以及国防军事等。

8. 蓝牙技术

蓝牙（Bluetooth）技术，实际上是一种短距离（有效范围为 10 m，强的可达到 100 m）的无线通信技术。利用蓝牙技术，能够有效地简化掌上电脑、笔记本电脑和手机等移动通信设备之间的通信。蓝牙技术的设计初衷是"结束线缆噩梦"。

第二节　　计算机系统的基本组成

计算机系统由硬件系统和软件系统组成，下面对其基本组成部分进行介绍。

一、计算机系统概述

严格地说，通常人们所说的计算机应该称为计算机系统。一个完整的计算机系统是由硬件系统和软件系统两大部分组成的，如图 1.2.1 所示。硬件系统简称硬件（Hardware），软件系统简称软件（Software）。可以这样理解，硬件是计算机的躯体，软件是计算机的灵魂，只有把硬件和软件有机地结合在一起，才能形成完整的计算机系统。

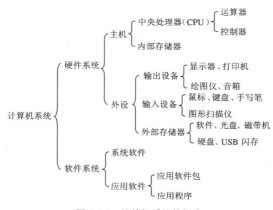

图 1.2.1　计算机系统的组成

二、计算机硬件系统

就计算机硬件系统而言，当今绝大部分计算机的基本结构仍然停留在冯·诺依曼结构上，即计算机硬件由运算器、控制器、存储器、输入设备和输出设备五大基本部件构成。

计算机的硬件系统是构成计算机系统的各种物理设备的总称。在计算机系统中，各部件通过地址总线、数据总线、控制总线联系在一起，并在控制器的统一管理下协调一致地工作。其过程是各种原始数据、程序先由输入设备输入到存储器内，然后在控制器的控制下逐条从存储器中取出程序中的指令，并依指定地址取出所需数据，送到运算器进行运算，运算结果放入存储器中，最后由输出设备输出运算结果。计算机硬件系统的基本结构如图 1.2.2 所示。

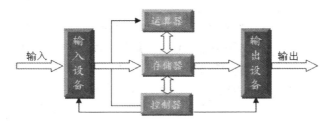

图 1.2.2　计算机硬件系统的基本结构

1. 运算器

运算器（Arithmetic and Logic Unit）是执行算术运算和逻辑运算的部件。其内部包括算术逻辑单元和各种寄存器组。它是计算机实现高速运算的核心。

运算器的运算任务是由控制器来控制的。

2．控制器

控制器（Control Unit）是计算机的管理机构和指挥中心，负责控制协调整个计算机自动而步调一致地工作。它一般由程序计数器、指令寄存器、指令译码器、时序电路和控制电路等组成。主要完成指令控制、时序控制、操作控制等功能。

除此之外，控制器还要具备对异常情况及某些外部请求（如出现溢出、中断请求等）的处理能力。

3．存储器

存储器（Memory Unit）是具有记忆功能的部件，是用来存放计算机程序和数据的。存储器分为许多小的单元，称为存储单元。每个存储单元有一个编号，称为地址。一般把向存储器存入数据称为写入，而把从存储器中取出数据，称为读出。对存储器的一次读出或写入，叫做一次"访问"。访问一次存储器所花费的时间称为存取周期。存取周期是以微秒（1 微秒＝10^{-6} 秒）或毫微秒（10^{-9} 秒）计算的。

根据存储器在计算机系统中所起的作用，可将其分为两种，即主内存储器和辅助存储器。

主存储器又称内存储器。内存储器的存储速度快，但容量有限，只能临时存储必要的系统软件、应用软件、用户程序及数据等，大部分应用程序和大量的数据则要放在外存储器中，使用时再调入内存。

辅助存储器也称外存储器。外存储器是为弥补内存的不足而设计的容量较大的存储器。可用来长期保存那些暂时不用的数据和程序。

4．输入设备

输入设备（Input Device）的功能是将外部程序、原始数据和操作命令等输入计算机，它是用户操作计算机并与计算机进行交互的主要设备。常见的输入设备有键盘、鼠标、扫描仪等。

5．输出设备

输出设备（Output Device）的功能是将保存在计算机内存中的运算结果、数据信息、状态信息等以人或其他设备能够识别的形式表现出来。常见的输出设备有显示器、打印机等。

三、计算机软件系统

众所周知，计算机系统是以硬件为基础、软件为平台呈现给用户的。人们使用计算机其实就是通过操作软件来驱动硬件工作的。没有配置任何软件的计算机称为"裸机"。裸机是不会有效地工作的，所以要使计算机正常工作，就必须配备相应的软件。

从软件配置的角度一般把软件分为系统软件和应用软件两大类。

1．系统软件

系统软件是计算机本身运行所必须的软件，一般由厂商提供。系统软件主要包括：

（1）操作系统。操作系统是管理和控制计算机系统软、硬件资源的大型程序，是用户与计算机之间的接口，它提供了软件运行的环境。

（2）程序设计语言及其处理程序。语言是人类最重要的交际工具之一，如自然语言（汉语、英语等）、数学语言（C＝2πr）和计算机语言等。要编写程序就必须使用计算机语言。计算机语言是根据预先定义的规则（语法）而写出的语句的集合，这些语句组成了程序。

从计算机诞生到今天，程序设计语言伴随着计算机硬件技术的进步而不断地演化。目前世界上广泛使用的计算机语言大致有十几种。按照语言级别可将计算机语言分为低级语言和高级语言，低级语言包括机器语言和汇编语言，高级语言中较著名的有 BASIC，FORTRAN，PASCAL，C，C++和Java 等。

（3）服务性程序。服务性程序是指为了帮助用户使用与维护计算机，提供服务性手段而编制的一类程序。

（4）数据库管理系统。数据库（Database）是为满足一定范围内用户的需要，在计算机里建立的一组互相关联的数据集合。数据库管理系统（Data base management system）是用于创建和管理数据库的系统软件，是数据库系统的核心。常用的数据库模型有层次模型、网状模型和关系模型 3 种。其中，关系数据库应用最广，常有"大众数据库"的美誉。比较常见的数据库管理系统有 FoxBase/FoxPro系列产品、Oracle 以及微软公司的 Access，SQL Server 等。

2．应用软件

应用软件（Application Software）一般指用户在各自的应用领域中，为解决各类实际问题而用某种计算机语言编写出来的程序。应用软件不胜枚举，其中商用信息处理软件所占比例最大。工程与科学计算软件大多涉及计算问题，控制类软件旨在实现生产的自动化。

常见的应用软件包括应用程序软件包和用户程序等。

（1）应用程序软件包。应用程序软件包是指为实现某种特殊功能而精心设计的结构严密的软件系统。例如，美国微软公司研制的 Office 应用程序软件包，就是一套实现办公自动化的软件包。

（2）用户程序。用户程序是用户为了解决某个具体的问题而开发的软件。例如，财务管理软件"管家婆"等。

3．硬件与软件的关系

硬件是软件的基础，软件是硬件功能的扩充与完善，硬件和软件相互渗透、相互促进，从而构成了一个不可分割的计算机整体。

在计算机系统中，对于软件和硬件没有严格的分界。软件能实现的可以用硬件实现，称为软件固化，如在微机的 CMOS 中就固化了系统的 BIOS 引导程序。当然硬件能实现的也可以用软件来实现，称为硬件软化。一般而言，同一功能如果用硬件实现，其速度快，但成本高。如果用软件实现，则一般是通过牺牲速度来换取的。

第三节　计算机的硬件组成

从外观上看，计算机主要由主机、显示器、键盘和鼠标 4 个部分组成。从宏观上看，可以把计算机分为主机、外部输入设备、输出设备等几部分。图 1.3.1 列出了几种常见的微型计算机。

图 1.3.1　常见微型计算机

一、主机

主机是计算机硬件中最重要的设备，相当于人的大脑。主机箱内部包括主板、CPU（中央处理器）、存储器、显示卡、声卡、硬盘、光驱、软驱等，如图 1.3.2 所示。

图 1.3.2　主机箱内部

主机箱主要有卧式和立式两种，卧式的主机箱已被淘汰，目前市场上主要是立式的主机箱。

主机箱的正面有电源开关、复位按钮、软驱、光驱等，如图 1.3.3 所示。主机箱的背面有很多大大小小、形状各异的插孔，如图 1.3.4 所示。这些插孔的作用是通过电缆将其他设备连到主机上。

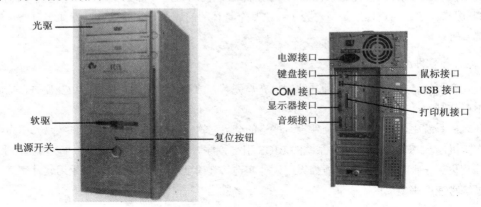

图 1.3.3　主机箱正面　　　　　　　　　　图 1.3.4　主机箱背面

1．主板

主板也称为主机板、系统板（System Board）或母板。它是一块多层印制电路板，上面分布着南、北桥芯片，声音处理芯片，各种电容、电阻以及相关的插槽、接口、控制开关等，如图 1.3.5 所示。

主板上的插槽主要包括 CPU 插槽、内存条插槽、AGP 插槽和 PCI 插槽，其中，CPU 插槽用于放置 CPU，内存条插槽用于放置内存条，AGP 插槽用于放置 AGP 接口的显卡，而 PCI 插槽则用于放置网卡、声卡等。

2．CPU

CPU（Central Processing Unit）称为中央处理单元或微处理单元 MPU（MicroProcessing Unit），它是运算器和控制器的总称，是微型计算机的心脏。它是决定微型计算机性能和档次的最重要部件。

微型计算机常用的微处理器芯片主要是由 Intel 公司和 AMD 公司生产的。如 Intel 公司的奔腾和赛扬（低端产品）系列、AMD 公司的速龙和毒龙系列等，这两个公司生产的 CPU 如图 1.3.6 所示。

图 1.3.5 主板 　　　　　　　　　　　　　图 1.3.6 CPU

CPU 安装在主板上的 CPU 专用插槽内。由于 CPU 的线路集成度高、功率大，因此，在工作时会产生大量的热量，为了保证 CPU 能正常工作，必须配置高性能的专用风扇给它散热。当散热不好时 CPU 就会停止工作或被烧毁，出现"死机"等现象，因此，在高温环境下使用微型计算机时应注意通风降温。

3. 内存

内存即内存储器，是继 CPU 后直接体现计算机档次的主要标志，如图 1.3.7 所示。

图 1.3.7 内存

存储器通常分为 3 种：高速缓存存储器（Cache）、只读存储器（ROM）和随机存储器（RAM）。

Cache 即缓存，位于主存和 CPU 之间，有内外之分。访问速度通常是 RAM 的 10 倍左右。

ROM 即只读存储器，只能读出，不能写入。一般在 ROM 中存放着一些重要的程序，如 BIOS。存放在 ROM 中的信息能长期保存而不受停电的影响。

RAM 即随机存储器，俗称"内存"。其特点是可读可写，用来存储计算机运行过程中所需的程序、数据以及支持用户程序运行的系统程序等，但关机后，其中的信息会自动消失。

内存的大小影响计算机的运行速度。RAM 大小一般有 64 MB，128 MB，256 MB，512 MB 等。RAM 的容量越大，运行时能容纳的用户程序和数据就越多。

4. 外存储设备

计算机的大量数据必须在外存储器中保存，在需要时再调入内存储器使用。外存储器主要包括硬盘存储器、光盘存储器、软盘存储器等。光盘和软盘必须要有其驱动器才能使用。

（1）软驱：软驱是软盘驱动器的简称，主要用于读取和写入软盘数据，如图 1.3.8 所示。

（2）光驱：光驱是光盘驱动器的简称，英文简称 CD-ROM，是一种只读的外部存储设备，如图 1.3.9 所示。它主要用于读取 CD-ROM，DVD-ROM，VCD，CD，CD-R 等光盘媒介的数据。

图 1.3.8　软驱　　　　　　　　　　　　　　图 1.3.9　光驱

光驱按结构和功能的不同，主要分为 CD-ROM，DVD-ROM，CD-R，CD-RW 和目前较为流行的 COMBO。其中，CD-ROM，DVD-ROM 只能读取数据，而 CD-R，CD-RW 和 COMBO 不仅可以读取数据，还可以向光盘中写入数据。

（3）硬盘：硬盘存储器，简称硬盘，是微机中最主要的数据存储设备，主要用来存放大量的系统软件、应用软件、用户数据等。它包含一个或多个固定圆盘，盘外涂有一层能通过读/写磁头对数据进行磁记录的材料。它的特点是速度高、容量大。硬盘容量和硬盘转速是硬盘的两大重要技术指标。近年来，硬盘容量提高很快，现在的硬盘容量一般在 60 GB 以上。硬盘转速的单位是 RPM，即每分钟多少转，目前，硬盘的转速主要有 5 400 r/m 和 7 200 r/m 两种。

由于硬盘是一种高精密的设备，因此，采用了密封型、空气循环方式和空气过滤装置，被密封在一个金属盒里，固定在主机箱内，如图 1.3.10 所示。当其工作时，机箱上的指示灯会点亮。

图 1.3.10　硬盘外观及硬盘内部结构

5. 显卡

显卡又称显示器适配器，它一般与显示器配套使用，一起构成微机的显示系统。显卡的好坏将从根本上决定显示的效果。常见的显卡有 PCI 显卡、AGP 显卡和新推出的 PCI-E 显卡。描述显卡性能的主要指标有显存容量和显示分辨率等。显存越大，可存储数据越多，显示的画面也就越流畅清晰。常见的显存容量有 128 MB，256 MB，512 MB 或更高，图 1.3.11 所示的为一款常见的 AGP 显卡。

6. 声卡

声卡是多媒体计算机中的一块语音合成卡，计算机通过声卡来控制声音的输出，如图 1.3.12 所示。

图 1.3.11　显卡　　　　　　　　　　　　　　图 1.3.12　声卡

声卡获取声音的来源可以是模拟音频信号和数字音频信号。声卡还具备模数转换（A/D）和数模转换（D/A）功能。例如它既可以把来自麦克风或话筒、收录机、CD 唱机等设备的语音、音乐信号变成数字信号，并以文件的形式保存，还可以把数字信号还原成真实的声音输出。有的声卡被集成在主板上，有的声卡独立插在主板的扩展插槽里。声卡的主要性能指标有采样精度、采样频率、声道数和信噪比等。

7．网卡

网卡又称网络接口卡（Network Interface Card），简称 NIC，如图 1.3.13 所示。它是专为计算机与网络之间的数据通信提供物理连接的一种接口卡。

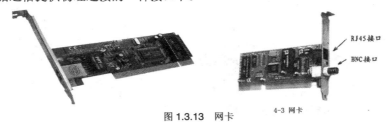

图 1.3.13　网卡　　　　　　　4-3 网卡

网卡的作用有以下两个方面：

接收和解包网络上传来的数据包，再将其传输给本地计算机。

打包和发送本地计算机上的数据，再将数据包通过通信介质（如双绞线、同轴电缆、无线电波等）送入网络。

二、显示器

显示器是计算机中不可缺少的输出设备，它可以显示程序的运行结果，也可以显示输入的程序或数据等。目前主要有 CRT（阴极射线管）和 LCD（液晶）两种显示器，其外观如图 1.3.14 所示。按显示屏幕大小分类，通常有 14 英寸、15 英寸、17 英寸、20 英寸等。

图 1.3.14　CRT 显示器（左）和液晶显示器（右）

显示器的外观像电视机，但与电视机有本质的区别。显示器支持高分辨率，如现在常用的 17 英寸显示器可以支持 1 024dpi×768dpi 的最佳分辨率和 1 280dpi×1 024dpi 的最高分辨率，而目前的电视机支持的最高分辨率为 640dpi×480dpi。在显示色彩方面，显示器的效果也远远超过电视机。

显示器主要由两根线连接：一根为电源线，提供显示器的电源；另一根为数据线，与机箱内的显卡连接，以输入显示数据。

三、键盘和鼠标

键盘和鼠标是常用的输入设备。

1. 键盘

键盘是计算机最重要的输入设备，如图 1.3.15 所示。用户的各种命令、程序和数据都可以通过键盘输入计算机。

2. 鼠标

鼠标是计算机在窗口界面中操作必不可少的输入设备，如图 1.3.16 所示。鼠标是一种屏幕标定装置，不能直接输入字符和数字。在图形处理软件的支持下，使用鼠标在屏幕上处理图形要比使用键盘方便得多。目前市场上的鼠标主要有机械式鼠标、光电式鼠标、无线鼠标等。

图 1.3.15　键盘

图 1.3.16　鼠标

四、计算机的其他外部设备

计算机的其他外部设备主要包括打印机、扫描仪、数码相机、数字摄像头等。

1. 打印机

打印机也是计算机最重要的输出设备，可以把文字或图形等输出到纸张、透明薄膜等介质上。根据打印原理的不同，可将打印机分为针式打印机、喷墨打印机和激光打印机 3 种，如图 1.3.17 所示。

针式打印机

喷墨打印机

激光打印机

图 1.3.17　打印机

（1）针式打印机：针式打印机主要由打印机芯、控制电路、电源 3 大部件构成。打印机芯上的打印头有 24 个电磁线圈，每个线圈驱动一根钢针产生击针或收针的动作，通过色带击打在打印纸上，形成点阵式字符。

（2）喷墨打印机：喷墨打印机使用打印头在纸上形成文字或图像。打印头是一种包含数百个小喷嘴的设备，每一个喷嘴都装满了从可拆卸的墨盒中流出的墨。喷墨打印机能打印的分辨率依赖于打印头在纸上打印的墨点的密度和精确度，打印质量根据每英寸上的点数（DPI）来衡量，点数越大，打印出来的东西越清晰、越精确。目前，许多喷墨打印机都提供了彩色打印功能，且越来越接近一些激光打印机的打印质量。除了文本文档外，还可以使用喷墨打印机打印图形，例如艺术线条和照片。当然，喷墨打印机也有一些不足之处，如墨盒的费用较高，打印页的颜色会随着时间延长而变浅等。

（3）激光打印机：激光打印机的打印质量最好，其关键技术是机芯及其控制电路。激光打印机在一个负电荷导光的鼓上提取图像再生成计算机文档，激光涉及的区域丢失了一些电荷，当鼓转过含有色剂的区域时，一种干的粉末状的颜料即可印在纸上形成影像。

2．扫描仪

扫描仪是计算机的辅助输入设备，如图 1.3.18 所示。扫描仪主要用于将各类图像、图纸图形以及文稿资料扫描到计算机中，以便对这些图像进行处理。

3．数字摄像头

摄像头是一种新型的视频设备，具有小巧的外形和较好的图像效果，可以实现一些高档数字设备（如数码相机、摄像机）的部分功能，如图 1.3.19 所示。

图 1.3.18　扫描仪

图 1.3.19　数字摄像头

第四节　连接计算机的主要部件

本节主要介绍计算机主要部件的连接操作，即将显示器、键盘、鼠标、音箱及电源线连接到主机上。

一、显示器的连接

在显示器的背后有两根线，将带有针形插头的显示器数据信号线与计算机主机箱背面的显卡输出接口相连并拧紧信号线两边的紧固螺钉，避免接触不良造成画面不稳定的现象，如图 1.4.1 所示。再将显示器电源线的另一端插在电源插座上。

图 1.4.1　连接显示器

提示：连接显示器时，根据显示器的不同，有的将显示器的电源线连到主机，有的直接连到电源插座上。插线时应注意插口的方向，对准缺口方向再插，以免折断针头，损坏设备。

二、键盘、鼠标的连接

键盘、鼠标的连接方法如下：

（1）PS/2 接口的连接：将键盘、鼠标插头接到主机箱背面的 PS/2 圆形接口上，通常键盘接口为紫色，鼠标接口为绿色，如图 1.4.2 所示。

图 1.4.2　连接鼠标、键盘

（2）USB 接口的连接：USB 键盘、鼠标的连接，只要将它们的 USB 端口与机箱上的 USB 接口相连即可。

三、音箱的连接

在主机箱的背面有 3 个排列在一起而颜色不同的圆形插孔，红色的是麦克风接口，绿色的是音频输出接口，蓝色的是音频输入接口。把音箱或耳机插入绿色的音频输出接口；麦克风插入红色接口，而蓝色接口多用于接入电视卡的音频信号线。

四、电源线的连接

电源线的连接方法如下：

（1）准备好电源线，将电源线的楔形端与主机电源的接口连接，另一端直接与外部电源相连，如图 1.4.3 所示。

（2）接下来需要连接显示器的电源线，和机箱电源线连接相似，楔形的一端插入显示器的背部，另一端插到电源插座上，如图 1.4.4 所示。

图 1.4.3　主机电源线的连接

图 1.4.4　显示器电源线的连接

第五节　计算机的启动和关闭

同日常使用的各种电器一样，计算机只有在接通电源后才能工作。但由于计算机比日常使用的其他家用电器要复杂得多，因此，只有正确地开关机，才可以安全地使用计算机。

一、启动计算机

计算机的启动可以分为冷启动、热启动和复位启动 3 种方式。

1．冷启动

冷启动的操作方法如下：

（1）打开电源开关，按显示器的开关按钮，电源指示灯亮表示已打开显示器。接着打开其他外部设备的电源。

（2）按主机箱上的"Power"按钮，显示灯亮表示已打开主机。

（3）计算机开始自动运行，并显示启动界面，表示已经成功启动计算机并进入操作系统。

注意：按以上顺序启动计算机后，系统将开始自检，开机自检完毕后，稍等片刻即可进入 Windows 操作系统界面。但如果 Windows 操作系统设置了多个账户和密码，则要输入正确的账户名和密码才能进入。

2．热启动

在计算机运行状态下，若遇到死机现象，则可以热启动计算机。按"Ctrl+Alt+Del"组合键，在弹出的对话框中选择"关机→重新启动"命令即可重新启动计算机。

3．复位启动

复位启动则是指已进入到操作系统界面，由于系统运行中出现异常且热启动失效所采用的一种重新启动计算机的方式。其方法是按主机箱上的"Reset"按钮重新启动计算机。

提示：由于程序没有响应或系统运行时出现异常，导致所有操作不能进行，这种情况称为"死机"。死机时首先进行热启动，若不行再进行复位启动，如果复位启动还是不行，就只能关机后进行冷启动。

二、关闭计算机

用完电脑后要将其关闭。直接关闭电脑的电源，不但会丢失保存的信息，也容易损坏电脑硬件。关闭电脑的具体步骤如下：

（1）关闭所有已经打开的文件和应用程序。

（2）选择 [开始] → [关闭计算机(U)] 命令，打开如图 1.5.1 所示的"关闭计算机"界面。

（3）单击"关闭"按钮 即可安全关闭计算机主机。

（4）关闭显示器和电源开关。

图 1.5.1　"关闭计算机"界面

技巧：如果用户同时和多人在局域网络上，而用户突然想结束自己的工作，建议最好选择 [开始] → [注销(L)] 命令来结束目前的工作，这样才不会因为中断网络连接而影响其他人的工作。

第六节　计算机中的数制与编码

数制（Number System）是指用一组固定的数字和一套统一的规则来表示数据的方法。编码是采用少量的基本符号，选用一定的组合原则，以表示大量复杂多样的信息的技术。计算机是处理信息的工具，任何信息必须转换成二进制形式的数据后才能由计算机进行处理、存储和传输。

一、计算机常用数制

计算机内部一律采用二进制存储数据和进行运算。为了书写、阅读方便，用户可以使用十进制、八进制、十六进制形式表示一个数，但不管采用哪种形式，计算机都要把它们变成二进制数存入计算机内部并以二进制方式进行运算，再把运算结果转换为十进制、八进制、十六进制，并通过输出设备输出为人们习惯的进制形式。下面主要介绍与计算机有关的常用的几种进位计数制。

1．二进制

习惯使用的十进制数由 0，1，2，3，4，5，6，7，8，9 这 10 个不同的符号组成，每一个符号处于十进制数中不同的位置时，它所代表的实际数值是不一样的。例如 1999 可表示成

$$1\times1\,000+9\times100+9\times10+9\times1=1\times10^3+9\times10^2+9\times10^1+9\times10^0$$

该式中每个数字符号的位置不同，它所代表的数值也不同，这就是经常所说的个位、十位、百位、千位……的意思。二进制数和十进制数一样，也是一种进位计数制，但它的基数是 2，数中 0 和 1 的

位置不同，它所代表的数值也不同。例如二进制数 1101 表示十进制数 13，如下所示：

$$(1101)_2=1\times2_3+1\times2_2+0\times2_1+1\times2_0=8+4+0+1=(13)_{10}$$

一个二进制数具有以下两个基本特点：

（1）两个不同的数字符号，即 0 和 1。

（2）逢二进一。

2．十进制

具有 10 个不同的数码符号 0，1，2，3，4，5，6，7，8，9，其基数为 10。十进制数的特点是逢十进一。例如：

$$(1011)_{10}=1\times10^3+0\times10^2+1\times10^1+1\times10^0$$

3．八进制

具有 8 个不同的数码符号 0，1，2，3，4，5，6，7，其基数为 8。八进制数的特点是逢八进一。例如八进制数 1101 表示十进制数 521，如下所示：

$$(1011)_8=1\times8^3+0\times8^2+1\times8^1+1\times8^0=(521)_{10}$$

4．十六进制

具有 16 个不同的数码符号 0，1，2，3，4，5，6，7，8，9，A，B，C，D，E，F，其基数为 16。十六进制数的特点是逢十六进一。例如十六进制数 1011 表示十进制数 4113，如下所示：

$$(1011)_{16}=1\times16^3+0\times16^2+1\times16^1+1\times160=(4\ 113)_{10}$$

如表 1.1 所示列出了 4 位二进制数与其他数制的对应关系。

在计算机中，一般在数字的后面用特定字母表示该数的进制。例如：

B——二进制，D——十进制（D 可省略），O——八进制，H——十六进制。

表 1.1　4 位二进制数与其他数制的对应关系

二进制	十进制	八进制	十六进制
0000	0	0	0
0001	1	1	1
0010	2	2	2
0011	3	3	3
0100	4	4	4
0101	5	5	5
0110	6	6	6
0111	7	7	7
1000	8	10	8
1001	9	11	9
1010	10	12	A
1011	11	13	B
1100	12	14	C
1101	13	15	D
1110	14	16	E
1111	15	17	F

5．数位、基数和位权

在进位计数制中有数位、基数和位权 3 个要素，数位是指数码在一个数中所处的位置；基数是指在某种进位计数制中，每个数位上所能使用的数码的个数，例如二进制数的基数是 2，每个数位上所能使用的只有 0 和 1 两个数码；位权是指在某种进位计数制中，每个数位上的数码所代表的数值的大小，等于在这个数位上的数码乘上一个固定的数值，这个固定的数值就是此种进位计数制中该数位上的位权。数码所处的位置不同，代表的数的大小也不同。

二、二进制数与十进制数之间的转换

用计算机处理十进制数，必须先把它转化成二进制数才能被计算机识别，同理，计算结果应转换成人们习惯的十进制数。这就产生了不同进制数之间的转换问题。

1．十进制整数转换成二进制整数

把被转换的十进制整数反复除以 2，直到商为 0，所得的余数（从末位起）就是这个数转换为二进制数的结果。简单地说，就是"除 2 取余法"。

例如，将十进制整数（58）$_{10}$转换成二进制数的方法如下：

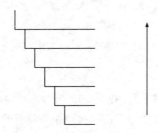

于是，（58）$_{10}$=（111010）$_2$。

提示：了解了十进制整数转换成二进制整数的方法以后，十进制整数转换成八进制整数或十六进制整数就很容易了。十进制整数转换成八进制整数的方法是"除 8 取余法"，十进制整数转换成十六进制整数的方法是"除 16 取余法"。

2．十进制小数转换成二进制小数

十进制小数转换成二进制小数是将十进制小数连续乘以 2，顺序选取进位整数，直到小数为零或满足精度要求为止，简称"乘 2 取整法"。

例如，将十进制小数（0.175）$_{10}$转换成二进制小数（保留 4 位小数）的方法如下：

$$
\begin{array}{rl}
0.175 & \text{整数} \quad 高 \\
\times \quad 2 & \\
\hline
0.350 & 0 \\
\times \quad 2 & \\
\hline
0.700 & 0 \\
\times \quad 2 & \\
\hline
1.400 & 1 \\
\times \quad 2 & \\
\hline
0.800 & 0 \quad 低 \\
\end{array}
$$

于是，（0.175）$_{10}$=（0.0010）$_2$。

提示：了解了十进制小数转换成二进制小数的方法以后，十进制小数转换成八进制小数或十六进制小数就很容易了。十进制小数转换成八进制小数的方法是"乘 8 取整法"，十进制小数转换成十六进制小数的方法是"乘16取整法"。

3. 二进制数转换成十进制数

把二进制数转换为十进制数的方法是将二进制数按权展开求和即可。

例如，将（10110011.101）$_2$转换成十进制数的方法如下：

1×2^7	代表十进制数 128
0×2^6	代表十进制数 0
1×2^5	代表十进制数 32
1×2^4	代表十进制数 16
0×2^3	代表十进制数 0
0×2^2	代表十进制数 0
1×2^1	代表十进制数 2
1×2^0	代表十进制数 1
1×2^{-1}	代表十进制数 0.5
0×2^{-2}	代表十进制数 0
1×2^{-3}	代表十进制数 0.125

于是，（10110011.101）$_2$=128+32+16+2+1+0.5+0.125=（179.625）$_{10}$。

三、字符编码

在计算机中，对非数值的文字和其他符号进行处理时，要对文字和符号进行数字化处理，即用二进制数编码来表示文字和符号。字符编码（Character Code）是用二进制编码来表示字母、数字以及特殊符号的。

在计算机系统中，有两种重要的字符编码方式：ASCII（美国信息交换标准代码）和 EBCDIC（扩充（展）的二进制编码的十进制交换码）。EBCDIC 码主要用于 IBM 的大型主机，ASCII 码用于微型机与小型机。

目前计算机中普遍采用的是 ASCII 码。ASCII 码有 7 位版本和 8 位版本，国际上通用的是 7 位版本，7 位版本的 ASCII 码有 128 个元素，如表 1.2 所示，只须用 7 个二进制位（2^7=128）表示，其中控制字符 34 个，阿拉伯数字 10 个，大小写英文字母 52 个，各种标点符号和运算符号 32 个。在计算机中，实际用 8 位表示一个字符，最高位为"0"。例如，字符 0 的 ASCII 码为 48，大写英文字母 A 的 ASCII 码为 65，空格的 ASCII 码为 32。有的计算机教材中的 ASCII 码用十六进制数表示，这样，数字 0 的 ASCII 码为 30H，字母 A 的 ASCII 码为 41H。

表 1.2 标准 ASCII 码字符集

十进制	十六进制	字 符	十进制	十六进制	字 符	十进制	十六进制	字 符	十进制	十六进制	字 符
0	00	NUL	32	20	SP	64	40	@	96	60	`
1	01	SOH	33	21	!	65	41	A	97	61	a
2	02	STX	34	22	"	66	42	B	98	62	b
3	03	ETX	35	23	#	67	43	C	99	63	c
4	04	EOT	36	24	$	68	44	D	100	64	d

续表

十进制	十六进制	字　符	十进制	十六进制	字　符	十进制	十六进制	字　符	十进制	十六进制	字　符
5	05	ENQ	37	25	%	69	45	E	101	65	e
6	06	ACK	38	26	&	70	46	F	102	66	f
7	07	BEL	39	27	'	71	47	G	103	67	g
8	08	BS	40	28	(	72	48	H	104	68	h
9	09	HT	41	29	)	73	49	I	105	69	i
10	0A	LF	42	2A	*	74	4A	J	106	6A	j
11	0B	VT	43	2B	+	75	4B	K	107	6B	k
12	0C	FF	44	2C	,	76	4C	L	108	6C	l
13	0D	CR	45	2D	-	77	4D	M	109	6D	m
14	0E	SO	46	2E	.	78	4E	N	110	6E	n
15	0F	SI	47	2F	/	79	4F	O	111	6F	o
16	10	DLE	48	30	0	80	50	P	112	70	p
17	11	DC1	49	31	1	81	51	Q	113	71	q
18	12	DC2	50	32	2	82	52	R	114	72	r
19	13	DC3	51	33	3	83	53	S	115	73	s
20	14	DC4	52	34	4	84	54	T	116	74	t
21	15	NAK	53	35	5	85	55	U	117	75	u
22	16	SYN	54	36	6	86	56	V	118	76	v
23	17	ETB	55	37	7	87	57	W	119	77	w
24	18	CAN	56	38	8	88	58	X	120	78	x
25	19	EM	57	39	9	89	59	Y	121	79	y
26	1A	SUB	58	3A	;	90	5A	Z	122	7A	z
27	1B	ESC	59	3B	:	91	5B	[	123	7B	{
28	1C	FS	60	3C	<	92	5C	\	124	7C	|
29	1D	GS	61	3D	=	93	5D	]	125	7D	}
30	1E	RS	62	3E	>	94	5E	^	126	7E	~
31	1F	US	63	3F	?	95	5F	_	127	7F	DEL

四、汉字编码

　　我国用户在使用计算机进行信息处理时，一般都会用到汉字，所以必须解决汉字的输入、输出以及处理等一系列问题，主要就是解决汉字的编码问题。

　　汉字是一种字符数据，在计算机中也要用二进制数表示，计算机要处理汉字，同样要对汉字进行编码，输入汉字要用输入码，存储和处理汉字要用机内码，汉字信息传递要用国标码，输出时要用输出码等，因此就要求有较大的编码量。

　　由于汉字是象形文字，数目比较多，常用的汉字就有 3 000～5 000 个，因此每个汉字必须有自己独特的编码形式。

　　（1）汉字机内码：汉字机内码简称内码，就是计算机在内部进行存储、传输和运算所使用的汉字编码。汉字机内码采用双字节编码方案，用两个字节（16 位二进制数）表示一个汉字的内码，对同一个汉字其机内码只有一个，也就是汉字在字库中的物理位置。

　　（2）汉字字形码：汉字字形码是汉字字库中存储的汉字字形的数字化信息，用于显示和打印。

目前大多是以点阵方式形成汉字，所以汉字字形码主要是指汉字字形点阵的代码。

字形点阵有 16×16 点阵、24×24 点阵、32×32 点阵、64×64 点阵、96×96 点阵和 128×128 点阵等。

（3）汉字国标码：国标码是中华人民共和国国家信息交换汉字编码，它是一种机器内部编码，可将不同系统使用的不同编码全部转换为国标码，以实现不同系统之间的信息交换。国标码收录了 7 445 个字符和图形，其中有 6 763 个汉字，各种图形符号（英文、日文、俄文、希腊文字母、序号、汉字制表符等）共 682 个。

国标码将这些符号分为 94 个区，每个区分为 94 个位。每个位置可放一个字符，每个区对应一个区码，每个位置对应一个位码，区码和位码构成区位码。

区位码 4 个区的分布如下：

1～15 区：图形符号区，1～9 区为标准区，10～15 区为自定义符号区。

16～55 区：一级汉字区。

56～87 区：二级汉字区。

88～94 区：自定义汉字区。

（4）汉字输入码：汉字输入码是为了将汉字通过键盘输入计算机而设计的代码，其表现形式多为字母、数字和符号。输入码的长度也不同，多数为 4 个字节。目前使用较普遍的汉字输入方法有拼音码、自然码、五笔字型码和智能 ABC 码等。

（5）汉字输出码：即字型码或汉字发生器码，主要作用是在输出设备上输出汉字的形状。汉字的字型即字模，是每个汉字的点阵信息，称为点阵字型代码。汉字点阵形式，就是将汉字作为二维图形处理，即把汉字置于网状方格内用黑白点来表示，有笔画通过的网点为黑色，否则为白色。每个黑白点为字符图形的最小元素，即位点。对于每个汉字字型，经过点阵数字化后的一串二进制数称为汉字的输出码。输出汉字的字体、字型要求各不相同。这种点阵式编码的特点就是占有内存空间大，结构简单，取字速度快，字型美观不失真，是目前汉字系统采用的汉字库的主要编码方式。

计算机中数据的存储单位包括位、字节和字。

（1）位。计算机中最小的数据单位是二进制的一个数位，简称位（b）或比特（bit）。

（2）字节。8 位二进制数称为一个字节，简称 B，即 1B=8 b，而且在计算机中信息存储以字节作为基本单位。常用的单位有千字节（KB）、兆字节（MB）和吉字节（GB），它们之间的换算关系如下：

1 KB=1 024 B

1 MB=1 024×1 024 B=1 024 KB

1 GB=1 024×1 024 KB=1 024 MB

（3）字。在计算机处理数据时，一次存取、处理和传输的数据长度称为字。字是一组二进制数码作为一个整体参加运算或处理的单位。一个字通常由两个字节构成，用来存放一条指令或一个数据。

第七节 计算机病毒与安全

随着计算机技术的飞速发展和广泛应用，出现了计算机病毒。如今计算机病毒已泛滥全球，严重威胁着计算机信息系统的安全。因此，如何适时有效地检测与防治计算机病毒已成为人们普遍关注的重要课题。本节将主要介绍计算机病毒基本知识及计算机的安全操作。

一、计算机病毒知识

计算机病毒在我国是从 1989 年初的"小球病毒"开始的，至今已成为计算机界的一大公害。由于当今世界上 IBM-PC 及其兼容机有数千万台之多，所以攻击该机型的计算机病毒最多，传染也最为广泛。在这些病毒中，有的病毒破坏磁盘上的文件分配表，改变磁盘的分区，有的则破坏文件本身等，给计算机系统的正常使用造成了严重的危害。

1．计算机病毒的定义

到目前为止，还没有对计算机病毒有一个公认且确切的定义。一般存在以下两种说法。

（1）从广义上讲：计算机病毒（Computer Viruses）是一种人为编制的、具有破坏计算机功能或者毁坏数据的一段可执行的程序。

（2）从狭义上讲：计算机病毒是通过修改而传染其他程序，即修改其他程序使之含有病毒自身的精确版本或可能演化版本，变种或其他病毒繁衍体。病毒可看做是攻击者使用的任何代码的携带者。它通过非授权入侵而隐藏在可执行程序或数据文件中，并能进行自身复制、占用系统资源、破坏数据信息，从而影响系统的正常工作甚至使整个计算机系统瘫痪，具有相当大的破坏性。

2．计算机病毒的特点

计算机病毒具有以下 6 个特点：

（1）传染性：传染性是计算机病毒程序最重要的特征。它通过对其他程序的修改或把自己的副本嵌入等手段，以达到传染扩散的目的，一旦用户运行被传染的程序，计算机就会被感染。这样，很快涉及整个系统乃至计算机网络。

（2）隐蔽性：计算机病毒程序往往都是非常短小的程序，很容易隐蔽在可执行程序或数据文件中。当用户运行正常程序时，病毒伺机窃取到系统控制权，限制正常程序执行，而这些对于用户来说都是未知的。

（3）潜伏性：计算机病毒可以长时间地潜伏在文件中，并不立即发作。在潜伏期中，它并不影响系统的正常运行，只是悄悄地进行传播、繁殖，使更多的正常程序成为病毒的"携带者"。一旦时机成熟，病毒发作，就会显示出其巨大的破坏威力。

（4）触发性：计算机病毒并不是在任何条件下都能发作，触发实质上是一种条件控制，病毒程序按照设计者的要求，在具备一定触发条件时，才会感染或攻击其他程序。触发计算机病毒的条件可以是某个特定的文件类型、数据、日期、时间等。

（5）破坏性：计算机病毒的最终目的就是破坏用户程序数据。一旦满足了它的破坏条件，就会发作，并在系统中迅速扩散。轻者能占用内存空间、扰乱屏幕显示、降低系统工作效率。重者能破坏数据和文件、封锁外设或通道、破坏系统的正常运行，甚至毁掉系统硬件。

（6）衍生性：计算机病毒本身是一段可执行程序，但是由于计算机病毒本身是由几部分组成的，所以可以被恶作剧者或恶意攻击者模仿，甚至对计算机病毒的几个模块进行修改，使之成为一种不同于原病毒的计算机病毒。例如，常说的变种病毒就是病毒程序衍生而来的，如 Casper（卡死脖幽灵）病毒可变代码达数千亿种。

3．计算机病毒的种类

计算机病毒的分类方法很多，根据计算机病毒的特点及特性有以下几种分类方法：

（1）按照病毒的破坏性可分为良性病毒和恶性病毒。

1）良性病毒对系统和数据不产生破坏作用，它只是表现自己，但可干扰计算机的正常工作，例如大量占用系统资源，使计算机的运行速度大大降低。有时，在某些特定条件下，病毒交叉感染时，甚至可造成计算机系统瘫痪。

2）恶性病毒对系统、程序以及用户的数据产生不同程度的破坏。它的目的在于人为地破坏计算机系统的数据，其破坏力和危害之大是令人难以想象的。如删除文件、格式化硬盘或对系统数据进行修改等。

（2）按照病毒的传染方式可分为磁盘引导型病毒、操作系统传染病毒、应用程序传染病毒和文件型病毒。

1）磁盘引导型病毒主要是通过用计算机病毒取代正常的引导记录，而将正常的记录移至其他存储空间，进行保护或不保护。由于引导区是系统能正常工作的先决条件，所以这类病毒在一开始就获得了控制权，传染性较大。

2）操作系统传染病毒就是利用操作系统可以在任何一个计算机的支持环境下运行这一特征，将计算机病毒寄生在正常的系统程序中，从而进行对程序的传染。有些病毒存在于磁盘的隐含扇区或者虚假标明是坏的扇区上。这类病毒有很强的破坏力，可以导致整个系统的瘫痪。

3）应用程序传染病毒是以应用程序为攻击对象，将病毒寄生在应用程序中并获得控制权，且驻留在内存中并监视系统的运行，寻找可以传染的对象进行传染。由于目前各种实用软件很多，所以这种病毒入侵的可能性相当大。

4）文件型病毒，如果文件带上此类病毒，则该文件（可执行文件或某些类型的数据文件，如DOC 文件）被调用时，病毒将驻留在系统内存，并伺机传染其他可执行文件或某些类型的数据文件。

4．计算机病毒的传播途径

计算机病毒的传播总是通过一定的途径来完成的，这些途径主要有软盘、硬盘、光盘、网络以及磁带等。

（1）软盘和硬盘是病毒传播的一个重要的途径。感染病毒的软盘在无病毒的机器上使用，就会感染该机的内存和硬盘，凡是在这个带病毒的机器上使用过的软盘又会被病毒感染。

（2）光盘传播主要是由于使用盗版光盘而引起的。如果使用了这种带病毒的光盘，计算机病毒就会通过此光盘进行传播。

（3）通过计算机网络传播病毒。在网络中传染病毒的速度是所有传染媒介中最快的一种，特别是随着 Internet 的日益普及，计算机病毒会通过网络从一个节点迅速蔓延到另一个节点。如泛滥一时的"梅利莎"病毒，看起来就像是一封普通的电子邮件，可是一旦打开邮件，病毒将立即侵入计算机的硬盘。还有曾经在计算机上常出现的标有"I love you"邮件名的电子邮件，一旦打开此邮件，病毒同样也会立即侵入。

总之，病毒的传播以操作系统加载机制和存储机制为基础，有的也危及硬件。

二、计算机安全

除了预防计算机病毒确保计算机安全以外，在使用过程中，对计算机的使用环境和维护等方面还要有基本的知识。

1．计算机的使用环境

（1）洁净。计算机和人类一样，也需要一个良好的工作环境。计算机应该在干净、少灰尘的地方使用，要时刻保持键盘、鼠标、显示器和机箱的干净整洁，因为灰尘对计算机的性能和寿命有一定的影响。灰尘很容易受到热物件或磁场的吸引而附着在元器件表面，如果机箱、键盘、鼠标和显示器上有灰尘，应该用清水或中性洗洁精及时擦洗，在擦洗时要防止污水流入机箱内。

（2）温度。计算机在工作时也需要舒适的温度，温度过高，机箱内的散热性能差，会使计算机主机工作不稳定，驱动器难以正常工作；温度过低，容易造成驱动器对磁盘读写的信息错误。所以在使用计算机时，注意计算机工作环境的温度。一般情况下，计算机的工作温度应该保持在 16～26℃。

（3）湿度。湿度对计算机所造成的影响不可忽视，湿度过大，会使元器件受潮，引脚氧化，造成接触不良或短路；而湿度太低，则容易造成静电，同样对配件不利。计算机工作环境的湿度应该保持在 40%～80%之间。

（4）磁场。计算机不能在有强磁场的环境下工作。计算机的外部存储材料都是磁材料，较强的磁场会使显示器产生花斑、抖动等现象，也会造成硬盘上的数据丢失。因此，计算机在工作时应远离强磁场，以免受其干扰，引起系统故障。

（5）静电。静电对计算机的影响也很大，人体累积的静电可高达几千伏，当与计算机接触时，会通过主机电路释放到大地，这时会出现显示器显示混乱、系统死机等现象。许多奇怪的现象都是由静电引起的，因此，用户应该采取预防措施。例如，在操作计算机之前，先用手触摸一下地线放掉静电，或者穿上不易产生静电的工作服等。

2．计算机的维护

计算机的很多故障都是人为的错误操作所引起的，所以必须养成良好的操作习惯。

（1）正确开关机。

1）正确的开机顺序是：打开电路电源→打开显示器电源→打开主机电源。

2）正确的关机顺序是：关闭主机电源→关闭显示器电源→关闭电路电源。

注意：在安装内存条时，在每次关机时，先要退出所有的应用程序，再按正确的关机顺序进行关机，否则有可能损坏应用程序。不要在驱动器灯亮时强行关机，也不要频繁地开关机，每次开关机之间的时间间隔不要小于 30 秒。

（2）不带电操作。不要在带电的情况下对计算机进行硬件的添加，更不要在带电的情况下插拔计算机配件，这样很容易烧毁配件。严禁在计算机运行过程中插拔电源线和信号线。

（3）防震。轻易不要移动或震动计算机，即使要移动它，也要先断掉电源，轻拿轻放，以避免由于震动而造成的划伤或损坏。

（4）防毒。在使用计算机时，一定要加强病毒的防范意识，目前病毒泛滥，无孔不入。在使用来历不明的光盘、软盘等时，先要对其进行查毒，即使使用完之后，也要对计算机进行一次全面的扫毒，以避免病毒引起的故障。

本章小结

本章主要介绍了计算机系统的的基本组成，计算机的硬件组成，连接计算机的主要部件，计算机的启动与关闭，计算机中的数制与编码以及计算机病毒与安全等知识。通过本章的学习，使用户对计算机的基本知识有一个初步的了解，为以后的学习打好基础。

习　题　一

一、填空题

1. _____年，世界上第一台计算机诞生于美国宾夕法尼亚大学，当时被称为_____。

2. 根据电子计算机采用的物理器件，一般把计算机的发展划分为_____个阶段。

3. 电子计算机的发展大致经历了以_____、_____、_____、和_____为主要特征的四个阶段。

4. 计算机按大小可划分为_____、_____、_____、_____和_____。

5. 计算机软件系统可分为_____和_____两大部分。

6. 内存储器简称内存，是计算机的记忆中心，主要用来存放当前计算机运行所需要的_____和_____。

7. 计算机的硬件结构主要由_____、_____、_____、_____和_____五大基本部件组成，其中以_____为中心。

8. 正确的开机顺序是：_____→_____→_____。

9. 计算机病毒有_____、_____、_____、_____、_____、_____等特点。

二、选择题

1. 电子元器件的发展推动着计算机的发展，第四阶段计算机使用的电子元器件为（　　）。

（A）晶体管　　　　　　　　　　　　（B）中、小规模集成电路

（C）电子管　　　　　　　　　　　　（D）大规模和超大规模集成电路

2. 一个完整的计算机系统包括（　　）。

（A）硬件系统和软件系统　　　　　　（B）主机和外设

（C）硬件系统和应用软件　　　　　　（D）微处理器和输入输出设备

3. CPU 意为（　　）。

（A）中央处理器　　　　　　　　　　（B）主机

（C）主板　　　　　　　　　　　　　（D）光驱

4. 在计算机中，平时使用的操作系统、办公软件、游戏软件等都存放在（　　）中。

（A）内存　　　　　　　　　　　　　（B）硬盘

（C）CPU　　　　　　　　　　　　　（D）主板

5. 微型计算机硬件系统中最核心的部件是（　　）。

（A）存储器　　　　　　　　　　　　（B）I/O 设备

（C）UPS　　　　　　　　　　　　　（D）CPU

6. 以下属于输入设备的是（　　）。

（A）键盘　　　　　　　　　　　　　（B）打印机

（C）显示器　　　　　　　　　　　　（D）扫描仪

7. 微型计算机断电后，外存储器中的信息（　　）。

  （A）局部丢失   （B）大部分丢失

  （C）全部丢失   （D）不会丢失

8. 在微型计算机中，RAM 的特点是（　　）。

  （A）海量存储   （B）非遗失性

  （C）遗失性   （D）存储在其中的数据不能改写

9. 在计算机硬件设备中，既可做输出设备又可做输入设备的是（　　）。

  （A）绘图仪   （B）扫描仪

  （C）手写笔   （D）磁盘驱动器

10. 在计算机运行状态下，如果遇到死机现象，则可以热启动计算机，其操作方法是（　　）。

  （A）按主机上的电源按钮   （B）按下主机上的"Reset"按钮

  （C）按"Ctrl+Alt+Delete"组合键   （D）按下显示器上的电源开关

11. 分辨率属于下列（　　）设备的性能指标之一。

  （A）键盘   （B）显示器

  （C）软盘驱动器   （D）声卡

12. 下面工具中可将文字或图像信息输入到计算机中的是（　　）。

  （A）打印机   （B）扫描仪

  （C）复印机   （D）传真机

13. 在微机中，访问速度最快的存储器是（　　）。

  （A）硬盘   （B）光盘

  （C）内存   （D）优盘

14. 下列关于针式打印机的说法中，正确的是（　　）。

  （A）用一排针头把色带上的颜色击打在纸上形成文字或图案

  （B）用喷墨头把色带上的颜色喷成图案或文字

  （C）采用静电原理将墨粉印在纸张上

  （D）打印速度快、效果好、价格贵

15. 计算机能够直接识别和处理的语言是（　　）。

  （A）汇编语言   （B）自然语言

  （C）高级语言   （D）机器语言

16. 在计算机中，通常用英文单词"bit"来表示（　　）。

  （A）字   （B）字长

  （C）二进制位   （D）字节

17. 十进制数 415 的二进制表示是（　　）。

  （A）111101110B   （B）100000000B

  （C）100010001B   （D）110011111B

三、简答题

1. 简述计算机的特点、种类及用途。

2. 系统软件与应用软件有什么区别？

3. 打印机包括哪几种类型？各有什么特点？

四、上机操作题

1．对计算机进行开机和关机操作。

2．动手连接计算机的鼠标和键盘。

3．打开机箱，认识计算机硬件的组成部件。

第二章　中文 Windows XP/ Vista 操作系统

教学目标

Windows XP 是 Microsoft 公司开发的操作系统。同以往的操作系统相比，Windows XP 具有更新、更丰富的网络和娱乐功能，可以使用户更加容易地建立家庭网络、共享调制解调器、浏览 WWW、收发电子邮件等。

教学难点与重点

（1）认识 Windows XP 操作系统。
（2）窗口、对话框的组成及基本操作。
（3）文件管理。
（4）Windows XP 控制面板。
（5）Windows XP 附件程序及其应用。
（6）认识 Windows Vista。

第一节　认识 Windows XP 操作系统

操作系统（Operating System，OS）是计算机软件系统中最主要、最基本的系统软件。它由许多具有控制和管理功能的程序组成，能合理地组织计算机的工作流程，以提高计算机工作效率，是计算机与用户之间的接口。

一、Windows XP 的基本特点

Windows XP 是 Windows 最具开创性的版本，也是第一个同时面向家庭用户和商业用户的新型的 Windows XP 操作系统。同以往 Windows 版本相比，Windows XP 具有以下特点：

（1）丰富的通信功能：实时的音频、视频和应用程序共享，使用户之间的通信交流更方便。

（2）改进的帮助与支持：用户在遇到困难时可以方便地连接到其他用户或 Internet 查找帮助资源，及时获得帮助与支持。

（3）令人耳目一新的音乐和娱乐：Windows XP 将给用户寻找、下载和播放高质量的音频、视频，带来最佳的体验。

（4）方便的家庭网络：Windows XP 使用户能够轻松地与家人共享信息、设备、网络连接。

（5）即插即用的设备兼容性：只要在计算机中增加某些硬件，而这些硬件处于开机状态，则计算机启动后，操作系统就会自动识别并配置这些硬件。

二、Windows XP 的桌面

Windows XP 启动后，显示的桌面如图 2.1.1 所示，由桌面图标、开始菜单和任务栏 3 部分组成。用户也可以根据自己的工作习惯和个人喜好进行设置桌面。桌面上的图标分为系统图标（如我的文档、回收站、我的电脑等）和快捷方式图标（如 Microsoft Office Word 2007 快捷方式），每个快捷方式图标与之相应的应用软件相关联，双击即可快速启动相应的软件。用户可以在桌面上进行新建图标、删除图标或排列图标位置等操作。

图 2.1.1 Windows XP 桌面

三、"开始"菜单

在 Windows 系列操作系统中，"开始"菜单是用户打开应用程序的桥梁，它存储了几乎所有系统中应用程序的快捷命令图标，通过这些快捷图标，用户可以打开相应的应用程序，如"记事本"、"画板"等。单击 ![开始] 按钮，即可打开"开始"菜单（也可以按"Ctrl+Esc"快捷键打开"开始"菜单），"开始"菜单带有用户的个人特色，它由两个部分组成，左边是常用应用程序的快捷方式列表，右边为系统工具和文件管理工具列表，如图 2.1.2 所示。

图 2.1.2 "开始"菜单

四、任务栏

任务栏位于 Windows XP 桌面的最下方，如图 2.1.3 所示。在 Windows XP 操作系统中，任务栏是一个非常重要的工具，通过任务栏，用户可以快速地打开应用程序、查看系统日期和时间、调节音量大小等。此外，如果有多个应用程序同时运行，还可以通过单击任务栏中的应用程序图标，在不同的应用程序窗口之间进行切换。

快速启动工具栏　　　　　　　　　　　　　　　　　　语言栏　　日期和时间

图 2.1.3　任务栏

提示：除了可以通过单击任务栏上的应用程序图标在多个应用程序之间来回切换，还可以按"Alt+Tab"快捷键进行切换。按该快捷键时，在屏幕中间会弹出一个对话框，列出了每个正在运行的程序图标，对话框底部的小窗口内显示所选图标对应的简单描述。依次按"Tab"键，方框将从一个图标移到另一个图标上，并在所有的图标中循环。松开快捷键后，即切换到所选程序中。

用户可以对任务栏进行下列操作：

（1）锁定任务栏：选中 锁定任务栏(L) 复选框，将任务栏锁定在其桌面上的当前位置，这样任务栏就不会被移动到新位置，同时还锁定显示在任务栏上任意工具栏的大小和位置，这样工具栏也不会被更改。

（2）自动隐藏任务栏：选中 自动隐藏任务栏(U) 复选框，可隐藏任务栏。要再次显示任务栏，则指向任务栏在屏幕上所处的位置区域。如果要确保指向任务栏时任务栏立即显示，则选中 将任务栏保持在其它窗口的前端(T) 复选框，并同时选中 自动隐藏任务栏(U) 复选框。

（3）自定义任务栏：在任务栏中可以设置显示多种选项，还可以添加其他应用程序的图标，有时会造成任务栏中图标过多，显得杂乱。

以上操作均可在如图 2.1.4 所示的对话框中设置，具体操作方法是将鼠标指针指向任务栏的空白位置，单击鼠标右键，在弹出的快捷菜单中选择 属性(R) 命令，弹出 任务栏和「开始」菜单属性 对话框，在该对话框中进行相应的设置即可。

用户还可以将任务栏放在桌面的上、下、左、右 4 边中的任何一边，并更改其大小，具体操作方法如下：

（1）将鼠标指针指向任务栏的空白处。

（2）单击鼠标右键，从弹出的快捷菜单中取消选中 锁定任务栏(L) 命令。

（3）重新将鼠标指针指向任务栏的空白处，按住鼠标左键拖动（此处选择向右边拖动），到桌面的右边后放开鼠标左键，任务栏将被放在桌面的右边，如图 2.1.5 所示。

图 2.1.4　"任务栏和「开始」菜单属性"对话框

图 2.1.5　将任务栏放在桌面的右侧

（4）将鼠标指针指向任务栏的边界，此时鼠标指针变为 $\updownarrow$ 形状。

（5）按住鼠标左键向上拖动到合适的位置后，松开鼠标左键，即可改变任务栏的大小。

第二节　窗口的组成及基本操作

窗口是 Windows XP 的基本操作对象，Windows XP 中所有的应用程序都是以窗口的形式出现的，当用鼠标双击桌面上某一个快捷图标时，屏幕上运行的应用程序的界面称为窗口。

一次可以打开很多窗口，同时还可以在多个窗口之间自由地进行切换。Windows XP 的窗口一般包括 3 种状态：正常、最大化和最小化。正常窗口是 Windows 系统的默认大小，最大化窗口充满整个屏幕，最小化窗口则缩小为一个图标或按钮。当工作窗口处于正常或者最大化状态时，其界面都由边界、应用工作区、标题栏、状态控制按钮、菜单栏、工具栏以及滚动条等组成部分。

一、窗口的组成

下面以"我的文档"窗口为例介绍 Windows XP 窗口的组成。"我的文档"窗口和其他 Windows 窗口一样，具有相同的组成部分，如图 2.2.1 所示。

图 2.2.1　"我的文档"窗口

窗口的组成部分及其作用如表 2.1 所示。

表 2.1　窗口的组成部分及其作用

组成部分	作　用
标题栏	位于窗口的顶部，用于显示窗口的名称。用鼠标拖动标题栏可以移动窗口，双击标题栏可以将窗口最大化或者还原
状态控制按钮	其中有 3 个按钮，用来改变窗口的大小及关闭窗口
菜单栏	在标题栏的下方，用于显示应用程序的菜单项，单击每一个菜单项可打开相应的菜单，然后从中选择需要的操作命令
工具栏	用于显示一些常用的工具按钮，如 后退 、"向上"、 搜索 等。用鼠标单击这些工具按钮可以执行相应的操作

续表

组成部分	作　用
地址栏	在地址栏中输入文件夹路径，并单击旁边的 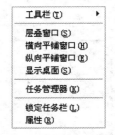 转到 按钮，将打开该文件夹。若计算机已经连接到 Internet，在地址栏中输入网址后，系统将自动启动 IE 6.0 并打开网页
窗口区域	用于显示窗口中的内容
任务栏	使用该栏中的命令可以快速地执行一些需要的操作
滚动条	拖动该滚动条可显示出任务栏中没有被显示出来的任务命令
控制菜单图标	标题栏最前面的图标，单击可完成调整窗口大小、位置等操作，双击关闭窗口

二、窗口的基本操作

Windows 窗口的操作主要有以下几种：

1．调整窗口大小

一个普通窗口可以根据需要任意调整其大小。如果要调整窗口的大小，先将光标移到窗口的任意一个边界上，这时光标就变为调整大小的形状（双向箭头$\updownarrow$，$\leftrightarrow$ 或者 $\nwarrow$），如果只调整一个方向的大小（宽度或者高度），就将光标移到窗口的上边界、下边界、左边界或者右边界，然后拖动鼠标即可；如果想一次调整两个方向的大小（同时调整宽度和高度），就将光标移到窗口的任意角，然后按住鼠标左键并拖动，窗口大小会随之改变。

用户也可以使用标题栏右端的"最大化"、"最小化"按钮，使应用程序窗口铺满整个桌面或缩小成任务按钮。

2．排列窗口

Windows 是一个多任务的操作系统，它可以同时运行多个窗口程序。而在实际使用过程当中，过多的窗口切换容易造成混乱。除了使用最小化功能减少桌面上的窗口以外，还可以使用 Windows 标准的 3 种窗口排列方式：层叠窗口、横向平铺窗口和纵向平铺窗口。

层叠窗口是重新排列桌面上已经打开的窗口，各窗口彼此重叠，前面每一个窗口的标题栏相对于后一个窗口的标题栏都略微低一些，并略微地靠右边一点，这样看上去就好像是层叠在一起；横向平铺窗口是将所有的窗口都在垂直方向上排列，在水平方向上占据整个屏幕空间，窗口之间不重叠。当窗口非常多时，水平方向上不再占据整个屏幕，而是进行合理的划分；纵向平铺窗口与横向平铺窗口相似，只不过窗口是在垂直方向上占据整个屏幕。当窗口非常多时，垂直方向上不再占据整个屏幕，而是进行合理的划分。

排列窗口的具体操作步骤如下：

（1）将鼠标指针指向任务栏的空白区域，单击鼠标右键，弹出其快捷菜单，如图 2.2.2 所示。

（2）从中选择 层叠窗口 (S) 、 横向平铺窗口 (H) 或者 纵向平铺窗口 (E) 命令即可。

3．切换（激活）窗口

在桌面上可同时打开多个窗口，总有一个窗口位于其他窗口之前。在 Windows 环境下，用户当前正在使用的窗口为活动窗口（或称前台窗口），位于最上层，总是深色加亮的窗口，其他窗口为非活动窗口（或称后台窗口）。用户随时可以用鼠标或键盘快捷键"Alt+Tab"切换（激活）所需要的窗口。

工具栏 (T)　▶

层叠窗口 (S)
横向平铺窗口 (H)
纵向平铺窗口 (E)
显示桌面 (S)

任务管理器 (K)

锁定任务栏 (L)
属性 (R)

图 2.2.2　"任务栏"快捷菜单

第三节　对话框的组成及基本操作

对话框是用户与应用程序之间进行信息交互的区域，它给用户提供了输入信息的机会，同时将系统信息显示出来。在 Windows 菜单中，当选择带有省略号（…）的命令时，就会弹出一个对话框。对话框也是一个窗口，但它具有自己的一些特征，可以将它看做一类定制的、具有特殊行为方式的窗口。对话框与窗口最大的区别是不能改变大小和最小化，只能移动和关闭。

任务栏上显示的是对话框以外的所有窗口，当对话框被其他窗口完全覆盖时，可以使用"Alt+Esc"快捷键在包括对话框在内的所有窗口之间切换。

一、对话框的组成

在 Windows XP 中，对话框有一些统一的内容和操作。对话框的内容有命令按钮、文本框、列表框、下拉列表框、单选按钮以及复选框等。为了将众多的选项尽量放在一个对话框中，Windows XP 采用了"选项卡"方式的对话框。

对话框中的常见控制项包括以下几种（见图 2.3.1），这些都是在进行 Windows XP 各方面设置时经常用到的选项。

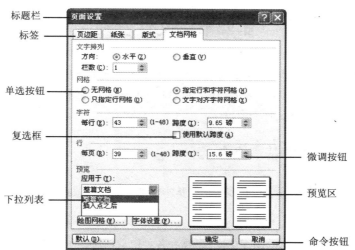

图 2.3.1　对话框中常见的控制项

（1）标签：当对话框中内容较多时，就会分成若干个标签，单击标签，打开相应的选项卡，可以显示出关于同一对象的各个不同方面的设置。

（2）单选按钮：通常由多个按钮组成一组，选中某个单选按钮可以选择相应的选项，但在一组单选按钮中只能有一个单选按钮被选中。

（3）下拉列表：单击下拉列表框右侧的下拉列表按钮即可显示出下拉列表，在下拉列表中列出了多个选项，使用鼠标和键盘都可从下拉列表中选择其中的一个选项。

（4）复选框：可以是一组相互之间并不排斥的选项，用户可以根据需要选中其中的某些选项。选中后，在选项前面方框中有一个"√"符号。

（5）微调按钮：利用上箭头和下箭头可以调整左侧数字框中的数字。

（6）命令按钮：使用该按钮可执行一个动作。若命令按钮带有省略号（…），则单击此按钮后将弹出另一个对话框。若命令按钮带有两个尖括号（>>），则单击此按钮后，可扩展当前的对话框。

二、对话框的基本操作

对话框的基本操作包括移动对话框和关闭对话框。

（1）移动对话框。将鼠标移到对话框的标题栏上，按住鼠标左键拖动，即可将对话框移动到屏幕上的任何位置，但形状、大小不改变。

（2）关闭对话框。用鼠标单击对话框标题栏右边的关闭按钮即可关闭对话框。如果在对话框中设置了参数，单击"确定"命令按钮并退出，如果不应用所设置的参数，单击"取消"命令按钮并退出对话框。

提示：（1）在对话框的组成部分中，凡是以灰色状态显示的按钮或选项，表示当前不可执行。选择各选项或按键时，除了用鼠标外，还可以通过按"Tab"键激活并选择参数，然后按"Enter"键确定设置的参数。

（2）在对话框中可以方便地获得各选项的帮助信息，在对话框的右上角有一个带有问号（？）的按钮，单击该按钮，然后选择一个选项，即可以获得该选项的帮助信息。

第四节　文件管理

在 Windows XP 的使用过程中，经常要完成对文件和文件夹的各种操作，如复制、移动、重命名及查找等，所有这些操作都可以在"我的电脑"窗口和"Windows 资源管理器"窗口中完成。Windows资源管理器是一种经过定制的文件夹窗口。

一、文件和文件夹的基本概念

在 Windows XP 的文件管理中，会涉及一些基本概念，下面将做具体讲解。

1. 文件

在计算机中，文件是最基本的储存单位，数据和各种信息都保存在文件中。文件中可以存放文本、图像以及数值数据等信息。

文件不仅有自己的文件名，而且根据其作用或创建的应用程序的不同还有不同的类型，如文本文件（.txt）、声音文件（.wav，.mid）、图形文件（.bmp，.pcx，.tif，.wmf，.jpg，.gif 等）、动画/视频文件（.fic，.fli，.avi，.mpg 等）以及 Web 文件（.html，.htm）等。尽管文件可以有不同的类型，但计算机上典型的文件类型分为可执行文件和数据文件两种。

（1）可执行文件：可执行文件包含了控制计算机执行特定任务的指令。例如，控制计算机显示或打印存储在磁盘上的文本程序（如扩展名为.exe，.com，.dll 等）；用于格式化和扫描磁盘的操作系统程序；工具软件和应用软件程序等。

（2）数据文件：通常使用应用程序软件创建的诸如文稿、表格、图形图像等用户文件，在磁盘上保存时，就创建了数据文件。数据文件必须与应用程序同时使用，当打开一个数据文件时，就会同时打开支持该文件的应用程序。在应用程序中可以对数据文件进行查看、编辑及打印等操作。

2．文件夹

Windows 使用文件夹为计算机上的文件提供存储系统，文件夹是在磁盘上组织程序和文档的一种手段，并且既可包含文件，也可包含其他文件夹。就像用户办公时使用文件夹来组织档案柜中的信息一样。

文件夹可以包含多种不同类型的文件，例如文档、音乐、图片、视频和程序。可以将其他位置上的文件（例如其他文件夹、计算机或者 Internet 上的文件）复制或移动到用户创建的文件夹中，甚至可以在文件夹中创建文件夹。例如，如果在"我的文档"文件夹中创建并保存文件，那么可以在"我的文档"中创建一个包含这些文件的新文件夹。如果决定要将该新文件夹移动到其他位置，则通过将其选定并拖动到新位置，可以非常容易地移动该文件夹及其内容。

3．文件和文件夹的命名

在 Windows 系统中，文件和文件夹的命名规则如下：

（1）文件名和文件夹名不能超过 255 个字符（一个汉字相当两个字符），不推荐使用很长的文件名。

（2）文件名或文件夹名中不能出现以下字符：斜线（/）、反斜线（\）、竖线（|）、冒号（：）、问号（？）、双引号（""）、星号（*）、小于号（<）和大于号（>）。

（3）文件和文件夹名不区分大小写英文字母。

（4）在同一个文件夹下不能有同名的文件或文件夹（文件名称和扩展名全相同）。

（5）通常每一个文件都有 3 个字符组成的文件扩展名，用于表示文件的类型；而文件夹通常无扩展名，但有扩展名也不会出错。

（6）可以使用多分隔符的名字。如 my friend.2006.tree。

二、使用"我的电脑"

计算机中所有的文件都保存在"我的电脑"中，通过"我的电脑"窗口可以方便地管理和访问计算机中所有的文件，包括硬盘、可移动存储设备、用户文档以及网络连接的设备等多种对象，并且有相应的工具栏设置。

1．浏览"我的电脑"窗口

双击桌面上的"我的电脑"图标，打开如图 2.4.1 所示的 我的电脑 窗口。该窗口包含了计算机的所有磁盘驱动器和光盘驱动器，双击该窗口中的任意一个驱动器或者文件夹的图标，都可以打开该驱动器或文件夹的窗口，以便更进一步地浏览和管理文件和文件夹。

注意　：与早期版本不同的是，Windows XP 将"控制面板"、"拨号网络"、"计划任务"和"打印机"等特殊的窗口从"我的电脑"文件窗口中分离了出来。但通过窗口左边"其他位置"列表中的链接地址，用户同样可以方便地打开这些窗口。

2．设置窗口显示方式

在 Windows XP 中提供了"缩略图"、"平铺"、"图标"、"列表"和"详细信息"5 种窗口显示方式，用户可以根据自己的需要选择其中的一种方式来显示窗口中的内容。如图 2.4.2 所示即为"详细信息"方式显示的窗口内容。

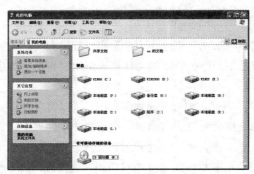

图 2.4.1　"我的电脑"窗口

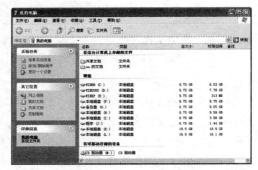

图 2.4.2　选择"详细信息"方式显示窗口内容

各种窗口显示方式的特点和作用如下：

（1）缩略图：该视图将文件夹所包含的图像显示在文件夹图标上，因而可以快速识别该文件夹的内容。例如，如果将图片存储在几个不同的文件夹中，通过"缩略图"视图，则可以迅速分辨出哪个文件夹包含所需要的图片。默认情况下，Windows 在一个文件夹背景中最多显示 4 张图片，而完整的文件夹名将显示在缩略图下。

（2）平铺：该视图以图标显示文件和文件夹。这种图标比"图标"视图中的要大，并且将所选的分类信息显示在文件或文件夹名下面。

（3）图标：该视图以图标显示文件和文件夹。文件名显示在图标之下，但是不显示分类信息。在这种视图中，用户可以分组显示文件和文件夹。

（4）列表：该视图以文件或文件夹名列表显示文件夹内容，其内容前面为小图标。当文件夹中包含很多文件，并且想在列表中快速查找一个文件名时，这种视图非常有用。在这种视图中可以分类显示文件和文件夹，但是无法按组排列文件。

（5）详细信息：在该视图中，Windows 按组排列文件，并列出已打开的文件夹的内容和提供有关文件的详细信息，包括名称、类型、大小和更改日期。

三、Windows 资源管理器

用过 Windows 的用户可能会对 Windows 资源管理器有一些了解，通过使用资源管理器可以很方便地浏览和操作计算机中的文件和文件夹。Windows 资源管理器显示了计算机上的文件、文件夹和驱动器的分层结构，同时显示了映射到用户计算机上的驱动器号的所有网络驱动器名称。使用 Windows 资源管理器，用户可以完成复制、移动、重新命名以及搜索文件和文件夹的操作。

1. 打开资源管理器

资源管理器有多种打开方式，在不同的操作环境中，均可以方便快捷地打开资源管理器窗口。常用的方法有以下几种：

（1）从窗口打开：在用户已经打开的任意一个窗口中，单击窗口中工具栏上的  按钮，即可切换到"资源管理器"窗口，如图 2.4.3 所示。

（2）从"开始"菜单打开：在桌面上选择 ┛ 开始 ━━▶ 所有程序(P) ━━▶ 附件 ━━━▶ Windows 资源管理器 命令即可。

（3）从"开始"按钮打开：将鼠标指针指向 ┛ 开始 按钮，单击鼠标右键，然后从弹出的快捷菜单中选择 资源管理器(X) 命令即可。

图 2.4.3　"资源管理器"窗口

（4）从"我的电脑"图标打开：在桌面中"我的电脑"图标上单击鼠标右键，然后从弹出的快捷菜单中选择 资源管理器(X) 命令即可。

2．资源管理器的窗口

资源管理器的使用同前面介绍的文件夹窗口基本相似。资源管理器窗口分为左右两部分，左面窗口称为浏览栏，用于显示桌面对象、存储器、文件夹的层次结构；右面窗口显示左面窗口中选定对象所包含的存储器、文件夹和文件。

3．浏览文件

使用资源管理器窗口浏览某个存储器或文件夹中所存储的文件时，可按下述操作方法进行：

（1）单击资源管理器左面窗口中 我的电脑 图标，在右面窗口中将显示"我的电脑"中第二层次的内容。

（2）如果要在左窗口中浏览某个选项（我的电脑、存储器或文件夹）的其他层次，可单击该选项前面的田号（如果在某个选项前面显示田号，则表示该选项下面还有子选项；如果显示回号，则表示该选项已被展开）。

（3）单击左窗口中的某个选项，可以在左窗口和右窗口中同时显示下级文件夹及文件。如果要打开某个文件，则可以按此方法逐步展开其文件夹，找到该文件，双击文件图标即可启动应用程序并打开文件。

为了便于用户查看文件，可以使右窗口中的文件按照文件的名称、类型、大小或日期排列。其方法是选择 查看(V) → 排列图标(I) ▶ 命令，然后从其展开的级联菜单中选择 名称(N) 、 大小(S) 、类型(T) 或者 修改时间(M) 命令即可。

四、文件和文件夹的基本操作

管理文件和文件夹的基本操作包括文件和文件夹的选择、移动、复制、删除、重新命名和查找等属性。

1．选择文件和文件夹

用户在处理一个或多个文件或者文件夹之前，必须首先选择要处理的文件或者文件夹，而选中后的对象将以反白显示。如果要选择一个文件或者文件夹，只需单击它即可选中。如果要选择连续放置的多个文件或文件夹，可以按下述操作步骤进行：

（1）打开文件夹窗口，找到要处理的多个文件或文件夹。

（2）单击第一个要选择的文件或文件夹。

（3）按住"Shift"键，单击最后一个要选择的文件或文件夹。这样，第一个文件或文件夹和最后一个文件或文件夹以及之间的所有的文件或文件夹都被选中。

（4）选择完成后，松开"Shift"键。

如果要选择不连续放置的多个文件或文件夹，可以按下述操作步骤进行：

（1）打开文件夹窗口，找到要处理的多个文件或文件夹。

（2）单击第一个要选择的文件或文件夹。

（3）按住"Ctrl"键，单击第二个要选中的文件或文件夹，然后单击第三个、第四个……

（4）选择完成后，松开"Ctrl"键。

技巧：在文件夹窗口内，按住鼠标左键并拖动，会形成一个矩形框，释放鼠标后，被这个矩形框罩住的文件或文件夹都会被选中。这种方法适合选中连续放置的文件。

2. 移动与复制文件和文件夹

复制是指将选中的文件或文件夹在其他驱动器或文件夹中复制一个备份，原来的文件和文件夹仍然保留在原位。而移动是将当前的文件夹或文件移到其他驱动器或文件夹中。要复制和移动文件或文件夹，可以利用鼠标拖动，也可以利用菜单中的命令。

（1）利用鼠标拖动，复制和移动文件或文件夹，可以按下述操作步骤进行：

1）打开文件夹窗口，找到需要复制或移动的文件或文件夹。

2）选中要复制或移动的文件或文件夹。

3）如果要将对象复制到对象所在驱动器的其他文件夹中，在按住"Ctrl"键的同时，用鼠标将对象拖到目标文件夹中。

4）如果要将对象移动到对象所在驱动器的其他文件夹中，则用鼠标将对象直接拖到目标文件夹中即可。

注意：在复制或移动对象时，如果目标文件夹中含有与复制或移动文件同名的文件，系统将弹出是否覆盖原文件的提示框。如果要覆盖原文件，单击 是(Y) 按钮，否则单击 否(N) 按钮。

（2）利用菜单命令，复制和移动文件或文件夹，可以按下述操作步骤进行：

1）打开文件夹窗口，找到需要复制或移动的文件或文件夹。

2）选中要复制或移动的文件或文件夹。

3）如果要复制文件或文件夹，则选择 编辑(E) → 复制(C)　　　Ctrl+C 命令；如果要移动文件或文件夹，则选择 编辑(E) → 剪切(T)　　　Ctrl+X 命令。

4）打开目标文件夹或驱动器，选择 编辑(E) → 粘贴(P)　　　Ctrl+V 命令即可将原文件或文件夹粘贴到目标驱动器或文件夹中。

3. 重命名文件或文件夹

在"我的电脑"、"我的文档"和"资源管理器"窗口中可以给文件或文件夹重新命名。具体操作步骤如下：

（1）选中要重新命名的文件或文件夹。

（2）选择 文件(F) → 重命名(M) 命令，或者将鼠标指针指向已选中的文件或文件夹，单击鼠标右键，从弹出的快捷菜单中选择 重命名(M) 命令。这时在文件或文件夹名称文本框周围出现一个方框，并且名称呈反白状态。

（3）输入新的文件或文件夹名称，按"Enter"键即可。

注意：不能改变用于运行应用程序的可执行文件（.exe 文件）的文件名，因为这样会导致程序无法运行。一般不要更改文件的扩展名。

4．删除文件和文件夹

当一个文件或文件夹不再需要时，可以将其删除，以腾出空间来存放其他文件。删除文件夹时，其所含的子文件或文件夹也一并被删除。删除文件或文件夹的具体操作方法如下：

（1）首先选中要删除的文件或文件夹。

（2）选择 文件(F) → 删除(D) 命令，或者将鼠标指针指向已选中的文件或文件夹，单击鼠标右键，从弹出的快捷菜单中选择 删除(D) 命令或者按键盘上的"Delete"键即可。

（3）系统将弹出如图 2.4.4 所示的 确认文件删除 提示框，确定删除操作单击 是(Y) 按钮，否则单击 否(N) 按钮。

图 2.4.4　"确认文件删除"提示框

利用上面的方法删除的文件或文件夹只是被放到"回收站"中，并没有真正从硬盘上彻底删除，要彻底删除文件或文件夹，可单击 回收站 窗口中的"清空回收站"超链接（关于"回收站"的内容在本节的后面将会介绍）。

5．查看文件和文件夹的属性

每个文件和文件夹都有属性页，它显示诸如大小、位置以及文件或者文件夹的创建日期等信息。在查看文件或文件夹的属性时，还可以获得有关文件或者文件夹属性（指出文件是否为只读、隐藏、准备存档、压缩或加密等）、文件的类型、打开文件程序的名称、包含在文件夹中的文件和子文件夹的数目、文件被修改或访问的最后时间等信息。

查看文件或文件夹的详细属性有以下两种方法：

（1）选中需要查看属性的文件或文件夹，然后选择 文件(F) → 属性(R) 命令，如果选中的是文档，则弹出如图 2.4.5 所示的对话框（弹出的对话框将随选中的文件类型的不同而不同）；如果选中的是文件夹，则弹出如图 2.4.6 所示的对话框。

图 2.4.5　显示文档属性的对话框　　　　　图 2.4.6　显示文件夹属性的对话框

（2）将鼠标指针移到要查看属性的文件或文件夹上，单击鼠标右键，然后从弹出的快捷菜单中
选择 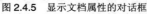 命令，也可以弹出相应的对话框。

对于"只读"和"隐藏"属性的文件或文件夹，如果没有经过慎重考虑，不要进行修改。因为如
果用户修改了一个只读文件的属性，或者删除了一个只读文件，可能会对 Windows XP 造成很严重的
后果，因为要保证 Windows 正常运行的某些文件必须是只读的。

6. 查找文件和文件夹

如果忘记某个文件或文件夹存放在什么位置了，可以使用 Windows 提供的搜索功能，根据文件
的名称、类型、大小、修改日期以及索引关键字查找文件和文件夹。

如果不知道文件的全名，那么可以使用通配符来搜索。通配符也就是一些符号，这些符号可以代
表任意字符，如星号（*）所代表的字符数不受限制，问号（？）则只代表一个字符。假设要找一个
文件，而只知道文件名为两个字符且第二个字母是"S"，扩展名为.doc，那么就可以这样来搜
索：？S*.doc。

使用下面的任意一种方法即可打开搜索窗口：

（1）在"资源管理器"窗口中单击工具栏中的 🔍搜索 按钮。

（2）在"我的电脑"窗口中单击工具栏中的 🔍搜索 按钮。

（3）在桌面上，选择 开始 ▶ 🔍搜索(S) 命令（如果"开始"菜单为普通模式），打开
如图 2.4.7 所示的"搜索结果"窗口。

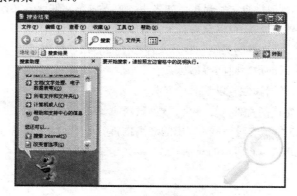

图 2.4.7　"搜索结果"窗口

如果要在如图 2.4.7 所示的 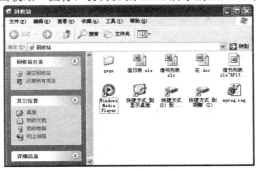 搜索结果 窗口中搜索文件或文件夹，可以按下述操作步骤进行：

（1）单击 **所有文件和文件夹(L)** 超链接。

（2）在"全部或部分文件名"文本框中输入该文件或文件夹的全名或部分名称。

（3）在"在这里寻找"下拉列表中选择文件或文件夹可能在的磁盘或文件夹。

（4）如果要按文件的修改日期搜索文件或文件夹，则单击"什么时候修改的？"右侧的 按钮，从展开的选项中选择需要的选项。

（5）如果要按文件的大小搜索文件或文件夹，则单击"大小是？"右侧的 按钮，从展开的选项中选择需要的选项。

（6）单击 **搜索(R)** 按钮即可按输入的文件名在指定的盘符或文件夹中搜索文件或文件夹。

五、使用"回收站"

回收站提供了删除文件或文件夹的安全网络。从硬盘删除任何项目时，Windows 会将该项目放在"回收站"窗口中，而从软盘或网络驱动器中删除的项目将被永久删除，而且不能发送到回收站。

回收站中的内容一般都被保留在磁盘中，直到用户决定从计算机中永久地将它们删除。回收站中的项目仍然占用硬盘空间并可以被恢复或还原到原位置。当回收站被占满后，Windows 会自动清除"回收站"中的空间以存放最近删除的文件和文件夹。

1．清除"回收站"

如果要手工清除"回收站"中的内容，可以按下述操作步骤进行：

（1）双击桌面上的"回收站"图标，打开如图 2.4.8 所示的 **回收站** 窗口。

图 2.4.8　"回收站"窗口

（2）将鼠标指向需要清除的项目，单击鼠标右键，从弹出的快捷菜单中选择 **删除(D)** 命令，弹出 **确认文件删除** 提示框，单击 **是(Y)** 按扭即可。

如果要清空"回收站"窗口中的所有内容，则可以直接单击窗口左侧任务栏中的 **清空回收站** 超链接。

2．恢复"回收站"里的文件

在文件夹窗口删除某个文件后，若发现是误删除，可以从"回收站"窗口中将其恢复。具体操作步骤如下：

（1）打开"回收站"窗口。

（2）将鼠标指向需要还原的项目，单击鼠标右键，从弹出的快捷菜单中选择 **还原(E)** 命令。

如果要还原"回收站"窗口中的所有内容，则可以直接单击窗口左侧任务栏中的 还原所有项目 超链接。

第五节　Windows XP 控制面板

控制面板就是更改计算机软/硬件设置的集中场所，主要包括鼠标、键盘、显示器、打印机、日期/时间、网络、输入法、添加新硬件、添加/删除程序以及多媒体等应用程序。

一、打开"控制面板"

打开"控制面板"有 3 种常用的方法。

（1）选择 开始 → 控制面板(C) 命令（如果"开始"菜单为普通模式）。

（2）在"资源管理器"窗口的左窗格中单击 控制面板 图标。

（3）在"我的电脑"窗口中单击任务栏中的 控制面板 图标。

打开的 控制面板 窗口如图 2.5.1 所示，在该窗口中包括了常见任务栏和分类视图的图标，图标项目均采用超级链接的方式，单击图标即可打开该选项，将鼠标指针置于图标上，将弹出文字说明框显示该图标的功能。在这种视图方式中，控制面板中的项目包括外观和主题、打印机和其他硬件、网络和 Internet 连接、用户账户、添加/删除程序、日期时间设置、声音和音频设备、辅助功能选项以及性能和维护 9 个大项目。在每个大项目中又包含了若干小的设置选项，这些选项涵盖了对 Windows 系统进行设置的各个方面。

单击 控制面板 窗口左侧的任务栏中的 切换到经典视图 超链接，即可将控制面板窗口切换到 Windows 传统方式的效果，如图 2.5.2 所示。

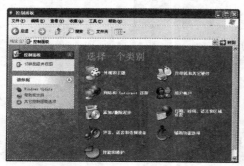

图 2.5.1　"控制面板"窗口

图 2.5.2　"控制面板"经典视图

二、显示属性

Windows XP Professional 是一个图形化的操作系统，计算机屏幕上的图形丰富多彩。可以通过 控制面板 窗口中的 外观和主题 控件来更改界面上的各种显示设置，使计算机更有个性，更加漂亮。

1. 打开"显示属性"对话框

打开"显示属性"对话框，主要有以下两种操作方法：

（1）单击 控制面板 窗口中的 外观和主题 图标，切换到 外观和主题 窗口，在该窗口中单击 显示 图标。

（2）在 Windows 桌面中单击鼠标右键，从弹出的快捷菜单中选择 属性(R) 命令。弹出 显示 属性 对话框，如图 2.5.3 所示。在该对话框中有 主题 、 桌面 、 屏幕保护程序 、 外观 和 设置 5 个选项卡，在不同的选项卡中可以设置显示器的不同属性。

2．设置桌面背景

Windows XP 在安装时只提供一个默认的桌面背景，用户可以对桌面背景做出更改，具体操作方法如下：

（1）在如图 2.5.3 所示的对话框中单击 桌面 标签，打开 桌面 选项卡。

（2）在"背景"列表框中选择所需的背景图案名称，在对话框中的小显示器中会显示出该图案的效果；对于某些较小的图片，系统会默认将其拉伸，如果用户不喜欢这种效果，可在"位置"下拉列表中选择"平铺"或"居中"选项，同样，在对话框中的小显示器中会显示出效果。

（3）如果用户希望使用自己另外选择的图片，可以单击 浏览(B)... 按钮，在弹出的 浏览 对话框中选择自己需要的图片。

（4）如果用户喜欢使用其他颜色作为背景图案，可以从"颜色"下拉列表中选择其他颜色。

（5）当对小显示器中的预览效果感到满意后，单击 确定 按钮即可更改桌面背景。

提示： 在 显示 属性 对话框中的 外观 选项卡上，还可以设置界面的各种效果，如窗口和按钮样式及字体大小等；在 设置 选项卡中可以设置屏幕的分辨率和颜色质量等。

3．设置日期和时间

在 Windows XP 中，系统自动为文件标上日期和时间，以方便用户检索和查询。在"控制面板"中双击"日期和时间"图标，弹出 日期和时间 属性 对话框，如图 2.5.4 所示。用户可在该对话框中设置日期和时间。

图 2.5.3　"显示 属性"对话框

图 2.5.4　"日期和时间 属性"对话框

三、用户管理

Windows XP 具有多用户管理功能，可以让多个用户共同使用一台计算机，并且每一个用户都可以拥有属于自己的操作环境。

1．创建新账户

安装 Windows XP 后，默认只有 Adminstrator 和 Guest 两个账户，如果需要添加新的账户，可以按下述操作步骤进行：

（1）单击 控制面板 窗口中的 用户帐户 图标，切换到 用户帐户 窗口。

（2）在 用户帐户 窗口中单击 创建一个新帐户 超链接，打开一个新的 用户帐户 窗口，如图 2.5.5 所示。

（3）在"为新账户键入一个名称"文本框中输入新账户名称，单击 下一步(N) > 按钮，打开一个窗口，要求选择一个账户种类。

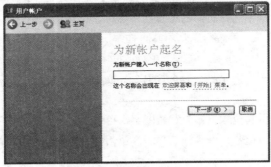

图 2.5.5　"用户账户"窗口

（4）选中 ● 计算机管理员(A) 单选按钮，然后单击 创建帐户(C) 按钮即可在接下来的窗口中显示刚创建的账户。用鼠标单击新创建的账户图标，可打开一个如图 2.5.6 所示的窗口，在该窗口中可以对创建的账户进行更改名称、创建密码、更改图片及更改账户类型等操作。

图 2.5.6　"用户账户"窗口

2．切换用户账户

利用 Windows XP 的注销功能，可以方便地从一个账户切换到另一个账户，并在该账户的使用环境下进行各种操作。

利用注销功能切换用户账户的具体操作方法见本章第二节有关注销 Windows XP 的介绍。

四、添加打印机

为了将所编辑的文件打印到一定规格的纸张上，必须给计算机系统至少安装一台打印机。目前市场上的打印机主要有针式、喷墨式和激光式 3 种类型。无论是哪种类型，在 Windows XP 中安装打印机的过程基本上都是一样的。

在安装打印机前，最好先仔细阅读购买打印机时自带的说明书，然后按照说明书的步骤把打印机连接到用户的计算机上。

安装打印机的具体操作步骤如下：

（1）单击 控制面板 窗口中的 打印机和其它硬件 图标，打开如图 2.5.7 所示的 打印机和其它硬件 窗口。

图 2.5.7　"打印机和其他硬件"窗口

（2）单击 添加打印机 超链接，启动添加打印机向导，弹出 添加打印机向导 第 1 步对话框。

（3）单击 下一步(N) > 按钮，弹出 添加打印机向导 第 2 步对话框，选择打印机的连接方式。这里以选中 ⊙连接到这台计算机的本地打印机(L) 单选按钮和 ☑自动检测并安装我的即插即用打印机(A) 复选框为例。

（4）单击 下一步(N) > 按钮，添加打印机向导将自动检测计算机是否连接有即插即用的打印机，并在检测后自动安装其驱动程序。若计算机没有检测到即插即用打印机，则将弹出 添加打印机向导 第 3 步对话框，准备继续手动安装打印机。

（5）单击 下一步(N) > 按钮，弹出 添加打印机向导 第 4 步对话框。在对话框中选择待安装打印机与计算机通信的端口，这里以选择"LPT1（推荐的打印机端口）"为例。

（6）单击 下一步(N) > 按钮，弹出 添加打印机向导 第 5 步对话框，在"厂商"和"打印机"列表框中分别选择待安装打印机的制造厂商和打印机型号。

提示：如果在"打印机"列表框中没有列出待安装打印机的型号，则可单击 从磁盘安装(H)... 按钮，从打印机自带的安装盘中添加打印机。

（7）单击 下一步(N) > 按钮，弹出 添加打印机向导 第 6 步对话框，在该对话框中的"打印机名"文本框中输入自定义的打印机名称。

（8）单击 下一步(N) > 按钮，弹出 添加打印机向导 第 7 步对话框，在该对话框中可以决定是否共享这台待安装的打印机。若需要共享打印机，则选中 ⊙共享名(S): 单选按钮，然后在其右侧的文本框中输入打印机的共享名称。

（9）单击 下一步(N) > 按钮，弹出 添加打印机向导 第 8 步对话框，该对话框询问是否要打印测试页，这里选中 ⊙是(Y) 单选按钮。

（10）单击 下一步(N) > 按钮，弹出 添加打印机向导 第 9 步对话框，单击 完成 按钮，即可开始安装打印机的驱动程序。安装完成后，就可以使用打印机打印文件了。

提示：若想对打印机的属性进行合理的设置，可以在 打印机和其它硬件 窗口中单击 扫描仪和照相机 图标，在打开的 【打印机和传真】 窗口中右击已被安装成功的打印机图标，从弹出的快捷菜单中选择 【属性(R)】 命令，即可弹出"打印机属性"对话框，从中可以对打印机的各项参数进行设置。

五、应用程序的安装、运行与删除

在 Windows XP 系统中，用户要在计算机中应用某个软件，必须在操作系统下安装后才能使用。

（1）应用程序的安装。有些光盘版的应用软件放入光驱后，系统将自动启动安装程序；用鼠标双击"Setup"或"Install"图标，也可进行安装；用户也可以在"我的电脑"或"资源管理器"中直接双击该软件的图标进行安装。

（2）应用程序的运行。应用程序安装完成后，会自动出现在"开始"菜单中，用户只要在"开始"菜单中找到应用程序的位置，或者双击桌面上的快捷方式图标即可运行。

有一些特殊的程序不存在于"开始"菜单中，也没有快捷方式，可用 Windows XP 的"运行"命令来执行。打开 【开始】 菜单，选择 【运行(R)...】 命令，弹出 运行 对话框，如图 2.5.8 所示。在"打开"输入框中输入程序的名称（包括该程序所在的路径），如果不知道程序文件的路径（位置），可以单击 【浏览(B)...】 按钮来查找。最后单击 【确定】 按钮即可运行该程序。

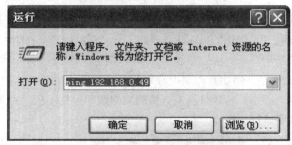

图 2.5.8　"运行"对话框

【提示】 ：不是所有的软件都适合在用户的计算机上安装。安装软件前，除了需要准备好软件的安装光盘外，还要了解软件的功能以及软件对计算机系统硬件配置的要求，以便顺利地安装和运行。

第六节　Windows XP 附件程序及其应用

Windows XP 系统在附件中集成了一些常用的程序，当用户要处理一些要求不是很高的工作时，可以利用附件中的工具来完成。

一、记事本

记事本是一个基本的文本编辑器，用于编辑一些简单的文档。下面介绍记事本的基本操作。

1．打开

打开记事本的方法是：单击 【开始】 按钮，在弹出的快捷菜单中选择 【程序(P)】 → 【附件】 → 【记事本】 命令，打开如图 2.6.1 所示的 【无标题 - 记事本】 窗口。

2. 文本操作

使用记事本可以编辑文本，在光标所在的位置可以直接输入文字。如果输入错误，则按"Delete"键删除光标前的文字；如果要复制文本，则先选定该文本，然后按"Ctrl+C"快捷键，再将光标定位于目标位置，按"Ctrl+V"快捷键可将被复制的内容粘贴到当前位置。

3. 查找

使用记事本中提供的菜单命令还可以快速找到所要查找的文字，其具体操作步骤如下：

（1）选择 编辑(E) → 查找(F)...　　Ctrl+F 命令，弹出如图 2.6.2 所示的 查找 对话框。

图 2.6.1　"无标题－记事本"窗口　　　　　图 2.6.2　"查找"对话框

（2）在"查找内容"文本框中输入所要查找的文字，然后单击 查找下一个(F) 按钮，即可在文本中找到所要查找的文字，如果还要在下一处继续查找，则单击 查找下一个(F) 按钮。

（3）查找完毕后，单击该对话框右上角的"关闭"按钮 ⊠ ，即可关闭该对话框。

4. 保存

在对文件操作完成后，可将其保存起来，其方法是：选择 文件(F) → 保存(S)　　Ctrl+S 命令，弹出如图 2.6.3 所示的 另存为 对话框。在该对话框的"保存在"下拉列表中选择文件保存的位置；在"文件名"下拉列表中输入文件的名称，然后单击 保存(S) 按钮即可保存该文件。

图 2.6.3　"另存为"对话框

5. 关闭

关闭"记事本"窗口通常有以下两种方法：

（1）选择 文件(F) → 退出(X) 命令，即可关闭"记事本"窗口。

（2）单击窗口右上角的"关闭"按钮 ⊠ ，即可关闭。

提示：如果编辑后的文件没有保存，当关闭该窗口时，将弹出一个确认提示框，在该提示

框中单击 <u>是(Y)</u> 按钮，保存该文件并关闭"记事本"窗口。

二、画图

画图是一种绘图工具，使用该工具可以创建自己喜爱的图形，并将这些图形保存为位图文件（.bmp格式）。另外，使用画图工具还可以处理"gif"，"jpg"等格式的图片。

1．打开

打开"画图"窗口的方法是：用鼠标左键单击 开始 按钮，在弹出的菜单中选择 程序(P) → 附件 ▶ → 画图 命令，打开如图 2.6.4 所示的 未命名 - 画图 窗口。

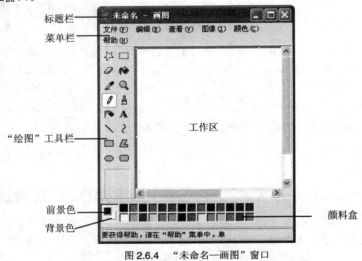

图 2.6.4　"未命名—画图"窗口

2．绘制图形

利用工具栏中的各工具按钮可以绘制图形，单击"绘图"工具栏中的"铅笔"按钮 ✐ ，当鼠标指针变成 ✐ 形状时，按住鼠标左键拖动即可绘制图形。

3．设置图形

设置图形包括设置图形的大小和色彩、翻转和旋转、拉伸和扭曲等。

（1）设置图形大小和色彩。设置图形大小和色彩的具体操作步骤如下：

1）选择 图像(I) → 属性(A)... Ctrl+E 命令，弹出如图 2.6.5 所示的 属性 对话框。

2）在该对话框的"宽度"和"高度"文本框中输入所需的数值。

3）在"单位"选项组中选择所需的单位。

4）在"颜色"选项组中选择所需的颜色。

5）设置完成后，单击 确定 按钮。

（2）设置图形翻转和旋转。其具体操作步骤如下：

1）选定需要翻转和旋转的图形范围。

2）选择 图像(I) → 翻转/旋转(F)... Ctrl+R 命令，弹出如图 2.6.6 所示的 翻转和旋转 对话框。

3）在"翻转或旋转"选项组中选择翻转的方式或旋转的角度。

4）设置完成后，单击 确定 按钮。

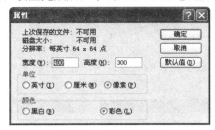

图 2.6.5　"属性"对话框

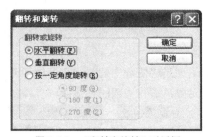

图 2.6.6　"翻转和旋转"对话框

（3）设置图形拉伸和扭曲。其具体操作步骤如下：

1）选定需要拉伸和扭曲的图形范围。

2）选择 图像(I) → 拉伸/扭曲(S)... Ctrl+W 命令，弹出如图 2.6.7 所示的 拉伸和扭曲 对话框。

3）在"拉伸"选区中的"水平"和"垂直"文本框中设置"水平拉伸"和"垂直拉伸"的百分比。

4）在"扭曲"选区中的"水平"和"垂直"文本框中设置"水平拉伸"和"垂直拉伸"的度数。

5）设置完成后，单击 确定 按钮。

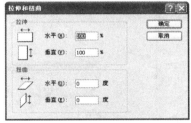

图 2.6.7　"拉伸和扭曲"对话框

4．保存

如果要对绘制的图形进行保存，其具体操作步骤如下：

（1）选择 文件(F) → 保存(S) Ctrl+S 命令。

（2）在弹出的 保存为 对话框的"保存在"下拉列表中选择文件保存的位置；在"文件名"下拉列表中输入文件的名称。

（3）单击 保存(S) 按钮即可保存。

5．关闭

关闭画图工具的窗口通常有以下两种方法：

（1）选择 文件(F) → 退出(X) 命令，即可关闭该窗口。

（2）单击窗口右上角的"关闭"按钮 X，即可关闭该窗口。

三、系统工具

Windows XP 中的系统工具主要是对计算机中的磁盘进行管理。在日常工作中，经常会对程序进行安装、卸载、文件复制、下载程序文件等操作，这样会对计算机的硬盘产生许多磁盘碎片或大量的临时文件，导致计算机的运行速度减慢、降低计算机的性能。因此需要对磁盘进行定期管理，使计算机处于一种良好的工作状态。

1. 磁盘清理

磁盘清理是将磁盘中的临时文件进行清除，以便释放出更多的磁盘空间，这样有利于提高磁盘的利用率。对磁盘进行清理的具体操作步骤如下：

（1）选择 开始 → 程序(P) → 附件 → 系统工具 → 磁盘清理 命令，在弹出的 选择驱动器 对话框的"驱动器"下拉列表中选择需要清理的磁盘。

（2）单击 确定 按钮，弹出如图 2.6.8 所示的 本地磁盘(F:)的磁盘清理 对话框。

（3）在"要删除的文件"列表框中选择要删除的文件，然后单击 确定 按钮将其删除。

2. 磁盘碎片整理程序

磁盘使用久了会产生大量的不连续空间，这样会造成运行速度减慢等现象，可以使用磁盘碎片整理程序来整理计算机上的文件和未使用的空间，以提高磁盘的读取速度及减少新文件出现碎片的可能性。磁盘碎片整理程序的具体操作步骤如下：

（1）选择 开始 → 程序(P) → 附件 → 系统工具 → 磁盘碎片整理程序 命令，打开如图 2.6.9 所示的 磁盘碎片整理程序 窗口。

图 2.6.8 "本地磁盘（F:）的磁盘清理"对话框

图 2.6.9 "磁盘碎片整理程序"窗口

（2）在该窗口中选择需要进行碎片整理的驱动器，然后单击 分析 按钮，系统开始对选中的驱动器进行分析，分析完毕后，弹出如图 2.6.10 所示的 磁盘碎片整理程序 对话框。

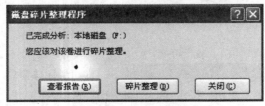

图 2.6.10 "磁盘碎片整理程序"对话框

（3）单击 查看报告(R) 按钮，弹出如图 2.6.11 所示的 分析报告 对话框，在该对话框中查看报告结果。

（4）如果在 分析报告 对话框中提示"您应该对磁盘进行碎片整理"，则单击 碎片整理(D) 按钮，磁盘碎片整理的过程如图 2.6.12 所示。

（5）整理完成后，系统将自动弹出如图 2.6.13 所示的 磁盘碎片整理程序 提示框，提示碎片已整理完毕。

（6）单击 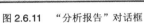 按钮即可，按同样方法可以整理其他磁盘。

图 2.6.11 "分析报告" 对话框

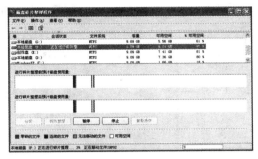

图 2.6.12 磁盘碎片整理过程

图 2.6.13 "磁盘碎片整理程序" 提示框

四、计算器

Windows XP 提供了两种计算器，分别为标准计算器和科学计算器。利用这两种计算器不仅可以进行简单的数学运算，而且还可以进行复杂的函数和统计运算。

1．标准计算器

使用标准计算器，可以进行简单的数学计算。选择 【开始】 → 【所有程序(P)】 → 【附件】 → 【计算器】 命令，即可打开"标准计算器"，如图 2.6.14 所示。

2．科学计算器

使用科学计算器，可以进行更高级的科学计算和统计运算。在打开的"标准计算器"窗口中选择 【查看(V)】 → 【科学型(S)】 命令，即可打开"科学计算器"，如图 2.6.15 所示。

图 2.6.14 标准计算器

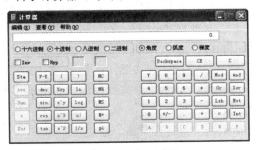

图 2.6.15 科学计算器

五、写字板

使用写字板可以进行基本的文本编辑或网页创建，不同于记事本的是，写字板可以创建或编辑包含格式或图形的文件。

选择 开始 → 所有程序(P) → 附件 → 写字板 命令，打开如图 2.6.16 所示的 文档 - 写字板 窗口。

图 2.6.16 "文档-写字板"窗口

该窗口主要由标题栏、菜单栏、"常用"工具栏、"格式"工具栏、标尺、文本编辑区和状态栏组成。

用户在文本编辑区中输入文本，就可以使用"常用"工具栏和"格式"工具栏中的命令按钮或菜单命令对其进行各种编辑操作。

六、多媒体工具

Windows XP 提供了多媒体应用程序，用于对文字、声音、图像、视频、动画等的编辑。可以从"开始"菜单中启动这些应用程序。

1．录音机

"录音机"应用程序可以用来录制与声卡相连的任何设备中的声音，它可以完成对波形音频的录制、播放、剪辑等操作。

（1）启动录音机。选择 开始 → 所有程序(P) →

附件 → 娱乐 → 录音机 命令，即可启动录音机，并打开如图 2.6.17 所示的 声音 - 录音机 窗口。

图 2.6.17 "声音 - 录音机"窗口

（2）录制与播放声音。录制与播放声音的具体操作如下：

1）确保音频设备已经连接到计算机上，启动"录音机"。

2）选择 文件(F) → 新建(N) 命令，单击"录音"按钮 ●，开始录音。

3）单击"停止"按钮 ■，停止录音。

4）若要播放录制的声音，单击"播放"按钮 ▶ 即可。

5）若要关闭 声音 - 录音机 窗口，单击 声音 - 录音机 窗口右上角的"关闭"按钮 ✕，弹出如

图 2.6.18 所示的 录音机 提示框。单击 是(Y) 按钮，弹出如图 2.6.19 所示的 另存为 对话框，可将更改后的声音文件保存在指定的文件夹中；单击 否(N) 按钮，则不保存被改动的声音文件直接关闭窗口；单击 取消 按钮，则关闭 声音 - 录音机 窗口。

图 2.6.18　"录音机"提示框　　　　　　图 2.6.19　"另存为"对话框

注意：录制的声音被保存为波形（.wav）文件。

（3）设置声音属性。设置声音属性的具体操作步骤如下：

1）选择 编辑(E) → 音频属性(U) 命令，弹出如图 2.6.20 所示的 声音属性 对话框。

2）在"声音播放"设置区域中选择播放声音的设备。

3）在"录音"设置区域中单击 音量(O)... 按钮，在打开的 录音控制 窗口中对录音的音量进行控制，如图 2.6.21 所示。

（4）单击 确定 按钮，即可完成对声音属性的设置。

图 2.6.20　"声音属性"对话框

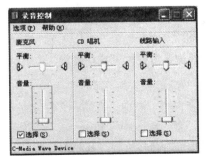

图 2.6.21　"录音控制"窗口

2．媒体播放器

"媒体播放器"用来播放视频文件、声音文件以及 CD 音乐唱片等多媒体文件。在这里我们以"Windows Media Player"为例来讲述媒体播放器的使用。

（1）启动 Windows Media Player。选择 开始 → 所有程序(P) → 附件 →

娛樂　　　　　　　　▶ Windows Media Player 命令，打开如图 2.6.22 所示的 Windows Media Player 窗口。

（2）使用 Windows Media Player 播放 CD。在打开 Windows Media Player 后，将 CD-ROM 插入驱动器中，选择"从 CD 复制"选项，然后再单击"播放"按钮即可播放。

（3）使用 Windows Media Player 复制 CD。将 CD-ROM 插入驱动器中，选中要复制的音乐，选择"从 CD 复制"选项即可。

图 2.6.22　　"Windows Media Player"窗口

第七节　认识 Windows Vista

Windows Vista 以其突破性的设计、轻松易用的查找和组织工具以及更安全的上网体验显示出诸多独到之处。它代表迄今以来微软发布的质量最高且获得反馈最多的操作系统，是新一代 PC、应用程序、硬件和设备的核心，用户能够获益于整个产业生态系统合作的共同成果，并享受前所未有的个人计算体验。

一、Windows Vista 的特点

Windows Vista 主要有以下几个特点：

1. 快速、方便的查找功能

（1）快速查找资料。即时查找（Instant Search）功能能够帮助用户在 PC 上轻松地查找任意文档、照片、电子邮件、歌曲、视频、文件或程序。活动图标（Live Icon）显示每个文件的内容缩略图，让用户一目了然。Windows Vista（家庭高级版、商用版和旗舰版）各个版本中提供的 Windows Flip 3D 以 3D 视角快速翻转所有打开的窗口，为用户提供一种全新的方式来找到自己需要的窗口。

（2）并然有序的文件组织。用户可以为文件添加"标签"，从而便于查找。它们可以用最有效的方式存储、组织和提取信息，而不仅限于传统的文件夹方式。

（3）快速接入。Windows Vista 中的新技术让 PC 在执行日常任务时极大地提高反应效率，改进的启动和睡眠性能有助于台式电脑和移动 PC 在瞬间完成启动、运行和关闭的操作。

（4）顺畅的响应。PC 性能的不稳定一直困扰着用户。Windows Vista 提供一组创新性的技术，

包括一种新的内存管理系统（Windows SuperFetch）。它在用户启动电脑时让各个应用程序更快地启动，并且确保这些应用程序能够在需要时及时响应。

2. 安全、可靠性能

Windows Vista 是微软公司推出的最安全可靠的 Windows 版本，在用户浏览网页或从事其他在线活动时提供史无前例的安全感和控制性能。

（1）多层安全保护。Windows Vista 具备共同协作的多层保护，包括强大的默认保护，如 Windows Vista 中的 Windows Internet Explorer 7 具备的保护模式（Protected Mode）。保护模式有助于防止恶意代码悄无声息地安装到用户的计算机上。为了进一步减少网络交易中用户身份被泄露的情况，增加用户的安全感，当 Internet Explorer 7 在地址栏检测到用户正在浏览具备 Extended Validation Certificate 的安全网站时会呈绿色高亮显示。

（2）全面测试。Windows Vista 和 Office System 2007 这两款产品在全球数百万客户的帮助下设计完成，是迄今为止微软发布的质量最高、得到反馈最多的版本。

（3）防恶意软件保护。Windows Defender 监控关键系统定位，并观测电脑的变化，以便了解是否存在恶意软件或其他不需要的程序。如果经检测存在问题，Windows Defender 提供直接而彻底的间谍软件移除工具，使用户的电脑恢复正常状态。

（4）反网络钓鱼保护。Windows Vista 帮助阻截试图诱使人们泄露个人信息的"网络钓鱼"网站。微软反网络钓鱼技术结合针对可疑网站特征的客户端扫描，通过在线附加服务提供给用户，每小时都根据业内最新的关于欺诈网站的信息进行数次更新，从而及时地提醒用户防范可疑的网站。

（5）家庭安全设置。Windows Vista 针对孩子使用电脑的情况为家长提供全新层次的控制性能。根据实际需要，家长们有以下选择：限制孩子使用电脑的时间段和时间长度，限制孩子访问的网站和使用的应用程序，根据名称、内容或 Entertainment Software Rating Board（ESRB）级别限制 PC 游戏的使用以及创建有关孩子在线操作和其他电脑使用情况的报告等信息。

3. 更强的娱乐功能

Windows Vista 重新诠释了数字娱乐，为人们提供更轻松的方式来管理和欣赏数量不断增多的数字音乐、照片、影片和其他娱乐内容。

（1）轻松地管理音乐。在 Windows Media Player 11 中，人们可以用和查找文档、程序同样的高级搜索技术来搜索音乐。可自定义的艺术专辑和视图排列让人们可以像浏览 CD 集合那样查看数字音乐，同时快如闪电的 Wordwheel 查找工具帮助用户在大批收集的音乐中迅速搜索。此外，Windows Media Player 11 能够与 200 多种便携式播放机和家庭网络设备配合使用。

（2）亲手制作数字纪念品。有了 Windows Vista，即使不懂技术，也能将照片和家庭录像与音乐、标题和创新性过渡效果等综合起来，制作数字纪念品。新的 Windows Photo Gallery 和增强的 Windows Movie Maker 帮助人们轻松地将照片和视频上传、修复或传输到 DVD2 及便携式移动设备，便于和他人分享。

（3）全新的播放水平。只有 Windows Vista 才能充分发挥 DirectX 10 技术的优势，在进行游戏时提供更真实的图像、复杂的环境和角色效果。新的 Games Explorer 和 Game Folder 有助于轻松地查找和进行游戏。玩家可以像在 Xbox 360 控制台上进行游戏那样在 PC 上使用控制装置。

4. 互联性能

Windows Vista 让人们随时随地享受数字娱乐和其他资源。

（1）美妙体验的延伸。Windows Vista 中的 Windows Media Center 让人们在家中随心所欲地分享数字音乐、电视、图片及其他娱乐内容，或把内容传输到 Xbox 360 控制台。用户还可以使用 Media Center 遥控器在沙发上舒适地调节音量，控制娱乐的节奏。

（2）旅途好帮手。Windows Vista 中的 Tablet PC3 功能让人们无论身在何处，都能享受全面的计算体验，同时消除移动计算存在的大部分典型问题。用户可以不需要键盘就可以轻松地进行工作，并和家中、办公室或移动设备上的信息进行同步。他们可以观看电视节目、浏览收集的照片，甚至在移动 PC 上编辑家庭录像。

（3）Origami Experience。超便携 PC（Ultra-mobile PC）结合了 Windows Vista 的完整功能和优势，其设计具备轻巧、易于携带等特点，为互联数字生活提供更多选择。很多新式超便携 PC 得益于微软的创新型软件，例如 Origami Experience 和 Windows Tablet 以及 "触摸" 技术，使连接、交流和任务的完成更为便捷，即使在旅途中也能随时享受娱乐。

二、Windows Vista 的硬件要求

Windows Vista 的硬件要求分为 "Visa Capable" 和 "Vista Premium Ready" 两个规格。

（1）Windows Vista Capable PC。要求 CPU 最低为 800 MHz，内存为 512 MB，硬盘空间至少 15 GB，兼容显卡 DirectX 9，显示器分辨率至少 800dpi×600dpi，光驱为 CD-ROM，当然，这一规格不可能运行 Aero 特效。

（2）Windows Vista Premium Ready。要求 CPU 最低为 1 GHz，内存为 1 GB，显卡 DirectX 9（支持 WDDM 驱动），显存 128 MB（对 Aero 至关重要），支持 Pixel Shader 2.0，DVD-ROM 光驱，声卡，互联网链接以及 40 GB 硬盘，15 GB 空余硬盘空间——用户可以在这个配置上运行 Aero 特效。

第八节　应用实例——绘制 "高脚杯" 图形

本例使用 Windows XP 中自带的 "画图" 程序，绘制一个 "高脚杯" 图形，效果如图 2.8.1 所示。

图 2.8.1　效果图

（1）启动 "画图" 程序，选择椭圆工具，绘制杯口，如图 2.8.2 所示。

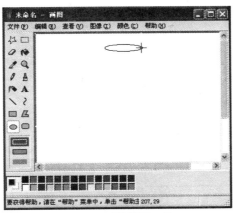

图 2.8.2　使用椭圆工具

（2）在工具箱中单击曲线工具，绘制高脚杯的"杯身"，如图 2.8.3 所示。在拖动曲线时，注意杯身的幅度大小。

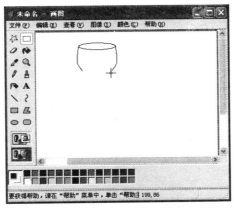

图 2.8.3　使用曲线工具

（3）在工具箱中选择椭圆工具，绘制杯底，然后使用橡皮工具擦除多余的椭圆图形，在工具样式区中选择橡皮的大小，如图 2.8.4 所示。

（4）在工具箱中选择矩形工具，绘制杯脚，如图 2.8.5 所示。

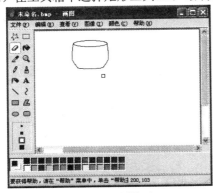

图 2.8.4　绘制杯底

图 2.8.5　绘制杯脚

（5）单击椭圆工具，绘制托盘，再使用椭圆工具，绘制托盘中的一条线，如图 2.8.6 所示。

（6）重复步骤（3）的操作，用橡皮工具擦除多余的椭圆图形，如图 2.8.7 所示。

图 2.8.6　绘制托盘　　　　　　　　　图 2.8.7　使用橡皮工具

（7）选择椭圆工具 ，在酒杯中绘制酒水。选择颜色填充工具 ，在颜料盒中单击红色将杯中的酒填充为"红色"，用同样的方法将杯脚和托盘填充为"灰色"，最终效果如图 2.8.1 所示。

本章小结

Windows XP 操作系统具有美观的操作界面，是可视化图形的多任务操作系统。本章主要介绍了 Windows XP 操作系统的基本知识、窗口和对话框的组成及操作、文件的管理，Windows XP 的控制面板以及 Windows XP 附件程序及其应用等。通过本章的学习，使用户能够轻松地完成各种管理和操作。

习 题 二

一、填空题

1．"开始"菜单带有用户的个人特色，它由两个部分组成，左边是＿＿＿＿＿，右边是＿＿＿＿＿。

2．Windows XP 中所有的应用程序都是以＿＿＿＿＿的形式出现的，Windows XP 的窗口一般包括 3 种状态：＿＿＿＿＿、＿＿＿＿＿和＿＿＿＿＿。

3．＿＿＿＿＿位于 Windows XP 窗口的最下方。

4．可以同时打开的应用程序窗口数是＿＿＿＿＿。

5．按＿＿＿＿＿快捷键可以将文件或文件夹永久删除，不保留在回收站中；使用＿＿＿＿＿快捷键可在多个窗口间进行切换。

6．任务栏由＿＿＿＿＿、＿＿＿＿＿、＿＿＿＿＿以及＿＿＿＿＿组成。

二、选择题

1．在 Windows 中，任务栏（ ）。
　　A．只能改变位置，不能改变大小　　　　B．只能改变大小，不能改变位置
　　C．既不能改变位置，也能改变大小　　　D．既能改变位置，也能改变大小

2．为了重新排列多个窗口，首先应进行的操作是（ ）。
　　A．用鼠标右键单击"桌面"空白处　　　B．用鼠标右键单击"任务栏"空白处

　　　　C．用鼠标右键单击已打开窗口的空白处　　D．用鼠标右键单击"开始"按钮

3．利用窗口左上角的控制菜单图标不能实现的操作是（　　）。

　　　　A．改变窗口大小　　　　　　　　　　　　B．移动窗口

　　　　C．打开窗口　　　　　　　　　　　　　　D．关闭窗口

4．窗口和对话框的区别是（　　）。

　　　　A．对话框不能移动，也不能改变大小

　　　　B．两者都能移动，但对话框不能改变大小

　　　　C．两者都能改变大小，但对话框不能移动

　　　　D．两者都能移动和改变大小

5．在 Windows XP 操作系统中，能弹出对话框的操作是（　　）。

　　　　A．运行了某一应用程序

　　　　B．在菜单项中选择了颜色变灰的命令

　　　　C．在菜单项中选择了带有省略号的命令

　　　　D．在菜单项中选择了带有三角形箭头的命令

6．Windows XP 用来与用户进行信息交换的是（　　）。

　　　　A．菜单　　　　　　　　　　　　　　　　B．工具栏

　　　　C．对话框　　　　　　　　　　　　　　　D．应用程序

7．下列关于文件名组成的叙述，错误的是（　　）。

　　　　A．文件名中允许使用汉字　　　　　　　　B．文件名中允许使用多个圆点分隔符号

　　　　C．文件名允许使用空格　　　　　　　　　D．文件名中允许使用竖线（"|"）

8．在"资源管理器"窗口分为左右两个部分，其中（　　）。

　　　　A．左边显示磁盘上的树形目录结构，右边显示指定目录里的文件信息

　　　　B．右边显示磁盘上的树形目录结构，左边显示指定目录里的文件信息

　　　　C．两边都可以显示磁盘上的树形目录结构或指定目录里的文件信息，由用户决定

　　　　D．左边显示磁盘上的文件目录，右边显示指定文件的具体内容

9．在 Windows XP 的"资源管理器"左部窗口中，若显示的文件夹图标前带有加号（+），意味着该文件夹（　　）。

　　　　A．含有下级文件夹　　　　　　　　　　　B．不含下级文件夹

　　　　C．仅含文件　　　　　　　　　　　　　　D．空的文件夹

10．打开资源管理器时（　　）。

　　　　A．至少有一个已打开的文件夹　　　　　　B．只能有一个被打开的文件夹

　　　　C．有多个文件夹已打开　　　　　　　　　D．所有的文件夹都没有打开

三、问答题

1．Windows XP 的桌面由哪些元素组成？它们的作用分别是什么？

2．简述常用的文档窗口（我的文档、我的电脑、资源管理器及控制面板）的内容及基本功能。

3．如何选择一个文件或多个不连续的文件？

四、上机操作题

1．将任务栏移动到桌面右边，并使其自动隐藏。

2．把"我的电脑"和"我的文档"窗口在桌面上横向平铺。

3．找一幅自己喜欢的图片，并以拉伸方式设置为桌面图案；再设置屏幕保护程序为"三维迷宫"，等待时间为 10 分钟；在桌面上创建一个 Word 2007 文档的快捷方式。

4．试着使用磁盘碎片整理程序重新安排文件在磁盘中的存储位置，将文件的存储位置整理到一起，则可合并可用空间，从而提高运行速度。

5．启动"写字板"程序，在文本编辑区输入一篇文档，并保存到"我的文档"文件夹中。

6．在附件中启动"Windows Media Player"应用程序，利用"Windows Media Player"复制 CD 音乐到本地磁盘中。

7．为自己的计算机安装打印机驱动程序，并添加打印机。

第三章　文字输入技术

教学目标

　　文字输入技术是计算机操作的一项基本技术，主要包括英文输入和中文输入技术。对于字符的输入主要讲速度和准确度，而对于中文输入而言，为了追求速度和准确度，就必须掌握一种好的编码方法。本章重点介绍目前最为常见的五笔字型汉字编码技术。

教学难点与重点

　　（1）键盘的使用与指法练习。
　　（2）文字输入法介绍。
　　（3）使用拼音输入法输入汉字。
　　（4）使用五笔字型输入法输入汉字。

第一节　键盘的使用与指法练习

　　键盘是计算机最基本、最重要和最早使用的输入设备，它是通过电缆线与主机相连的，要使用计算机，首先要了解计算机键盘上各键的作用，以便熟练地掌握好键盘上各键的使用方法。

一、键盘简介

　　键盘是最常用的输入设备，使用它可以方便用户输入文字。标准键盘可以划分为主键码区、功能键区、小键盘区和编辑键区 4 个区域。

1. 主键码区

　　主键码区又称打字键区，它在键盘中占有大块区域，可实现各种文字和控制信息的录入。它包括 26 个英文字母键、10 个数字键、常用的标点符号键、空格键及其他一些常用的功能键。

2. 功能键区

　　功能键区位于键盘的最上面，一般键盘上都提供了 F1～F12 共 12 个功能键，它们在不同的应用程序中具有不同的作用。

3. 小键盘区

　　小键盘区（又称数字键区）位于键盘的最右边，其大部分键和打字键区的某些键是重复的，而且功能也是完全相同的，使用这些数字键可以用来进行数学运算。

4．编辑键区

编辑键区位于主键码区和小键盘区的中间，它们主要是完成一些基本的编辑操作。键盘区域中各键不仅可以单独使用，而且还可以组合使用，如按"Alt+Tab"快捷键可以切换各个应用程序。常用的快捷键及其功能如表 3.1 所示。

表 3.1　常用快捷键及其功能

快捷键	功　能	快捷键	功　能
Alt+F4	关闭当前窗口	Ctrl+A	全选
Alt+Tab	选择性地切换打开的应用程序	Ctrl+O	打开文件
Alt+Esc	依次切换打开的应用程序	Ctrl+N	新建文件
Shift+F10	打开快捷菜单	Alt+Enter	查看所需项目属性
Ctrl+C	复制	Ctrl+Home	光标移至首页行首
Ctrl+V	粘贴	Ctrl+End	光标移至末页行尾
Ctrl+X	剪切	Shift+Delete	永久删除文档
Ctrl+Z	撤销		

二、正确的击键姿势和指法

正确规范的击键姿势和指法有利于快速、准确的输入，且使人不易产生疲劳。

1．正确的姿势

正确的击键姿势应该满足以下几点：

（1）身体应保持笔直，稍偏于键盘右方。

（2）应将全身重量置于椅子上，座椅要旋转到便于手指操作的高度，两脚平放。

（3）两肘轻轻贴于腋边，手指轻放于规定的字键上，手腕平直。人与键盘的距离，可移动椅子或键盘的位置来调节，以调节到人能保持正确的击键姿势为止。

（4）显示器宜放在键盘的正后方，放输入原稿前，先将键盘右移 5 cm，再将原稿紧靠键盘左侧放置，以便阅读。

2．正确的输入指法

（1）基准键位与手指的对应关系。

1）基准键位位于键盘的第二行，共有 8 个字母键，如图 3.1.1 所示（除[G]键和[H]键外）。

2）除图 3.1.1 两组基准键之外的字键，都不属于基准键。

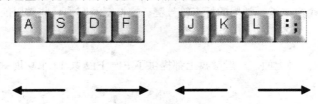

图 3.1.1　手指与基准键位的对应关系

（2）字母键的击法。

1）手腕要平直，手臂要保持静止，全部动作仅限于手指部分（上身其他部位不得接触工作台或键盘）。

2）手指要保持弯曲，稍微拱起，指尖后的第一关节微成弧形，分别轻轻地放在字母键中央。

3）输入时，手稍微抬起，只有要击键的手指才可伸出击键。击完立即缩回，不可停留在已击的字母键上。

4）输入过程中要用相同的节拍轻轻地击字母键，不可用力过猛。

（3）空格的击法。右手从基准键上迅速垂直上抬 1~2 cm，大拇指横向下一击并立即归位，每击一次输入一个空格。

（4）换行键的击法。需要换行时，抬起右手小指击一次回车键（Enter），击完后右手立即退回到原基准键位。在手回归过程中小指弯曲，以免把";"号带入。

3. 键盘指法分区

在基准键位的基础上，对于其他字母、数字、符号都采用与 8 个基准键的键位相对应的位置（简称相对位置）来记忆。例如，用原来击"D"键的左手中指击"E"键，用原来击"K"键的右手中指击"I"键等。键盘的指法分区如图 3.1.2 所示。用户必须按规定的操作执行，这样既便于操作，又便于记忆。

图 3.1.2　键盘指法分区图

第二节　文字输入法介绍

常用的汉字输入法有全拼输入法、智能 ABC 输入法、微软拼音输入法、紫光拼音输入法以及五笔字型输入法等，下面分别进行介绍。

一、输入法的分类

计算机使用者要将汉字输入到计算机，就要使用汉字输入法，目前，汉字输入法可分为键盘输入法和非键盘输入法两大类。

1. 键盘输入法

键盘输入法就是利用键盘，根据一定的编码规则来输入汉字的一种方法。目前，汉字编码方案已经有数百种，作为一种图形文字，汉字是由字的音、形、义来共同表达的，汉字输入的编码方法基本上都是将音、形、义与特定的键相联系，再根据不同汉字进行组合来完成汉字的输入。

目前的键盘输入法种类繁多，各有特点及其优势。随着各种输入法版本的更新，其功能越来越强。目前的中文输入法有以下几类：

（1）对应码（流水码）。对应码输入方法以各种编码表作为输入依据，因为每个汉字只有一个编码，所以重码率几乎为零，效率高，可以高速盲打，但缺点是记忆量极大，而且没有什么太多的规律。

常见的流水码有区位码、电报码、内码等，一个编码对应一个汉字。

这种方法适用于某些专业人员，例如，电报员、通讯员等。但在电脑中输入汉字时，这类输入法已经基本淘汰，只是作为一种辅助输入法，主要用于输入某些特殊符号。

（2）音码。音码输入法是按照拼音规定来进行输入汉字的，不需要特殊记忆，符合人们的思维习惯，只要会拼音就可以输入汉字。拼音输入法的缺点是同音字太多、重码率高、输入效率低，对用户的发音要求较高，难于处理不认识的生字。

这种输入方法不适于专业的打字员，而非常适合普通的电脑操作者，尤其是随着一批智能产品和优秀软件的相继问世，中文输入跨进了"以词输入为主导"的境界，重码选择已不再成为音码的主要障碍。新的拼音输入法在模糊音处理、自动造词、兼容性等方面都有很大提高，微软拼音输入、黑马智能输入等输入法还支持整句输入，使拼音输入速度大幅度提高。

（3）形码。形码是一种将字根或笔划规定为基本的输入编码，再由这些编码组合成汉字的输入方法。汉字由许多相对独立的基本部分组成，例如，"好"字是由"女"和"子"组成，"助"字是由"且"和"力"组成，这里的"女""子""且""力"在汉字编码中称为字根或字元。

最常用的形码有五笔字型、表形码、码根码等，形码的最大优点是重码少，不受方言限制，经过一段时间训练，输入中文字的速度会大大提高，但形码的缺点就是需要记忆的东西较多，长时间不用会忘掉。

（4）音形码。音形码吸取了音码和形码的优点，将二者混合使用，常见的音形码有郑码、钱码、丁码等。这种输入法的特点是速度较快，不需要专门培训。适合于对打字速度有要求的非专业打字人员使用。

（5）混合输入法。为了提高输入速度，某些汉字系统结合了一些智能化的功能，同时采用音、形、义多途径输入。还有很多智能输入法把拼音输入法和某种形码输入法结合起来，使一种输入法中包含多种输入方法。

以万能五笔为例，它包含五笔、拼音、中译英、英译中等多种输入法。全部输入法只在一个输入法窗口里，不需要用户切换。

2. 非键盘输入法

非键盘输入方式主要包括手写、语音输入、OCR 等，下面将简要介绍。

（1）手写输入法。手写输入法是一种笔式环境下的手写中文识别输入法，符合中国人用笔写字的习惯，只要在手写板上按平常的习惯写字，电脑就能将其识别显示出来。

手写输入法需要配套的硬件手写板，在配套的手写板上用笔（可以是任何类型的硬笔）来书写录入汉字，不仅方便、快捷，而且错字率也比较低。用鼠标在指定区域内也可以写出字来，但要求鼠标操作非常熟练。

（2）语音输入法。语音输入法，顾名思义，是将声音通过话筒转换成文字的一种输入方法。语音识别以 IBM 推出的 Via Voice 为代表，国内则推出 Dutty ++语音识别系统、天信语音识别系统、世音通语音识别系统等。

语音输入法使用起来方便，但错字率仍然比较高，特别是一些未经训练的专业名词以及生僻字。在硬件方面要求用户的电脑必须配备能进行正常录音的声卡，调试好麦克风后，就可以对着麦克风用普通话语音进行文字录入。

（3）OCR 简介。OCR 称为光学字符识别技术，它首先要求把要输入的文稿通过扫描仪转化为图形，然后才能识别，所以，扫描仪是必须的，而且原稿的印刷质量越高，识别的准确率就越高。一般最好是印刷体的文字，比如图书、杂志等，如果原稿的纸张较薄，那么有可能在扫描时纸张背面的图形、文字也透射过来，干扰最终的识别效果。

OCR 软件种类比较多，常用的如清华 OCR，在系统对图形进行识别后，系统会把不能肯定的字符标记出来，让用户自行修改。OCR 技术解决的是手写或已印刷文字的重新输入问题，必须配备一台扫描仪，而一般市面上的扫描仪基本都附带了 OCR 软件。

（4）混合输入法。手写加语音识别的输入法有汉王听写、蒙恬听写王系统等，慧笔、紫光笔等也添加了这种功能。

语音手写识别加 OCR 的输入法有汉王"读写听"、清华"录入之星"中的 B 型（汉瑞得有线笔+Via Voice +清华 TH-OCR 5.98）和 C 型（汉瑞得无线笔+Via Voice +清华 TH-OCR 5.98）等。

微软拼音输入法 2.0，除了可以用键盘输入外，也支持鼠标手写输入，使用起来也很灵活。不论哪种输入法，都有自己的优点和缺点，用户可以根据自己的需要进行选择。

二、添加/删除输入法

在安装 Windows XP 过程中，系统自带微软拼音输入法、全拼输入法、王码五笔输入法等，由于不同的用户使用的输入法不相同，用户可根据需要添加或删除一些输入法。

1. 添加输入法

添加输入法的具体操作步骤如下：

（1）在语言栏上单击鼠标右键，在弹出的快捷菜单中选择 设置(E)… 命令，弹出 文字服务和输入语言 对话框，如图 3.2.1 所示。

（2）在该对话框中单击 添加(D)… 按钮，弹出 添加输入语言 对话框，如图 3.2.2 所示。

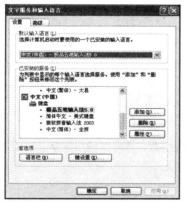

图 3.2.1　"文字服务和输入语言"对话框　　　图 3.2.2　"添加输入语言"对话框

（3）在 键盘布局/输入法(K)：下拉列表框中选择相应的输入法，单击 确定 按钮。

（4）返回到 文字服务和输入语言 对话框，可以看到添加的输入法。

（5）单击 确定 按钮关闭对话框，完成设置。

2. 删除输入法

删除输入法的具体操作步骤如下：

（1）用鼠标右键单击语言栏上的输入法图标 ，在弹出的快捷菜单中选择 设置(E)… 命令，弹出 文字服务和输入语言 对话框（见图 3.2.1）。

（2）在 已安装的服务(I) 列表框中选中要删除的输入法，单击 删除(R) 按钮，再单击 确定 按钮完成删除。

三、选择和使用输入法

Windows XP 中默认的输入法是英文输入法，单击语言栏中的"输入法选择"按钮，打开输入法选择菜单，如图 3.2.3 所示。在该菜单中选择所需的输入法，即可打开该输入法的状态栏，并开始使用该输入法。

默认情况下，用"Ctrl+Space"键可以切换中/英文输入法，用"Ctrl+Shift"键在英文和各种中文输入法之间切换。用户也可以自定义切换快捷键的方式。

在使用输入法时，首先要启动一个字处理软件，如写字板，打开写字板后，启动输入法，如五笔字型输入法。用户可直接键入汉字编码，在候选汉字窗口中就会显示该编码所对应的汉字，如图 3.2.4 所示。

图 3.2.3　输入法菜单　　　　　　　　图 3.2.4　使用输入法

用户可用数字键在候选汉字窗口中选择要输入的汉字。当候选汉字很多（也就是重码）时，可以按"+"、"−"键（也可以用"Page Up"，"Page Down"键）来向前、向后翻页，找到所要输入的汉字，然后再按相应的数字键选中该汉字。

第三节　使用拼音输入法输入汉字

拼音输入法是一种广受欢迎的汉字输入法。只要会用拼音，就可以输出汉字。常用的拼音输入法包括智能 ABC 输入法、微软拼音输入法和紫光拼音输入法。

一、智能 ABC 输入法

智能 ABC 输入法是一种能自动记录词组的拼音输入法，它除提供全拼和双拼两种输入方法外，还提供了智能 ABC 笔形输入法、音形混合输入法。

智能 ABC 在默认情况下使用全拼输入汉字，使用该方法输入汉字时应注意以下几点：

（1）用户可连续输入汉语语句的拼音，系统将自动选择最合适最常用的汉字。

（2）输入时尽量输入词组。在输入词组的过程中，一次性将词组中所有汉字的汉语拼音全部输入，然后再按空格键，这时在候选窗口中将出现相应的词组列表，用户可在该列表中选择需要的词组。

（3）智能 ABC 输入法提供了简拼功能，对于较长的词组，只要输入词组中每个字汉语拼音的声母，相应的词组即可列出。例如，"计算机"的简拼编码是"jsj"。

（4）如果词库中没有所输入的词组，此时可以逐个字选择。当输入一次该词组后，它会自动加入到词库中，以后再输入该词组时，该词组将出现在候选窗口中。

使用智能 ABC 输入法全拼输入词组的具体操作如下：

（1）切换到智能 ABC 输入法。

（2）使用该输入法输入一句话，此时的状态如图 3.3.1 所示。

（3）按空格键选择汉字，此时，系统会根据输入的拼音自动选择汉字，如果用户要更改系统选择的汉字，可按"BackSpace"键，将光标切换到第一个拼音处，逐个选择汉字，如图 3.3.2 所示。

图 3.3.1　输入一句话　　　　　　　　　　　　　　　　图 3.3.2　逐个选择汉字

二、微软拼音输入法

微软拼音输入法采用基于语句的连续转换方式，用户可以不间断地输入整句话的拼音，而不必担心分词和候选，这样既能保证用户输入时思维流畅，又能提高输入效率。

1．输入法状态条

选择微软拼音输入法后，在语言栏上将出现微软拼音输入法状态条，如图 3.3.3 所示，单击状态条上的按钮可以切换输入状态或者激活菜单。

图 3.3.3　微软拼音输入法状态条

状态条上各图标的功能如下所示：

当前选择的输入法　　　　　　　　选择输入风格

切换中/英文输入法　　　　　　　　切换全/半角

切换中/英文标点　　　　　　　　　选择字符集

软键盘开关，使用软键盘　　　　　输入板开关，使用输入板

功能菜单　　　　　　　　　　　　帮助开关，打开帮助文件

2．使用微软拼音输入法

使用微软拼音输入法输入汉字的具体操作如下：

（1）切换到微软拼音输入法，使用该输入法输入一句话，如"我和他是好朋友"，此时输入汉字状态条如图 3.3.4 所示。

（2）虚线上的汉字是用户输入拼音的转换结果，下画线上的字母是用户正在输入的拼音，用户可以按左、右方向键定位光标来编辑拼音和汉字。

（3）拼音下面是汉字候选栏，1 号候选用蓝色显示，是微软拼音输入法对当前拼音串转换结果的推测，如果正确，用户可以按空格键或按 1 来选择。其他候选项列出了当前拼音可能对应的全部汉字或词组，用户可以按"PageDown"键或"PageUp"键查看更多的候选项。

（4）选择好所有汉字后，按空格键或回车键，即可输入所需汉字，如图 3.3.5 所示。

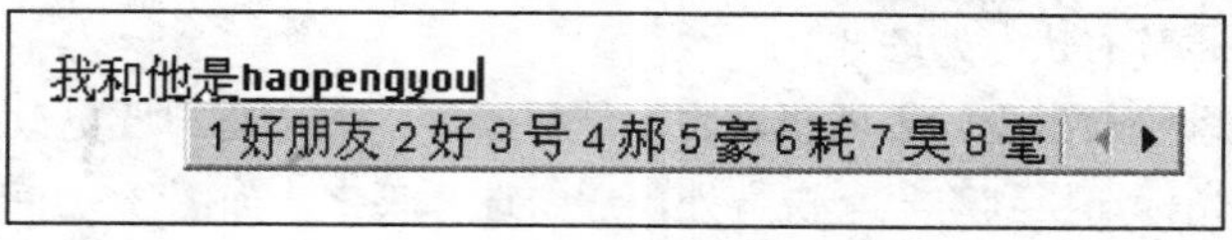

我和他是**haopengyou**|
1 好朋友 2 好 3 号 4 郝 5 豪 6 耗 7 昊 8 毫 ◄ ►

图 3.3.4　输入汉字状态条

我和他是好朋友

图 3.3.5　输入的汉字

技巧：（1）微软拼音输入法的缺省设置支持简拼输入，对一些常用词，用户可以只用它们的声母来输入。比如可以用"dj"输入"大家"。

（2）在输入状态，用户可以用加号、减号或者"PageDown"键和"PageUp"键来翻页查看更多候选汉字，但不可以用上下方向键来移动光标。

三、紫光拼音输入法

紫光拼音输入法是目前较为流行的拼音输入法之一，它具有简单易学、方便实用的特点。用户可根据自己的使用习惯对紫光拼音输入法进行设置，以提高输入速度。

1. 紫光拼音输入法状态条

状态条窗口用于显示和设置输入法状态，如图 3.3.6 所示。用鼠标左键单击相应的按钮来修改输入法状态设置。

图 3.3.6　紫光拼音输入法状态条

状态条各图标的功能如下：

‖：标题区，在此区域按下鼠标可以拖动标题条；

中/En：表示中/英文输入状态，按"Shift"键可以在两者之间进行切换；

,。/. ：表示中/英文标点输入状态，按"Ctrl+ ."键可以在两者之间进行切换；

◗/●：表示半角/全角输入状态，按"Shift+空格"键可以在两者之间进行切换；

▦/▦：表示软键盘关闭/开启状态。

2. 输入法设置

紫光拼音输入法提供了 11 组拼音的模糊输入功能。对某一组拼音的模糊是指输入法不区分该组拼音中互相模糊的两个拼音。例如，模糊"z=zh"后，拼音串"zong"和"zhong"都可以用来输入"中"。使用模糊音可以提高输入的方便性，但会导致重码的增多。

默认情况下，紫光拼音输入法不支持模糊音输入。选择紫光拼音输入法后，在其输入法状态条上单击鼠标右键，在弹出的快捷菜单中选择  命令，打开 紫光拼音输入法 — 属性设置和管理中心 窗口，单击"设置与管理项"中的"模糊音"选项，在打开的对话框中选中要设置模糊音前的复选框，如图 3.3.7 所示，单击 确定 按钮即可完成设置。

图 3.3.7　设置模糊音

3．使用紫光拼音输入法

使用紫光拼音输入法的具体操作步骤如下：

（1）打开字处理软件，选择紫光拼音输入法。

（2）输入"紫光拼音输入法"，在键盘上输入"zi"，将弹出汉字候选框，如图 3.3.8 所示。

（3）按数字键"5"，就可以将"紫"字输入到文本中。用户也可以输入词语以提高输入速度，在如图 3.3.8 所示的界面中，不按数字键或空格键，继续输入"guang"，将出现两个字母组合的词组，如图 3.3.9 所示。

图 3.3.8　输入单个汉字

图 3.3.9　输入词组

按照上述操作步骤还可输入三字词、四字词、五字词或整个句子后再确认。例如输入"shiyongquanpinshuru"（使用全拼输入），输入过程如图 3.3.10 所示。按数字键"3"进行选择，结果如图 3.3.11 所示，再按空格键，或按数字键"1"，即可得到"使用全拼输入"。

图 3.3.10　输入过程

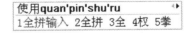

图 3.3.11　选择结果

注意：紫光拼音输入法在输入字词或短语时，一次通过连续的拼音串输入的词或短语不能多于 9 个汉字。

第四节　使用五笔字型输入法输入汉字

五笔字型输入法是专业录入人员最常用的一种输入法，它以汉字形状为基础，不需要拼音知识。这种编码方案较其他汉字编码方案有着显著的优点：构思巧妙、形象生动、易学易用、重码率低。

一、汉字的结构分析

汉字结构涉及汉字的笔画、字型和书写顺序等，下面将详细介绍。

1. 笔画

笔画是构成汉字的最小单位，是一次写成的一个连续不断的线段。在对王码五笔 98 版进行编写时，将汉字分成 5 种笔画。五笔字型对笔画只考虑走向，而对笔画的长短和轻重不要求，它将汉字分成横、竖、撇、捺、折 5 种基本笔画，分别以 1，2，3，4，5 作为代号。表 3.2 所示列出了 5 种基本笔画以及其他笔画的归并。

表 3.2　五笔字型 5 种基本笔画及代号

代　号	笔画名称	基本笔画	笔画走向
1	横	一	左→右
2	竖	｜	上→下
3	撇	丿	右上→左下
4	捺	丶	左上→右下
5	折	乙	带转折

在书写汉字时应该注意以下几点：

（1）两笔或两笔以上写成的，如"木"、"土"、"二"等不叫笔画，而叫笔画结构。

（2）一个笔画不能断开成几段来处理，如"里"，不能分解为"田、土"，而是分解为"日、土"。

（3）将"提"归并到"横"类；"竖钩"归并到"竖"类；"点"归并到"捺"类；带"折"的均归并到"折"类，例如：

1）"现"是"王"字旁，将"提"笔视为"横"。

2）"利"的右边是"刂"，将末笔的"竖钩"视为"竖"。

3）"村"是"木"字旁，将"点"笔应视为"捺"。

2. 字型

在所有的方块字中，五笔字型将其分为左右型、上下型、杂合型 3 种类型，并以 1，2，3 为顺序代号。字型是对汉字从整体轮廓上来区分的，这对确定汉字的五笔字型编码十分重要。

（1）1 型：左右型，左右型汉字又分为两类。

1）整个汉字有着明显的左右结构，如好、汉、码、轮。

2）整个字的 3 个部分从左到右并列，或者单独占据一边的一部分与另外两部分呈左右排列，如撇、侣、别。

（2）2 型：上下型，上下型汉字又分为两类。

1）整个汉字有着明显的上下结构，如吴、节、晋、思。

2）汉字的 3 个部分上下排列，或者单独占据的部分与另外两个部分上下排列，如掌、资、装、算。

（3）3 型：杂合型，当汉字的书写顺序没有简单明确的左右关系或上下关系时，都将其归为杂合型，如困、同、这、斗、飞、秉、函、幽、本、天、丹、戍。

关于字型有如下规定：

（1）凡单笔画与字根相连或带点结构都视为 3 型。

（2）"能散不连"的原则也同样适用于字型区分，如矢、卡、平视为 2 型。

（3）内外型字属 3 型，如困、同、西，但"见"视为 2 型。

（4）含两字根且相交的字属 3 型，如东、串、电、本。

（5）下含"走之"的字为 3 型，如进、逞、远、达。

二、键盘上的字根分布

汉字由字根构成,用字根可以像堆积木那样组合全部的汉字和词汇。五笔字型优选出的 130 个基本字根,按照其起笔笔画代号,并考虑键位设计需要,共分为 5 个区,每个区又分成 5 个位,命名为区号位号,这样可得到 11~15,21~25,31~35,41~45,51~55,共 25 个键位,其中,一区有 27 个基本字根,二区有 23 个,三区有 29 个,四区有 23 个,五区有 28 个,一个键位上一般安排了 2~11 种字根,字体较大的字根是主要字根。每个键位对应一个英文字母键,11~55 这样的数字称为键位代码,再从具体同一键位代码的一级字根中选出一个有代表性的字根作为键名字(每个键位方框左上角的字根就是键名字),这样就形成了五笔字型键盘字根总图,如图 3.4.1 所示。

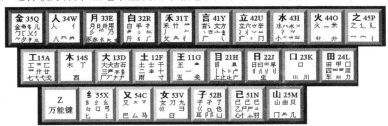

图 3.4.1　五笔字型键盘字根总图

三、汉字的拆分原则

五笔字型汉字编码方案拆字的基本原则可概括为以下几种情况。

1.单字根汉字

这种汉字就是我们所说的成字字根。由于这种汉字只有一个基本字根,所以不用再拆,编码方法有单独规定,例如:木、大、女、乙。

2.散结构的汉字

由于组成这种汉字的字根之间没有什么关联,各部分相对独立,所以拆分时只需简单地将那些字根孤立出来就行,例如:

只:口 八　　　　类:米 大　　　　汉:氵 又　　　　数:米 女 攵

3.交叉结构或交连混合结构的汉字

如果一个汉字只是由单笔画与基本字根相连组成,那么将这个汉字直接拆分为单笔画和基本字根即可,例如:

乏:丿 之　　　　自:丿 目　　　　上:卜 一　　　　太:大 、

除此之外,结构较复杂的汉字由于组成字根之间有相连、包含或嵌套的关系,没有很明显的界限,对初学者来说,难以拆分。对这样的汉字,拆分时基本上是按书写顺序拆分成几个已知的最大字根,以增加一笔就不能构成已知字根这个原则来决定笔画的归属。拆分时要注意遵循取大优先、兼顾直观、能连不交、能散不连的原则。

(1)取大优先:也称能大不小。也就是说,如果一个汉字可能有几种拆分方法,有些方法拆出来的字根少,这时就以拆分字根数量少的那种为优先。要使拆分的字根数少,则要使拆分成的字根尽可能大。例如：

果　　　　拆法1：曰　木　　　（正确）

　　　　　拆法2：曰　一　小　　（错误，因为第三个码元"小"，完全可以向前凑到"一"上，形成一个更大的码元"木"）

再如：

世　　　　拆法1：廿　乙　　　（正确）

　　　　　拆法2：一　凵　乙　（错误，因为其第二个码元"凵"，完全可以向前凑到"一"上，形成一个更大的已知码元"廿"）

总之，"取大优先"俗称"尽量往前凑"，是一个在汉字拆分中最常用的基本原则。至于什么才算"大"，"大"到什么程度才到"边"，熟悉了码元总表后，便不会再出错。

（2）兼顾直观：拆字的目的是为给汉字输入字根编码，在键盘上组字（键字根码），如果拆分的字根有较好的直观性，就便于联想记忆，给输入带来方便。为了兼顾直观性，"羊"拆成"丷、羊"就比拆成"䒑、二、丨"要直观得多。例如：

自：丿　目　　　　　生：丿　韦

（3）能连不交：指可以拆成相连关系字根，就不要拆分成相交关系的字根。例如：

刊　　　　拆法1：干　刂　　　（正确）

　　　　　拆法2：二　丨　刂　（错误，因为这样"二"与"丨"就是交的关系了）

（4）能散不连：指能拆成散结构关系的字根，就不要拆分成相连关系的字根。例如：

午　　　　拆法1：𠂉　十　　　（正确）

　　　　　拆法2：丿　干　　　（错误，因为这样"丿"与"干"就是连的关系了）

另外，在拆分时还应注意，不能将一个笔画割断放在两个字根中，例如：

果　　　　拆法1：曰　木　　　（正确）

　　　　　拆法2：田　木　　　（错误，因为其中的竖笔本来就只是一笔，现分成两笔）

总之，拆字时应当兼顾上述4个方面的要求。一般来说，首先应当保证每次拆出最大的基本字根，在拆出字根数目相等的条件下，"散"比"连"优先，"连"比"交"优先。

四句拆分口诀还可再补充四句，则成：

单勿需拆，散拆简单，难在交连，笔画勿断。

能散不连，兼顾直观，能连不交，取大优先。

四、末笔字型交叉识别

构成汉字的基本字根之间存在着一定的位置关系。例如，同样是"口"与"八"这两个字根，位置关系不同，就构成不同的"叭"与"只"两个字，这两个字的编码为：

叭：口　八　编码：K　W（2334）

只：口　八　编码：K　W（2334）

两个字的编码完全相同，即出现了重码。可见，仅仅将汉字的字根依书写顺序输到电脑中，还是不够的，还必须告诉电脑刚才输入的那些字根是以什么方式排列的。若用字型代码加以区别，则是：

叭：口　八　编码：23　34　1（左右）

只：口　八　编码：23　34　2（上下）

于是，这两字的编码就不会相同了，最后一个数字称字型识别码。

另外，五笔字型编码方案的键盘设计中，将 130 个字根安排在 25 个英文字母键上，每个键上一般有 2～11 个字根，这样就会造成不同的字根有相同的编码。例如，14（S）键上有"木"、"丁"、"西" 3 个字根，当它们左边分别加上"氵"时，则成为：

沐：氵　木　　编码：IS（4314）

汀：氵　丁　　编码：IS（4314）

洒：氵　西　　编码：IS（4314）

上面 3 个字尽管字根分解不同，但由于它们的第二部分字根共处一键，还是出现了重码。于是，仅仅将字根依书写顺序输到电脑中，也还是不够的，还必须告诉电脑刚才输进去的那些字根各有什么特点。若用末笔笔画代码加以区别，则变成：

沐：氵　木　　编码：43　14　41　（捺）

汀：氵　丁　　编码：43　14　21　（竖）

洒：氵　西　　编码：43　14　11　（横）

这样就使处在同一键上的 3 个字根和其他字根构成汉字时，具有了不同的编码。最后一位数字称为末笔识别码。

综上所述，为了避免出现重码，有时需要加字型识别码，有时又需要加末笔识别码，这样就显得很麻烦。解决这个问题的办法是将两者合二为一，提出末笔字型交叉识别码的概念，即把末笔代码当十位，字型代码当个位，组成一个两位数，称为"末笔字型交叉识别码"。5 种笔画，3 种字型一共可构成 15 种识别码，分别对应于 5 个区的前 3 个键位。

如果组成汉字的字根数目达到或多于 4 个，则不需要追加末笔字型交叉识别码。末笔字型交叉识别码如表 3.3 所示。

表 3.3　末笔字型交叉识别码表

末笔字型		左右 1	上下 2	杂合 3
横	1	11　G	12　F	13　D
竖	2	21　H	22　J	23　K
撇	3	31　T	32　R	33　E
捺	4	41　Y	42　U	43　I
折	5	51　N	52　B	53　V

关于末笔有如下规定：

（1）末字根为"力、刀、九、七"等时，一律认为末笔为折。例如：

仇：34　53　51

化：34　55　51

（2）所有包围型汉字中的末笔，规定取被包围的那一部分笔画结构的末笔。例如：

国：24　11　41　43

远：12　35　45　53

厌：13　13　43

（3）"我、戈、成"等字的末笔取撇"丿"。

关于字型前面已讨论过，现在再归纳如下：

（1）凡单笔画与字根相连或带点结构都视为杂合型。

（2）字型区别时，也用"能散不连"的原则，例如，"矢、卡、见、严"等都视为上下型。

（3）内外型字属杂合型，例如，"困、同"等。

（4）含两字根且相交者属于杂合型，例如，"东、电"等。

（5）下含"走之"字为杂合型，例如，"进、逞、远"等。

（6）以下各常用字为杂合型：可、床、厅、龙、尼、工、后、反、处、办、皮、飞、死、疗、压。但相似的例如：右、左、看、者、布、色、友、冬、灰等视为上下型。

五、汉字的输入

在掌握了汉字的结构、字根在键盘上的分布以及汉字的拆分原则后，用户就可以使用五笔字型输入法输入汉字。在五笔字型输入法中，用户可输入键名汉字、成字字根汉字和普通汉字。

1. 输入键名汉字

五笔字型的字根都分布在键盘的 25 个键位上，每一个键位上都有一个键名汉字，键名汉字是每一个键上的第一个字。输入键名汉字的方法是连续敲击其所在键位 4 次。

2. 输入成字字根汉字

在五笔字型字根键盘的每个键位上，除了一个键名汉字外，每个键位上还有一些完整的字根汉字，即成字字根汉字。其输入方法可用公式表示为：

键名代码+首笔代码+次笔代码+末笔代码

当用户要输入一个成字字根时，先敲击其所在键位（俗称"报户口"），然后再依次输入第一个笔画、第二个笔画及末笔笔画所在的键位。如果该字根只有两个笔画，则以空格键结束。例如"文"和"丁"字的输入过程如图 3.4.2 所示。

$$文=文+ \backprime +一+\backslash \qquad 丁=丁+一+亅+空格$$
$$Y+Y+G+Y \qquad\qquad S+G+H+空格$$

图 3.4.2　成字字根汉字输入过程

六、简码的输入

五笔字型汉字输入的字根码一般为 4 位，对于字根数目等于或大于 4 位的，直接采用 4 个字根码；对于字根数为 3 的，补打一个末笔交叉识别码，构成 4 码；字根数为 2 的，补一识别码后，再补一空格键，构成 4 码。为了简化输入，减少码长，五笔字型专门设计了简码输入方案。

1. 一级简码

一级简码有汉字 25 个，其输入方法是先击它所在的键，再击一个空格键即可。

2. 二级简码

二级简码有 625 个汉字，它由汉字全码的前两个字根代码组成。其输入方法是先击它前两个字根所在的键，再击一下空格键。表 3.4 所示的为二级简码表。

表 3.4　五笔字型二级简码表

第一码	第二码	G F D S A 11————15	H J K L M 21————25	T R E W Q 31————35	Y U I O P 41————45	N B V C X 51————55
G	11	五于天末开	下理事画现	玫珠表珍列	玉平不来	与屯妻到互
F	12	二寺城霜载	直进吉协南	才垢圾夫无	坛增示赤过	志地雪支
D	13	三夺大厅左	丰百右历面	帮原胡春克	太磁砂灰达	成顾肆友龙

续表

第二码 第一码		GFDSA 11———15	HJKLM 21———25	TREWQ 31———35	YUIOP 41———45	NBVCX 51———55
S	14	本村枯林械	相查可楞机	格析极检构	术样档杰棕	杨李要权楷
A	15	七革基苛式	牙划或功贡	攻匠菜共区	芳燕东　芝	世节切芭药
H	21	睛睦睚盯虎	止旧占卤贞	睡睥肯具餐	眩瞳步眯睛	卢　眼皮此
J	22	量时晨果虹	早昌蝇曙遇	昨蝗明蛤晚	景暗晃显量	电最归紧昆
K	23	呈叶顺呆呀	中虽吕另员	呼听吸只史	嘛啼吵　喧	叫啊哪吧哟
L	24	车轩因困轼	四辊加男轴	力斩胃办罗	罚较　辚边	思团轨轻累
M	25	同财央朵曲	由则　崭册	几贩骨内凤	凡赠峭赚迪	岂邮　凤嶷
T	31	生行知条长	处得各务向	笔物秀答称	入科秒秋管	秘季委么第
R	32	后持拓打找	年提扣押抽	手折扔失换	扩拉朱搂近	所报扫反批
E	33	且肝须采肛	胖胆肿肋肌	用遥朋脸胸	及胶腔膜爱	甩服妥肥脂
W	34	全会估休代	个介保佃仙	作伯仍从你	信们偿伙	亿他分公化
Q	35	钱针然钉氏	外旬名甸负	儿铁角欠多	久匀乐炙锭	记离良充率
Y	41	主计庆订度	让刘训为高	放诉衣认义	方说就变这	决闻妆冯北
U	42	闰半关亲并	站间部曾商	产瓣前闪交	六立冰普帝	沁池当汉涨
I	43	汪法尖洒江	小浊澡渐没	少泊肖兴光	注洋水淡学	断籽娄烃糯
O	44	业灶类灯煤	粘烛炽烟灿	烽煌粗粉炮	米料炒炎迷	
P	45	定守害宁宽	寂审宫军宙	客宾家空宛	社实宵灾之	官字安　它
N	51	怀导居　民	收慢避断届	必怕　愉懈	心习悄屡忧	忆敢恨怪尼
B	52	卫际承阿陈	耻阳职阵出	降孤阴队隐	防联孙耿辽	也子限取陲
V	53	姨寻姑杂毁	叟旭如舅妯	九　奶　婚	妨嫌录灵巡	刀好妇妈姆
C	54	骊对参骠戏	骡台劝观	矣牟能难允	驻骈　驼	马邓艰双
X	55	线结顷　红	引旨强细纲	张绵级给约	纺弱纱继综	纪弛绿经比

3．三级简码

三级简码由单字的前 3 个字根码组成，只要一个字的前 3 个字根码在整个编码体系中是唯一的，一般都选作三级简码，共计有 4 000 个左右。此类汉字，只要输入其前 3 个字根码再加空格键即可输入，如：

毅：全码 UEMC　　　简码 UEM　　　　　唐：全码 YVHK　　　简码 YVH

有时，同一个汉字可能有几种简码。例如"经"字，就有一级简码、二级简码、三级简码及全码 4 种输入编码，如：

经：一级简码 X；二级简码 XC；三级简码 XCA；全码 XCAG

在这种情况下，应选最简捷的方法输入。

4．词汇编码

（1）双字词：分别取两个字的单字全码中的前两个字根代码，共组成四码，如：

机器：木几口口（SMKK）　　　　　　　汉字：氵又宀子（ICPB）

（2）三字词：前两个字各取其第一码，最后一个字取其前两码，共为四码，如：

计算机：讠竹木几（YTSM）

（3）四字词：每字各取其第一码，共为四码，如：

程序设计：禾广讠讠（TYYY）　　　　　光明日报：小日日扌（IJJR）

（4）多字词：按"一、二、三、末"的规则，取第一、二、三及最末一个字的第一码，共为四码，如：

电子计算机：日子讠木（JBYS）　　　　中华人民共和国：口亻人囗（KWWL）

七、重码、容错码和万能键 Z

重码和容错码对输入速度有一定的影响，用户应当了解其输入和处理方法。

1．重码

所谓"重码"是指在输入一组编码后，将会同时显示两个或两个以上不同的汉字或词组，如输入"FCU"后，在如图 3.4.3 所示的汉字候选框中将会显示重码。

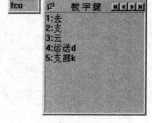

使用频率较高的汉字一般会排在第 1 位，如果所需的汉字在第 1 位，继续输入下文，该汉字即可自动跳到光标所在的位置；如果所需的汉字不在第 1 位，则按键盘上相应的数字键来选取所需汉字，所对应的汉字即可显示在屏幕上。如果重码较多，在提示行中一次性不能完全显示，则按键盘上的"－"或"＋"键来向后翻页，当找到所需的汉字时，按其前面所对应的数字即可。

图 3.4.3　汉字候选框

2．容错码

容错码是为了解决书写习惯和顺序中不好处理的一些特殊汉字的编码而设计的，对少数比较容易出错的汉字，即使输入错误，计算机也能显示正确的汉字。但不是所有的错误都能纠正，只是较容易搞错的一些汉字可以纠正。目前大约有 1 000 个容错码，容错主要分为以下 3 种类型：

（1）拆分容错。有些汉字的书写顺序因人而异，因此五笔字型编码方案规定，允许某些习惯顺序的输入。如"长"字的标准拆分顺序为"丿"、"七"、"丶"，识别码为"43"，编码为 TAYI，但按照书写顺序的不同，还存在以下 3 种编码方案：

1）长：七、丿、丶、氵，其编码为 ATYI。

2）长：丿、一、丨、丶，其编码为 TGNY。

3）长：一、丨、丿、丶，其编码为 GNTY。

（2）字型容错。在输入汉字时，有的汉字字型不明确，在判断时容易搞错。如：

"击"字的标准拆分顺序为"二"、"山"，其编码为 FMK（杂合型），而容错的编码为 FMJ（上下型）。

"连"字的标准拆分顺序为"车"、"辶"，其编码为 LPK（末笔识别码为"丨"杂合型），而容错的编码为 LPD（末笔识别码为"一"杂合型）。

"占"字的标准拆分顺序为"卜"、"口"，其编码为 HKF（上下型），而容错的编码为 HKD（杂合型）。

（3）版本容错。版本容错是指不同版本输入法之间的编码方案也可能会有所不同，为了使老用户也能够使用最新版本，所以设计了一些版本容错编码方案。如：

"拾"字的拆分顺序为"扌"、"人"、"一"、"口"，编码为 RWGK，而容错的拆分顺序为"扌"、"合"、"口"，编码为 RWKG。

3．万能键 Z

在五笔字型输入法中，"Z"键是作为帮助键来使用的，其功能是代替任何一个"未知"的编码。当对汉字的拆分难以确定时，可以用"Z"键来代替。在输入有"Z"键的汉字编码时，五笔字型编码方案就会将符合已知字根的那些汉字及其正确代码 5 个一组显示在提示行中。根据这些字在提示行中的位置序号，按键盘上相应的数字键可把所需的汉字输入到光标所在位置。

第五节　应用实例——用五笔输入短文

本案例使用五笔字型输入法在写字板程序窗口中输入如图 3.5.1 所示的短文。

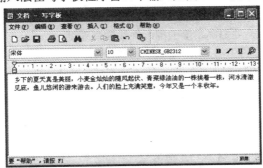

图 3.5.1　最终效果

（1）选择 开始 → 所有程序(P) → 附件 → 写字板 命令，打开写字板程序。

（2）将输入法切换到五笔字型输入法，在写字板中输入"乡下"的编码"XTGH"，如图 3.5.2 所示。

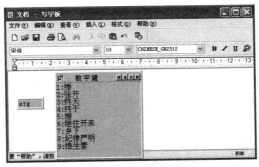

图 3.5.2　输入"乡下"的编码

（3）输入一级简码"的"的编码"R"，如图 3.5.3 所示。由于"的"字就在候选框的第一位，所以直接按空格键即可输入。

（4）输入词组"夏天"的编码"DHGD"；输入单字"真"的编码"FHW"，如图 3.5.4 所示，由于"真"字就在候选框的第一位，所以可直接按空格键。

图 3.5.3　输入一级简码"的"

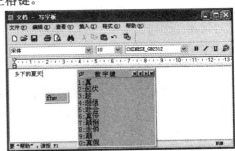

图 3.5.4　输入"真"的编码

（5）按照同样的方法在写字板中输入内容，然后输入键名汉字"金"的编码"QQQQ"，再依次输入剩余的内容，如图 3.5.1 所示。

本章小结

文字输入技术是计算机操作的一项基本技术，通过本章的学习使读者掌握键盘操作的基本要领，学会利用键盘进行资料输入，并提高击键的准确性和输入速度。

习 题 三

一、填空题

1．标准键盘可以划分为 4 个区域，分别是_____、_____、_____和_____。

2．默认情况下，用_____键可以切换中/英文输入法，用_____键可以在各种输入法之间切换。

3．使用输入法输入汉字的过程中，可以按_____和_____键来翻页查看更多的候选内容。

4．五笔字型的 5 种笔画为_____、_____、_____、_____和_____。

5．在进行汉字输入时，键盘一定是在_____状态。

二、选择题

1．下列（　）不是 Windows XP 自带的输入法。

A．微软拼音输入法　　　　　　　　　　B．全拼输入法

C．王码五笔字型输入法 86 版　　　　　D．智能 ABC 输入法

2．键盘中主要用于打字的区域是（　），它可输入字符、汉字和数字。

A．功能键区　　　　　　　　　　　　　B．主键盘区

C．游标/控制键区　　　　　　　　　　D．数字键区

3．某键位上存在上、下两种字符，如需输入上挡字符，可按（　）键的同时再按符号所在键位。

A．Shift　　　　　　B．Caps Lock　　　　　　C．Ctrl　　　　　　D．Alt

4．使用智能 ABC 输入"西安"时，下面正确的拼音方法是（　）。

A．xi'an　　　　　　B．xian　　　　　　　　C．xia'n　　　　　　D．'xian

5．输入法的编码规则有（　）。

A．音码　　　　　　B．形码　　　　　　　　C．音形码　　　　　　D．王码

6．在五笔字型输入法中，（　）是构成汉字的最基本单位。

A．笔画　　　　　　B．字根　　　　　　　　C．单字　　　　　　D．偏旁

三、问答题

1．键盘分为哪几个区？每个区的作用是什么？包括哪些键？

2．为什么在打字时需要有正确的坐姿？正确的坐姿包括哪几部分？

3．汉字的拆分原则是什么？

4．在五笔字型输入法中，一级简码是什么？哪些字属于一级简码？

四、上机操作题

1．练习输入法的添加和选择。

2．在记事本程序中，输入下面的英文。在输入的过程中尽量做到盲打，注意字母的大小写转换、英文标点符号和空格的输入。

Key?Kiss?

A friend of mine was giving an English lesson to a class of adult who had recently come to live in the United States.After placing quite a number of everyday objects on a table,he asked various members of the class to give him the ruler,the book,the pen,and so on.

第四章 中文 Word 2007 的基本操作

教学目标

作为 Microsoft Office 软件中最强大的文字处理工具，Word 能够将文本、表格、图片、声音等内容按照用户的要求组织在一起，并按照预定格式打印到纸张上，形成一份图文并茂的文稿。Word 2007 继承了以往版本易用的特点，有了更新、更方便、更全面的功能。本章将由浅入深，逐步介绍 Word 2007 的基本操作。

教学难点与重点

（1）Word 2007 的基础知识。
（2）文档的基本操作。
（3）表格和图形的处理。
（4）格式编辑。
（5）页面设置与打印。

第一节 Word 2007 的基础知识

Word 2007 是 Office 软件中专门用于文字处理的应用程序。使用 Word 可以完成诸如输入、浏览和编辑文字之类的工作，本节主要介绍 Word 2007 的基础知识。

一、Word 2007 的新增功能

Word 2007 除拥有 Office 2007 共同的新增功能之外，还具有以下新增功能。

（1）漂亮好用的界面。Word 2007 的改进比较明显，主界面采用新的设计，菜单系统使用更易用的 ribbons 菜单。当用户打开一个文档后，在最下方会显示出页数、字数统计、浏览版式、页面缩放比例等信息。

（2）功能菜单。所有的菜单更直观的摆放在界面最上方，根据界面大小的变动自动缩小菜单内容，只保留关键的功能显示在界面上。原来的文件菜单被放在了左上角的 **Office** 标志上，有点类似 Windows 系统的开始菜单，如图 4.1.1 所示。

图 4.1.1 功能菜单

（3）Word 2007 支持的文件格式。保存文件时，新的 Word 文档把以往版本的 doc 格式分成了两种格式，一种是普通的 doc 格式，称为 docx，另一种为 docm。docx 文件不支持文件中的宏，要使用宏功能只能保存为 docm 格式。模板文件也改名为 docx。另外，Word 2007 支持的文件格式中增加了 PDF 格式和 XPS 格式。

　　1）可移植文档格式（PDF）。PDF 是一种版式固定的电子文件格式，可以保留文档格式并允许文件共享。当联机查看或打印 PDF 格式的文件时，该文件可以保持与原文完全一致的格式，文件中的数据也不能被轻易更改。对于要使用专业印刷方法进行复制的文档，PDF 格式也很有用。

　　2）XML 纸张规范（XPS）。XPS 是一种电子文件格式，可以保留文档格式并允许文件共享。XPS 格式可确保在联机查看或打印 XPS 格式的文件时，该文件可以保持与原文完全一致的格式，文件中的数据也不能被轻易更改。

（4）防止更改文档的最终版本。在与其他用户共享文档的最终版本之前，用户可以使用"标记为最终版本"命令将文档设置为只读，并告知其他用户自己共享的是文档的最终版本。在将文档标记为最终版本后，键入、编辑命令以及校对标记都会被禁用，以防查看文档的用户不经意地更改该文档。但"标记为最终版本"命令并非安全功能。

二、Word 2007 的界面介绍

启动 Word 2007 后，可以看到如图 4.1.2 所示的工作界面。

Word 2007 的工作界面包括"Office"按钮、快速访问工具栏、标题栏、功能区、帮助按钮、文档编辑区以及状态栏等。下面对界面中的各个部分分别予以介绍。

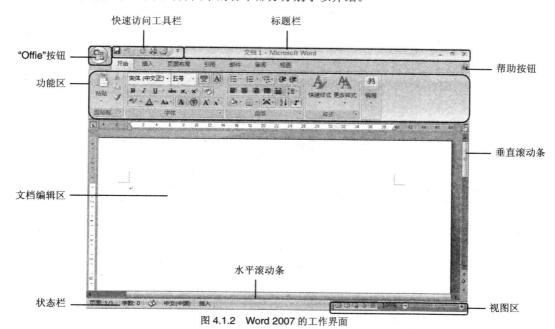

图 4.1.2　Word 2007 的工作界面

（1）"Office"按钮：位于界面的左上角，单击该按钮可打开其下拉菜单，如图 4.1.3 所示。在其中选择所需命令可执行相应的操作，且在菜单的右侧还会列出最近使过的文档，选择某文档可快速将其打开。

（2）快速访问工具栏：默认情况下，快速访问工具栏位于 Word 窗口的顶部，"Office"按钮的

右侧，使用它可以快速访问使用频繁较高的工具，如"保存"按钮 ，"撤销"按钮 和"恢复"按钮 等。用户还可将常用的命令添加到快速访问工具栏，其方法为：单击快速访问工具栏右侧的 按钮，在弹出的下拉菜单中选择需要在快速访问工具栏中显示的按钮即可，若选择"在功能区下方显示"命令可改变快速访问工具栏的位置。

图 4.1.3　"Office"下拉菜单

　　（3）标题栏：位于"快速访问工具栏"的右侧，界面最上方的蓝色长条区域，用于显示当前正在编辑文档的文档名等信息。并提供"最小化"按钮 、"最大化"按钮 和"关闭"按钮 来管理界面。

　　（4）功能区：在 Word 2007 中，功能区替代了早期版本中的菜单栏和工具栏，而且它比菜单栏和工具栏承载了更丰富的内容，包括按钮、库和对话框等内容。为了便于浏览，功能区中集合了若干个围绕特定方案或对象进行组织的选项卡，每个选项卡又细化为几个组，每个组中又列出了多个命令按钮，如图 4.1.4 所示。

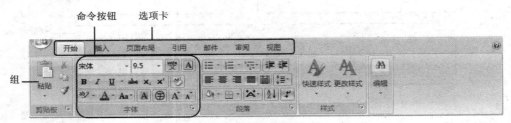

图 4.1.4　功能区

　　（5）文档编辑区：Word 2007 用户界面中的空白区域即文档编辑区，它是输入与编辑文档的场所，用户对文档进行的各种操作的结果都显示在该区域中。

　　（6）状态栏：位于工作界面的最下方，显示当前编辑文档的状态，如页数、总页数、字数、前文档检错结果和语言状态等内容。视图区位于状态栏的右侧，主要用来切换视力模式、高速文档显示比例，可方便用户查看文档内容，其中包括视图按钮组、当前显示比例和调节页面显示比例的控制杆，如图 4.1.5 所示。

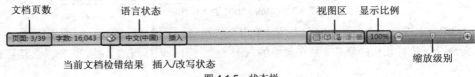

图 4.1.5　状态栏

三、视图介绍

所谓视图，就是文档的显示模式。不同的视图模式有各自不同的特点，分别满足不同的需要。Word 2007 提供了 5 种视图：普通视图、页面视图、大纲视图、Web 版式视图以及阅读版式视图。下面分别介绍不同视图模式的特点和用途。

1．普通视图

打开"视图"选项卡，在 "文档视图"组中选择 ，或者单击窗口左下角的"普通视图"按钮 ，可以进入普通视图，如图 4.1.6 所示。

普通视图是显示文本设置和简化页面的视图，与其他视图模式相比，普通视图的页面布局最简单。其不显示页边距、页眉和页脚等内容。

2．Web 版式视图

打开"视图"选项卡，在"文档视图"组中选择 ，或者单击窗口左下角的"Web 版式视图"按钮 ，可以进入 Web 版式视图，如图 4.1.7 所示。

Web 版式视图常在简单的网页制作中使用。该视图最大的优点是在屏幕上显示的文档效果最佳，不管 Word 的窗口大小如何改变，在 Word 版式视图中，自动换行适应窗口的变化，不是显示实际打印的形式。另外，文档的背景也只显示在 Web 版式视图中，用户可以对文档的背景颜色进行设置。

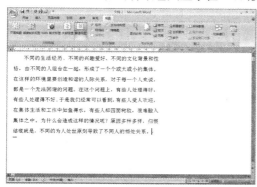
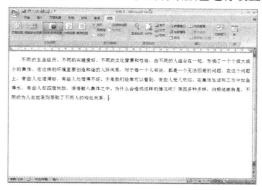

图 4.1.6　普通视图　　　　　　　　　　　　图 4.1.7　Web 版式视图

3．页面视图

打开"视图"选项卡，在"文档视图"组中选择 ，或者单击窗口左下角的"页面视图"按钮 ，可以进入页面视图，如图 4.1.8 所示。

页面视图中文档以页面形式显示，使文档看上去就像写在纸上，与实际打印效果相同。在页面视图中，可以看见整张纸的形态，对页边距、页眉页脚都有清楚的显示，这样，文档打印在纸上的效果就能在屏幕上很直观地显示出来了。

注意 ：在页面视图中可以添加页眉页脚、插入图片、图表等操作，它适合于在文档制作的过程中使用。

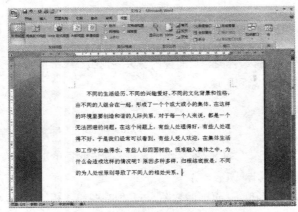

图 4.1.8　页面视图

4．大纲视图

打开"视图"选项卡，在"文档视图"组中选择 ，或者单击窗口左下角的"大纲视图"按钮 ，可以进入大纲视图，如图 4.1.9 所示。

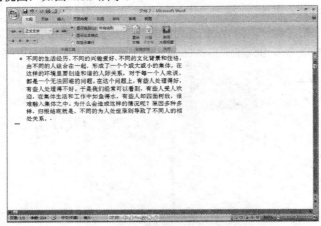

图 4.1.9　大纲视图

大纲视图用于创建、显示或修改文档的大纲，它使用缩进文档标题的形式表示标题在文档结构中的级别。进入大纲视图后，系统会自动打开"大纲"选项卡，如图 4.1.10 所示。

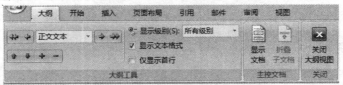

图 4.1.10　"大纲"选项卡

"大纲"工具栏提供一些操作大纲时常用的功能按钮，常用按钮的功能如下：

（1）"升级"按钮 ：可将光标所在段落的标题提升一级。

（2）"提升至'标题 1'"按钮 ：可以将光标所在段落的标题升为"标题 1"。

（3）"大纲级别"下拉列表框 正文文本 ：单击该下拉列表框的下三角按钮，可以为光标所在的段落设定位置。

（4）"降级"按钮 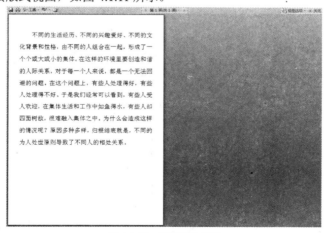：可以将光标所在段落的标题向下降一级。

（5）"降级为正文"按钮：可以将选定标题降为正文文字。

（6）"上移"按钮：可以将光标所在段落上移至前一段落之前，快捷键为"Alt+Shift+↑"。

（7）"下移"按钮：与"上移"按钮相反，将鼠标所在段落移到下一段落之后。

（8）"展开"按钮：可以将选定标题的折叠子标题和正文文字展开。

（9）"折叠"按钮：与"展开"按钮相反，隐藏选定标题的折叠子标题和正文文字。

（10）显示级别(S):下拉列表框 所有级别 ：单击该下拉列表框的下三角按钮，可以指定显示标题级别的选项。

（11）☑ 显示文本格式 复选框：在大纲视图中显示或隐藏字符的格式。

（12）☑ 仅显示首行 复选框：只显示正文各段落的首行而隐藏其他行。

（13）按钮：单击此按钮，可以对文档进行"创建"、"插入"等编辑。

在大纲视图下，最大的优点是能够方便地查看文档的结构、修改标题内容和设置格式，还可以通过折叠文档来查看主要标题。所以，大纲视图经常在编辑长篇的文档时使用。

5．阅读版式视图

打开"视图"选项卡，在"文档视图"组中选择，或者单击窗口左下角的"阅读版式"按钮，可以进入阅读版式视图，如图 4.1.11 所示。

图 4.1.11　阅读版式视图

阅读版式视图最大的优点是便于用户阅读操作。在阅读内容紧凑或包含文档元素少的文档中多使用阅读版式视图，单击 □ 文档结构图 按钮，可以在左侧打开文档结构窗格，这样在阅读文档时就能够根据目录结构有选择地阅读文档内容。

四、创建和保存文档

使用 Word 编辑文档，首先要学会如何创建文档，如何根据要求保存文档，这样才能进行 Word 文档的基本操作。

1. 创建文档

创建文档常用的方法有以下几种：

（1）选择 ![所有程序(P)] → ![Microsoft Office] → ![Microsoft Office Word 2007] 命令，如图 4.1.12 所示。这样启动 Word 应用程序后，系统会自动创建一个命名为"文档 1-Microsoft Word"的文档。

图 4.1.12　选择"Microsoft Office Word 2007"命令

（2）单击 ![按钮] 按钮，在其下拉菜单中选择 ![新建(N)]，弹出"新建文档"窗口，如图 4.1.13 所示。

（3）在该窗口中选择所需"空白文档"，单击 ![创建] 按钮，即可创建一个新文档。

为方便用户 Word 2007 还为用户提供了一些常用文档的模板，用户也可以通过模板新建文档。其操作步骤如下：

1）选择 ![按钮] → ![新建(N)] 命令，在弹出的"新建文档"对话框中选择 ![已安装的模板] 选项卡，在"新建文档"中显示出 Word 2007 中已安装的模板，如图 4.1.14 所示。

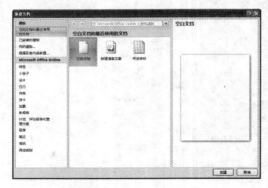

图 4.1.13　"新建文档"窗口

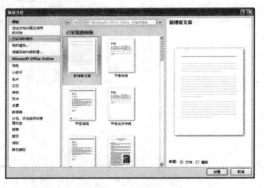

图 4.1.14　根据模板新建文档

2）在该对话框中选择所需的模板，单击 ![创建] 按钮，即可新建一个模板文档。

2. 保存文档

在编写文档的过程中，文档的内容只是临时性的保存在计算机的内存中，保存文档是将编辑好的文档在计算机中进行永久性的保存，以便以后继续使用。保存文档的操作步骤如下：

（1）选择 ![按钮] → ![保存(S)] 命令，或按"Ctrl+S"快捷键，即可保存正在编辑的文档，如果是保存新建的文本，在选择 ![按钮] → ![保存(S)] 命令后，会弹出 ![另存为] 对话框，如图 4.1.15 所示。

图 4.1.15　"另存为"对话框

（2）完成设置后，单击 保存(S) 按钮，即可保存文档。

五、打开和关闭文档

打开和关闭文档是 Word 中最基本的操作。

1．打开文档

打开文档操作是打开已经存在的文档，主要有以下几种方法：

（1）选择 → 命令，弹出 打开 对话框，如图 4.1.16 所示。从"查找范围"下拉列表框中选择要打开的文档，单击 打开(O) 按钮即可打开文档。

图 4.1.16　"打开"对话框

（2）单击"快速访问栏"中的"打开"按钮 ，同样弹出 打开 对话框，在文件列表框中选择要打开的文档，单击 打开(O) 按钮，打开文档。

（3）打开"资源管理器"或"我的电脑"窗口，切换到已有的文档所在的文件夹，双击文件图标，即可打开文档。

2．关闭文档

关闭文档的常用方法有以下两种：

（1）选择 → 命令，即可关闭文档。

（2）单击"关闭"按钮 ，通过关闭窗口也可关闭文档。

第二节　文档的基本操作

　　文档的基本操作主要包括输入文本、编辑文本以及样式和模板的使用。虽然内容比较简单，但其具有重要的基础作用。

一、输入文本

　　输入文本是 Word 2007 中最基本的操作。即通过键盘输入文字，当然也包括一些标点符号和特殊符号。

1. 输入文字

　　输入文字是文档操作的第一步，打开文档后，在工作区中可以看到一个闪烁的光标，这就是当前要输入文本的位置。在 Word 中输入文字的操作步骤如下：

　　（1）单击桌面右下角的输入法指示器，在弹出的输入法菜单中选择所需的输入法。

　　（2）从键盘输入文字。使用"智能 ABC 输入法"，此时输入法会按照输入的拼音逐步联想要输入的文字，当输入到行末的时候，程序会自动换行，如果按"Enter"键，光标就跳到下一行的开始处。

　　（3）当出现错别字时，可以按"BackSpace"键或"Delete"键删除错别字。"BackSpace"键是删除光标之前的文字；"Delete"键是删除光标之后的文字。

　　（4）整个文档输入完毕后保存并关闭文档。

2. 输入标点符号和特殊符号

　　输入标点符号可以直接从键盘上输入，但有些特殊的符号在键盘上没有明确表示。在 Word 2007 中，提供了多种类型的符号，可以寻找并插入这些特殊符号。

　　（1）下面以插入数学运算符"∈"为例，介绍如何插入特殊符号，其操作步骤如下：

　　1）将光标移动到要插入符号的位置。

　　2）打开 插入 选项卡，单击 Ω 符号 ▾ 按钮，在其下拉列表中将会显示出最近使用过的符号，如果要选择其他符号则选择 Ω 其他符号(M)... 命令，弹出 符号 对话框，如图 4.2.1 所示。

图 4.2.1　"符号"对话框

　　3）在"字体"下拉列表框中选择"普通文本"选项；在"子集"下拉列表框中选择"数学运算符"选项。

　　4）选中符号"∈"，然后单击 插入(I) 按钮，被选中的符号"∈"就插入到相应位置了。

　　注意 ：也可以打开 插入 选项卡，单击 , 符号 ▾ 按钮，选择 , 更多... 命令，弹出 插入特殊符号对话框，进行选择。

（2）如果一个符号在输入过程中多次用到，就需要自定义快捷键。

自定义快捷键的操作步骤如下：

1）在 **符号** 对话框中选中要使用的符号。

2）单击 **快捷键(K)...** 按钮，弹出 **自定义键盘** 对话框，如图 4.2.2 所示。

（3）在"请按新快捷键"文本框中输入习惯使用的快捷键。

（4）单击 **指定(A)** 按钮，则在"当前快捷键"文本框中出现刚才自定义的快捷键。

（5）单击 **关闭** 按钮，完成操作。以后插入该符号时，直接使用自定义的快捷键就可以了。

注意 ：自定义的快捷键不能与系统指定的快捷键相冲突，否则系统原来的快捷键将不起作用。

图 4.2.2　"自定义键盘"对话框

二、编辑文本

在编辑文本时，通常会对文本进行选择、移动、复制、删除和查找替换等操作，熟练掌握这些操作方法可以提高工作效率。

1．选择文本

不管是复制或是删除文本，都必须先将文本选中。当文本呈现蓝色显示状态时说明被选中，在 Word 文档中，一次只能选中一个区域，重新选择新区域时，旧的区域会自动消失。选择文本主要有以下几种常用方法：

（1）将光标指向需要定义的文字开始处，按住鼠标左键拖动，直到定义的文字结束处松开鼠标左键，如图 4.2.3 所示。

图 4.2.3　选择文本

（2）按住"Ctrl"键的同时，单击句中任何位置，即可选中整句。

（3）移动光标至文档左边缘，此时鼠标指针呈 ⤢ 状态，单击鼠标可选中指针对准的行，如图 4.2.4 所示。同样方法，如果要选择一段，双击鼠标即可；如果要选择整篇文章，三击鼠标左键即可。

图 4.2.4　选择一行文本

技巧 🖋 ：当光标在文档左边缘呈现 ⤢ 状态时，如果在选择文字时按住鼠标左键上下拖动，则可以选择多行文字；如果双击左键后不释放鼠标，向上或向下拖动，就可以选定多个段落。

2．移动、复制和删除文本

在输入和编辑文本时，经常需要移动、复制和删除文本。这些操作都可以通过键盘、鼠标或剪贴板来完成。

（1）移动文本。移动文本的方式比较多，但目的都是一样的，移动文本的操作步骤如下：

1）选中要移动的文本。

2）打开 开始 选项卡，单击"剪贴板"组中的剪切按钮 ✂，将文本放入剪贴板中。

3）用鼠标或键盘把光标移动到需要插入文本的位置。

4）打开 开始 选项卡，单击粘贴按钮 📋，便把剪贴板中的内容粘贴到插入点处。这样就完成了文本的移动。

（2）复制文本。当文本中的部分内容与另一部分相同时，就可以利用复制功能，将相同的部分复制出来，其操作步骤如下：

1）选中要复制的文本。

2）打开 开始 选项卡，单击复制按钮 📄，把选中的文字复制下来，保存到剪贴板中。

3）用鼠标或键盘把光标移动到需要插入文本的位置。

4）打开 开始 选项卡，单击粘贴按钮 📋，即可把剪贴板上的内容粘贴到插入点的位置。

（3）删除文本。删除文本的方法非常简单，只要选中要删除的文本，按住"Delete"，"Shift+Delete"或"BackSpace"键就可以了。

3．查找和替换文本

在处理一些长的文档时，通过查找功能可以迅速地找到文字所在的位置。替换是将文本中查找到的文本进行替换。

（1）查找文本所在的位置。如果文本中的某些地方出现了错误，可以通过以下方法查找错误文本所在位置，具体操作步骤如下：

1）打开 开始 选项卡，单击"编辑"组中的查找按钮 🔍查找▾，弹出 **查找和替换** 对话框，如

图 4.2.5 所示。

图 4.2.5 "查找和替换"对话框

2）在"查找内容"文本框中输入将要查找的文字。

3）单击 查找下一处(F) 按钮，Word 2007 自动查找到输入的文字，并高亮显示其查找的结果。

4）如果要查找多处，可以继续单击 查找下一处(F) 按钮，即可依次找到该文字。

5）单击 取消 按钮，完成查找后退出。

（2）替换文本。在 Word 2007 中进行文本替换的操作步骤如下：

1）打开 开始 选项卡，单击"编辑"组中的替换按钮 替换，弹出 查找和替换 对话框，如图 4.2.6 所示。

2）在"查找内容"文本框中输入将要查找的文字。

3）在"替换为"文本框中输入替换的文字，单击 替换(R) 按钮，即可完成替换。

图 4.2.6 "查找和替换"对话框

三、样式和模板的使用

样式和模板是 Word 中最重要的排版工具。应用样式，可以直接将文字和段落设置成事先定义好的格式；应用模板，可以轻松制作出精美的传真、信函、会议文件等公文。

1．新建样式

样式就是由多个格式排版命令组合而成的，新建样式的操作步骤如下：

（1）首先选中要建立样式的文本，打开 开始 选项卡，单击"样式"组中的"对话框启动器"按钮 ，即可打开"样式"窗格，如图 4.2.7 所示。

图 4.2.7 "样式和格式"任务窗格

（2）在打开的"样式"窗格中单击"新建样式"按钮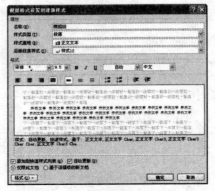，弹出 <u>根据格式设置创建新样式</u> 对话框，如图 4.2.8 所示。

图 4.2.8　"新建样式"对话框

（3）在"属性"选区内进行样式属性设置；在"格式"选区内设置该样式的文字格式。

（4）单击 格式(O)▾ 按钮，弹出其子菜单，如图 4.2.9 所示。

图 4.2.9　"格式"子菜单

（5）在其子菜单内选择任一命令均可弹出一个相应对话框。如选择 编号(N)... 命令，弹出 项目符号和编号 对话框，如图 4.2.10 所示。

图 4.2.10　"项目符号和编号"对话框

（6）在各对话框中进行设置，完成设置后单击 确定 按钮，即可新建样式。

2．样式的编辑

样式的编辑是在样式创建好后，根据当时的需要对不符合要求的样式进行修改，修改样式的操作步骤如下：

（1）打开 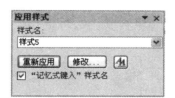 选项卡，在"样式"组中选择下三角按钮 ，在其下拉列表中选择 应用样式(A)... 命令，弹出 应用样式 窗格，如图 4.2.11 所示。

（2）在"样式名："列表中选择需要修改的样式，单击 修改... 按钮，弹出 修改样式 对话框，如图 4.2.12 所示。

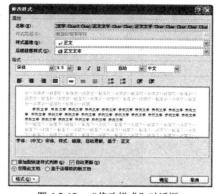

图 4.2.11　"应用样式"窗格

图 4.2.12　"修改样式"对话框

（3）在 修改样式 对话框中修改样式，修改完成后单击 确定 按钮，即可完成修改。

提示： 修改样式 对话框和 根据格式设置创建新样式 对话框很像，唯一的不同在于 修改样式 对话框无法改变样式的类型。

3．创建模板

模板就是由多个特定样式组合而成的一个特殊文档。对文档完成样式创建后，利用文档创建模板的操作步骤如下：

（1）打开作为模板的文档，选择 → 另存为(A) 命令，弹出 另存为 对话框，如图 4.2.13 所示。

图 4.2.13　"另存为"对话框

（2）在"保存类型"下拉列表框中选择"文档模板"选项；在"文件名"文本框中输入模板的名字；在"保存位置"下拉列表框中选择所需位置，一般情况下使用默认的"Templates"文件夹。

（3）单击 保存(S) 按钮，即可完成模板的创建。

提示： 创建模板也可单击 按钮，然后将鼠标指向其下拉列表中的 另存为(A) 命令，在该列表的右侧将会显示出一些可保存的文档格式，在此选择 Word 模板 选项，同样可弹出 另存为 对话框，但此时的 保存类型(T)： 默认为"Word 模板"，输入"文件名"和"保存位置"后单击 保存(S) 按钮即可。

4．套用模板

套用模板以后，可以让多个文档具有相同的排版格式。套用模板的操作步骤如下：

（1）选择  → 命令，弹出 对话框，如图 4.2.14 所示。

图 4.2.14　"模板和加载项"对话框

（2）在"模板"栏下选择 选项，弹出 对话框，如图 4.2.15 所示。

图 4.2.15　"选用模板"对话框

（3）选中要应用的模板文件，在"新建"栏中选择 ⊙文档(D)，单击 确定 按钮。

第三节　表格和图形的处理

Word 2007 具有强大的表格处理功能，用户可以轻松地建立和使用表格，实现对图形对象的各种操作。把图形与文字结合编排在一起，实现图文并茂的效果，使文档更加美观。

一、创建表格

创建表格的方法有多种，用户可以使用 Word 2007 自带的命令插入表格，也可以利用工具绘制表格，还可以多种方法混合使用。

1．使用按钮

使用 插入 选项卡中的"表格"按钮 创建表格的操作步骤如下：

（1）将光标定位于要插入表格的位置。

（2）单击 插入 选项卡中的"表格"按钮 ，弹出如图 4.3.1 所示的表格选择框。

图 4.3.1　表格选择框

（3）拖动鼠标选择表格的行数和列数，然后释放鼠标，系统会在光标处插入表格。

2．使用菜单命令

使用菜单命令能够准确地定义表格大小和栏目数量，其操作步骤如下：

（1）打开 插入 选项卡，单击"表格"按钮，在弹出的选择框中选择 插入表格(I)... 命令，弹出 插入表格 对话框，如图 4.3.2 所示。

图 4.3.2　"插入表格"对话框

（2）分别在"列数"和"行数"微调框中输入表格的列数和行数；选中 固定列宽 (W)：单选按钮设置表格的列宽。

（3）设置完成后单击 确定 按钮，表格即被插入。

3．绘制表格

手动绘制表格，其操作步骤如下：

（1）打开 插入 选项卡，单击 表格 按钮，在其列表中选择 绘制表格(D) 命令，此时鼠标指标将变成铅笔 ⌀ 形状。在所需插入表格处拖动鼠标绘制表格，绘制完表格后 Word 2007 将会自动打开 设计 选项卡，如图 4.3.3 所示。

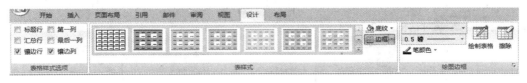

图 4.3.3　"设计"选项卡

（2）单击 设计 选项卡中的"绘制表格"按钮，这时鼠标指针变成铅笔形状 ，拖动鼠标可以在文档里绘制表格。

（3）单击 设计 选项卡中的"擦除"按钮，可以擦去画错的线条。

（4）绘制完毕后，再次单击"绘制表格"按钮，即可结束绘制。

二、编辑表格

创建完成的表格有时还需要一些调整，例如插入、删除、合并单元格等，这些都需要在编辑表格中进行。

1. 插入与删除行或列

创建表格完成后，若需要增加或减少行或列，可以使用插入或删除功能。

（1）有 3 种方法可以插入行或列。

　1）选中需要插入行或列的位置，单击鼠标右键，在弹出的快捷菜单中选择 插入(I) 命令，在其列表中根据需要选择相应的命令。

　2）选中需要插入行或列的位置，在 布局 选项卡中的"行和列"组中选择相应的命令即可。

（2）删除行或列。选中要删除的行或列，单击"剪切"按钮 或按"Ctrl+X"快捷键，选中的行或列即被删除，还可以选择 布局 选项卡中的 ，在其列表中单击 删除行(R) 或 删除列(C) 按钮删除行或列。

2. 插入与删除单元格

创建表格后，若需要增加或删除一栏数据，就需要用到插入或删除单元格功能。

（1）插入单元格。其具体操作步骤如下：

1）将光标移到要插入单元格的位置。

2）打开 布局 选项卡，单击"行和列"组中的"对话框启动器"按钮，弹出 插入单元格 对话框，如图 4.3.4 所示。

3）选择需要的插入方式。

4）单击 确定 按钮，即可插入。

（2）删除单元格。删除单元格的方法比较简单，其操作步骤如下：

1）将光标置于要删除的单元格内。

2）打开 布局 选项卡，在"行和列"组中单击 按钮，在其下拉列表选择 删除单元格(D)... 命令，弹出 删除单元格 对话框，如图 4.3.5 所示。

图 4.3.4 "插入单元格"对话框　　　图 4.3.5 "删除单元格"对话框

3）选择需要的删除方式。

4）单击 确定 按钮，即可删除。

3. 合并与拆分单元格

擦除相邻两个单元格之间的边线可以将两个单元格合并成一个大的单元格；在一个单元格中添加一条线就可以将一个单元格拆分成两个小单元格。这就是最简单的合并与拆分单元格。

（1）合并单元格。使用菜单命令合并单元格的操作步骤如下：

1）选中表格中需要合并的单元格。

2）打开 布局 选项卡，在"合并"组中单击 合并单元格 按钮，选中的单元格自动合并成一个单元格。

（2）拆分单元格。拆分单元格与合并单元格正好相反，其操作步骤如下：

1）选中需要拆分的单元格。

2）打开 布局 选项卡，在"合并"组中单击 拆分单元格 按钮，弹出 拆分单元格 对话框，如图 4.3.6 所示。

图 4.3.6 "拆分单元格"对话框

3）分别在"行数"和"列数"微调框中输入行数和列数。

4）单击 确定 按钮，完成拆分操作。

三、插入和编辑图片

在文档中使用一些说明性图片，可以给文档增加活力。插入的图片一般是来自文件的图片，也有剪辑库中的剪贴画，另外还可以自绘图形。下面分别介绍在 Word 文档中插入和编辑图片。

1. 插入图片

在文档中插入的图片，其来源可以是用户电脑已有的任意一张图片，也可以是 Word 2007 自带的"剪贴画"中的图片。

（1）从用户电脑已有的图片里选择一张图片插入到文档中的操作步骤如下：

1）将插入点移到要插入图片的位置。

2）打开 插入 选项卡，在"插图"组中单击 图片 按钮，弹出 插入图片 对话框，如图 4.3.7 所示。

图 4.3.7 "插入图片"对话框

　　3）在"查找范围"下拉列表框中选择图片所在的文件夹，选中该文件夹中的图片。

　　4）单击 插入(S) 按钮，即可将所需图片插入到插入点。

　　（2）Word 2007 提供了丰富的剪贴画库，分为不同的类型，满足用户不同的需要，从"剪贴画"中插入图片的操作步骤如下：

　　1）将插入点移到要插入图片的位置。

　　2）打开 插入 选项卡，在"插图"组中单击 按钮，打开 剪贴画 ▼ × 任务窗格，如图 4.3.8 所示。

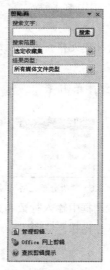

图 4.3.8　"剪贴画"任务窗格

　　3）在"搜索文字"文本框中输入要找的剪贴画名称；在"搜索范围"下拉列表框中选择剪贴画保存的位置；在"结果类型"下拉列表框中选择需要的类型。

　　4）单击 搜索 按钮，即可进行搜索。

　　5）在搜索结果中所有符合要求的剪贴画都显示了出来，从中选择合适的剪贴画，单击即可插入到插入点。

2. 编辑图片

　　图片被插入文档后，需要根据文档的形式对图片进行编辑。假如只需要图片的某个部分，就可以把多余的部分裁剪掉，其操作步骤如下：

　　（1）选中需要编辑的图片，功能区会自动出现"图片工具"上下文工具。

　　（2）打开"图片工具"上下文工具中的 格式 选项卡，如图 4.3.9 所示。

图 4.3.9　"格式"选项卡

　　（3）单击"裁剪"按钮，此时光标变成 形状，拖动图片四周的 8 个控制点即可控制裁剪图片的大小。

（4）要对图片进行精确的裁剪，单击"大小"组中的"对话框启动器"按钮，弹出 **大小** 对话框，如图 4.3.10 所示。

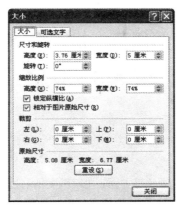

图 4.3.10 "设置图片格式"对话框

（5）在"缩放比例"选区中取消"锁定纵横比"的选中 □**锁定纵横比(A)**，在"裁剪"选区中设置图片四周的剪切尺寸，设置完毕后单击 **关闭** 按钮即可。

提示：在 Word 中还可以直接对插入的图片进行整体缩放。选中图片，移动光标到图片顶角上，光标显示为双箭头时拖动鼠标，使图片边框缩放到合适位置松开鼠标，实现图片的整体缩放。

四、绘制图形

在 Word 中除了可以插入图片外，还可以使用绘图工具绘制需要的图形。Word 2007 提供的绘图工具可以绘制出形状各异、大小不同的图形。

绘制直线的操作步骤如下：

（1）打开 插入 选项卡，单击"插图"组中的"形状"按钮，弹出其下拉列表，如图 4.3.11 所示。

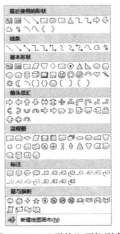

图 4.3.11 "形状"下拉列表

（2）单击"直线"按钮，此时光标变为"十"形状。

（3）将光标移到文档窗口中，按住鼠标并拖动，释放鼠标即可绘制出一条直线。

绘制箭头、矩形和椭圆的方法与绘制直线的方法相同，只是需要选择的工具不同而已。

第四节　格式编辑

一般的文档都有一定的格式，Word 2007 可以对文档的格式进行设置，这样编写出来的文档有利于用户阅读。

一、字体格式

字体格式主要包括字体、字号、颜色等方面。在编辑文档的过程中，如果能选择适当的字体格式，可以使整个文档显得灵活多变，富有个性。设置字体可以使用工具栏，也可以使用对话框设置。

1．使用工具栏设置字体

打开 开始 选项卡，如图 4.4.1 所示。

图 4.4.1　"格式"工具栏

单击"字体"组中的按钮对文字进行设置，其中与字体格式相关的按钮主要有：

"字体"下拉列表框 宋体：打开该下拉列表框后，可以为选中的文本选择一种字体。

"字号"下拉列表框 9.5：打开该下拉列表框后，可以为选中的文本选择一种字号。

"增大字体"按钮 A：单击一次将选中的文字增大一个字号。

"缩小字体"按钮 A：单击一次将选中的文字缩小一个字号。

"清除格式"按钮 ：清除所选内容的所有格式，只留下纯文本。

"字符边框"按钮 A：为选中的文字加上或取消字符边框。

"加粗"按钮 B：为选中的文字设置或取消粗体。

"倾斜"按钮 I：为选中的文字设置或取消倾斜体。

"下画线"按钮 U：为选中的文字加上或取消下画线。单击右侧的 按钮可以弹出下画线类型下拉列表框，选择下画线类型和设置下画线颜色。

"更改大小写"按钮 Aa：将选中的文字更改为全部大写、全部小写或其他常见的大小写形式。

"以不同颜色突出显示文本"按钮 ：为选中的文字设置背景底色，突出显示文字。单击右侧的 按钮可以选择不同的颜色。

"字体颜色"按钮 A：为选中的文字设置字体颜色。单击右侧的 按钮可以选择不同的颜色。

"字符底纹"按钮 A：为选中的文字加上或取消底纹。

注意 ：字体的格式可以不同时设置，即一段文字可以同时拥有几种格式。

2．使用对话框设置字体

使用 字体 对话框设置字体，其操作步骤如下：

（1）打开 开始 选项卡，在"字体"组中单击"对话框启动器"按钮 ，弹出 字体 对话框，如图 4.4.2 所示。

图 4.4.2　"字体"对话框

（2）在 字体(N) 选项卡中设置字体的基本格式。

（3）单击 字符间距(R) 标签，打开 字符间距(R) 选项卡，精确设置字符的显示比例、间距和位置。

（4）完成设置后单击 确定 按钮，即可应用字体格式。

二、段落格式

段落是指两个段落标记之间的文本。用户可以将整个段落作为一个整体进行格式设置。设置段落格式主要包括以下几方面内容。

1．设置段落基本格式

段落基本格式包括左对齐、居中对齐、右对齐、两端对齐和分散对齐。这 5 种段落基本格式分别对应 开始 选项卡中"段落"组的 5 个按钮。

"左对齐"按钮 ：段落文字从左向右排列对齐。

"居中对齐"按钮 ：段落文字从正中向两边排列对齐。

"右对齐"按钮 ：段落文字从右向左排列对齐。

"两端对齐"按钮 ：段落文字按正常排列对齐。

"分散对齐"按钮 ：段落所有行的文本的左右两端分别以文档的左右两端对齐。

若是单个段落，只要将鼠标定位于该段落，单击相应的按钮或使用快捷键即可。若是多个段落，需要选中这几个段落，然后单击相应的按钮或使用快捷键。

2．设置段落缩进

段落缩进指的是改变段落两侧与页边之间的距离，设置段落缩进可以将一个段落与其他的段落分开，使得文档条理清晰，便于阅读。

实现段落缩进有多种方法，这里主要介绍 3 种：

（1）使用 开始 选项卡中"段落"组中的按钮设置段落缩进的操作步骤如下：

1）将光标定位于将要调整的段落的任意位置。

2）单击"增加缩进量"按钮 ，即可将当前段落右移一个默认制表位的距离。相反，单击"减少缩进量"按钮 ，可将当前段落左移一个默认制表位的距离。

3）根据需要可以多次单击按钮完成段落缩进。

（2）使用对话框。使用 段落 对话框设置段落缩进的操作步骤如下：

1）将光标定位于将要调整的段落的任意位置。

2）单击 开始 选项卡中"段落"组中的"对话框启动器"按钮 ，弹出 段落 对话框，如图 4.4.3 所示。

图 4.4.3 　"段落"对话框

3）在 缩进和间距(I) 选项卡中进行设置，包括缩进尺寸和段间间距，可以在预览框中进行预览，以达到精确缩进段落文档的目的。

4）设置完成后单击 确定 按钮，即可应用段落缩进。

（3）使用标尺的段落缩进滑块。使用标尺的段落缩进滑块设置段落缩进。段落缩进滑块位于水平标尺上，可以在标尺上拖动缩进滑块，标尺缩进滑块如图 4.4.4 所示。

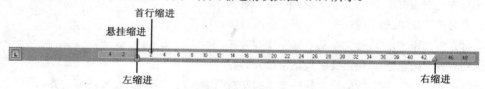

图 4.4.4 　标尺缩进滑块

1）"左缩进"滑块 ：控制整个段落左边界的位置。

2）"右缩进"滑块 ：控制整个段落右边界的位置。

3）"首行缩进"滑块 ：改变段落中第一行第一个字符的起始位置。

4）"悬挂缩进"滑块 ：改变整个段落中除第一行以外所有行的起始位置。

对多个段落而言，使用缩进滑块进行段落缩进要先选中这些段落；对单个段落而言，使用缩进滑块进行段落缩进只需将光标置于段落开始或中间，然后在标尺上按缩进格式拖动相应缩进滑块即可完成缩进，如图 4.4.5 所示，使用标尺设置首行缩进。

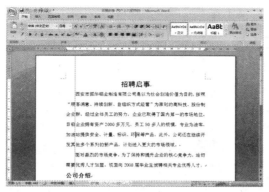

图 4.4.5　使用标尺设置首行缩进

注意：："悬挂缩进"滑块和"左缩进"滑块大多数情况下连在一起，区分"悬挂缩进"和"左缩进"的办法是：当移动"左缩进"滑块时"首行缩进"滑块跟着移动；当移动"悬挂缩进"滑块时"首行缩进"滑块不动。

3．设置行间距和段间距

行间距是指段落中行与行之间的距离，段间距指的是段落与段落之间的距离。设置行间距和段间距的操作步骤如下：

（1）选中要更改行间距及段间距的文本。

（2）在 开始 选项卡中"段落"组中单击"对话框启动器"按钮，弹出 **段落** 对话框，系统默认打开 缩进和间距(I) 选项卡。

（3）在"间距"选区中的"行距"下拉列表框中选择一种行距方式，如选择"单倍行距"选项，如图 4.4.6 所示。另外，也可以直接在"设置值"微调框中输入相应的值。

图 4.4.6　"行距"下拉列表框

"行距"下拉列表框中各选项的含义如下：

1）单倍、1.5 倍、2 倍行距：指行距是该行最大字高的单倍、1.5 倍、2 倍。

2）最小值：选中该选项后可以在"设置值"微调框中输入固定的行间距，当该行中的文字或图片超过该值时，Word 自动扩展行间距。

3）固定值：选中后可以在"设置值"微调框中输入固定的行间距，当该行中的文字或图片超过该值时，Word 不会扩展行间距。

4）多倍行距：选中后在"设置值"微调框中的输入值为行间距，此时的单位为行，而不是磅。

（4）在"间距"选区中的"段前"、"段后"微调框中设置段间距。

（5）设置完成后单击 确定 按钮，即可应用段间距和行间距。

三、设置边框和底纹

Word 2007 不仅能为页面设置边框和底纹，也能为文本和段落设置边框和底纹。为文档添加边框和底纹可以修饰和突出文档中的内容。

1．添加边框

向文档中添加边框可以把用户认为重要的文本突出显示。

（1）为文档添加边框的操作步骤如下：

1）选中需要添加边框的文档。

2）单击 开始 选项卡"段落"组中的"下框线"按钮 ，在弹出的下拉菜单中选择"边框和底纹"选项 边框和底纹(O)... ，弹出 边框和底纹 对话框，如图 4.4.7 所示。

3）在"设置"选区中可选择任意一种边框方式；在"样式"列表框中可设置线条的线型；在"颜色"下拉列表框中选择线条的颜色；在"宽度"下拉列表框中可设置边框线的宽度；在"应用于"下拉列表框中可设置边框线的应用范围。

4）单击 确定 按钮，即可看到边框效果。

（2）为页面添加边框的操作步骤如下：

1）打开要添加边框的页面。

2）单击 开始 选项卡"段落"组中的"下框线"按钮 ，在弹出的下拉菜单中选择"边框和底纹"选项 边框和底纹(O)... ，弹出 边框和底纹 对话框。

3）单击 页面边框(P) 标签，打开 页面边框(P) 选项卡，如图 4.4.8 所示。

4）在选项卡中选择边框的样式、颜色以及宽度等，并在左侧的"设置"选区中选择一种边框的类型。

5）单击 确定 按钮，即可完成页面边框的设置。

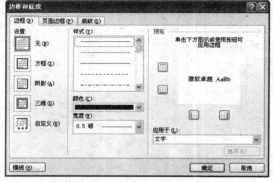
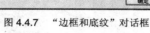

图 4.4.7　"边框和底纹"对话框

图 4.4.8　"页面边框"选项卡

2．添加底纹

添加底纹是指设置页面或某些文档的背景效果。对于一般的文档如果没有特别的要求，应设置相对简单和淡色的底纹，以免为阅读带来不便。

为文档添加底纹的操作步骤如下：

（1）选中要添加底纹的文档。

（2）单击 开始 选项卡"段落"组中的"下框线"按钮 ，在弹出的下拉菜单中选择"边框和底纹"选项 边框和底纹(O)... ，弹出 边框和底纹 对话框。

（3）单击 底纹(S) 标签，打开 底纹(S) 选项卡，如图 4.4.9 所示。

图 4.4.9 "底纹"选项卡

（4）在"填充"选区中选择填充颜色；在"图案"选区中的"样式"和"颜色"下拉列表框中选择图案的样式和颜色。

（5）设置完毕后，单击 确定 按钮，即可看到底纹效果。

3．设置表格边框

如果用户对表格默认的边框设置不满意，可以重新设置表格的边框。为表格添加边框的操作步骤如下：

（1）把光标移到要添加边框的表格中。

（2）单击 开始 选项卡"段落"组中的"下框线"按钮 ，在弹出的下拉菜单中选择"边框和底纹"选项 边框和底纹(O)... ，弹出 边框和底纹 对话框。

（3）单击 边框(B) 标签，打开 边框(B) 选项卡，在选项卡中进行相应的选项设置。

（4）在"应用于"下拉列表框中选择表格应用的范围。

（5）单击 确定 按钮完成设置。

第五节 页面设置与打印

创建文档的主要目的是为了保存和发布信息，所以经常需要把编写的文档打印出来。进行页面设置是为了编排出一个简洁、美观的版式，以供用户欣赏。下面介绍如何编排一个简洁、美观的版面以及如何打印这些文档。

一、页面设置

页面设置主要包括修改页边距、设置纸张与版式、设置文档网格等内容。

1．修改页边距

页边距是页面四周的空白区域，修改页边距的操作步骤如下：

（1）打开 页面布局 选项卡，在"页面设置"组中单击"对话框启动器"按钮 ，弹出 页面设置 对话框，打开 页边距 选项卡，如图 4.5.1 所示。

（2）在"页边距"选区中的"上"、"下"、"左"、"右"、"装订线"和"装订线位置"微调框中输入页边距的精确数值。

（3）在"纸张方向"选区中选择文本打印的方向。

（4）在"页码范围"下拉列表框中选择一种页码范围方式。

（5）在"预览"选区中的"应用于"下拉列表框中选择所要应用的文档项目。

（6）单击 确定 按钮，应用页面设置。

2．设置纸张

设置纸张主要是设置纸张的大小。其操作步骤如下：

（1）打开 页面布局 选项卡，在"页面设置"组中单击"对话框启动器"按钮 ，弹出 页面设置 对话框。

（2）单击 纸张 标签，打开 纸张 选项卡，如图 4.5.2 所示。

图 4.5.1 "页面设置"对话框

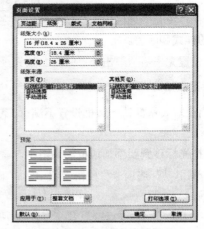
图 4.5.2 "纸张"选项卡

（3）在"纸张大小"下拉列表框中选择打印纸张的类型。

提示：如果需要使用特定的纸型，可以在"宽度"和"高度"微调框中输入相应的数值。

（4）在"纸张来源"选区中的"其他页"列表框中选择纸张位于打印机中的位置，系统默认为"默认纸盒"。

（5）单击 打印选项(T)... 按钮，弹出 Word 选项 对话框，如图 4.5.3 所示。

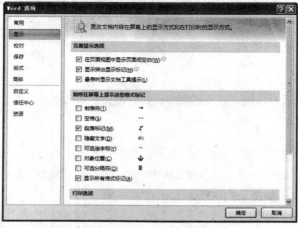
图 4.5.3 "Word 选项"对话框

（6）在 Word 选项 对话框中用户可以根据需要进行设置。

（7）单击 确定 按钮，确定文档的打印方式。返回 页面设置 对话框。

（8）单击 确定 按钮完成纸张设置。

3．设置版式

可以在不同的页面中使用不同的页面设置，其操作步骤如下：

（1）打开 页面布局 选项卡，在"页面设置"组中单击"对话框启动器"按钮 ，弹出 页面设置 对话框。

（2）单击 版式 标签，打开 版式 选项卡，如图 4.5.4 所示。

（3）在"节"选区中打开"节的起始位置"下拉列表框，为文档中各个节设置起始位置。

（4）在"页眉和页脚"选区中的"页眉"、"页脚"微调框中，输入页眉和页脚距页面两端的距离。还可以根据情况选中 奇偶页不同(O) 和 首页不同(P) 复选框。

（5）单击 行号(N)... 按钮，弹出 行号 对话框，如图 4.5.5 所示。

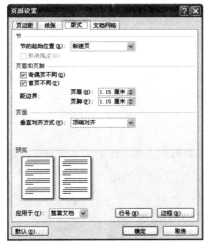

图 4.5.4　"版式"选项卡　　　　　　　　图 4.5.5　"行号"对话框

（6）选中 添加行号(L) 复选框，在"起始编号"、"距正文"和"行号间隔"微调框中选择或输入相应的数值；在"编号"选区中根据需要选择一种编号方式。单击 确定 按钮返回 页面设置 对话框。

（7）单击 边框(B)... 按钮，弹出 边框和底纹 对话框，根据需要设置边框和底纹。

（8）单击 确定 按钮完成版式设置。

4．设置文档网格

利用 Word 中的文档网格，可以设置文档中每行字符的个数、每页行数和文字的排列方向等。设置文档网格的操作步骤如下：

（1）打开 页面布局 选项卡，在"页面设置"组中单击"对话框启动器"按钮 ，弹出 页面设置 对话框。

（2）单击 文档网格 标签，打开 文档网格 选项卡，如图 4.5.6 所示。

（3）在"网格"选区中进行网格设置。

（4）在"预览"选区中选择文档网格应用的范围。

（5）设置完毕后单击 确定 按钮，文档中相应的页面会显示出网格。

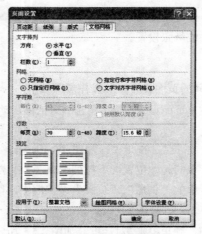

图 4.5.6　"文档网格"选项卡

二、添加页眉和页脚

页眉和页脚出现在文档的顶部和底部区域，可以由文本或图形组成。页眉和页脚一般显示文档的附加信息，如页码、日期、作者姓名等，可以根据不同的页面，设置不同的页眉和页脚。

在页面中添加页眉和页脚的操作步骤如下：

（1）在打开的文档中，选择 插入 选项卡。单击"页眉和页脚"组中的"页眉"按钮 ，在弹出的菜单中选择 编辑页眉(E) 命令，激活"设计"选项卡，如图 4.5.7 所示。

图 4.5.7　"设计"选项卡

（2）此时，页面顶部和底部各出现一个虚线框，如图 4.5.8 所示。单击虚线框即可在页眉或页脚中输入文本或插入图形。

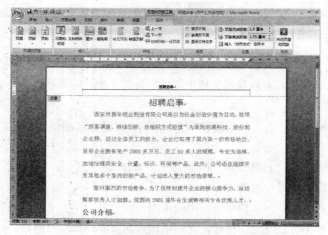

图 4.5.8　设置页眉窗口

（3）页眉和页脚设计好后，单击 设计 选项卡中的 按钮，或双击变灰的正文，返回 Word
文档编辑状态。

三、打印文档

文档编写完成后，经过页面设置，形成了一份较理想的文档，这时可以将文档打印出来。下面介
绍如何在打印前进行预览和打印设置。

1. 预览文档

由于版式方面的原因，在打印文档之前先预览一下文档，查看打印效果是否与预想中的一致，确
认以后再打印文档比较好。

预览文档的操作步骤如下：

（1）选择 → 打印(P) → 打印预览(V) 命令，或单击"快速访问工具栏"中的"打印预览"按钮，
打开 打印预览 选项卡，如图 4.5.9 所示。

图 4.5.9　"打印预览"选项卡

（2）单击 打印预览 选项卡中的"双页"按钮 双页，此时窗口中可以同时显示两个页面，如图 4.5.10
所示。

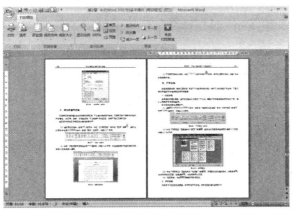

图 4.5.10　双页面预览

（3）选中 打印预览 选项卡中的"放大镜"复选框 放大镜，鼠标变成放大镜的形状。如果显示，
单击鼠标放大页面；如果显示，单击鼠标缩小页面。

（4）预览完毕，单击 按钮即可关闭预览。

2. 打印设置

如果打印预览的效果满意，即可开始打印文档。打印文档的操作步骤如下：

（1）选择 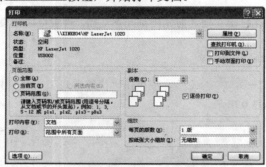 ，弹出 **打印** 对话框，如图 4.5.11 所示。

（2）在"页面范围"选区中选择要打印的页面。选中 ⊙ **全部(A)** 单选按钮，打印整个文档；选中 ⊙ **当前页(E)** 单选按钮，打印当前一页；选中 ⊙ **页码范围(G):** 单选按钮，输入要打印的范围。

（3）如果要打印多份，在"副本"选区中的"份数"微调框中选择或输入文档要打印的份数。

（4）在"打印内容"下拉列表框中选择打印文档的内容。

（5）在"打印"下拉列表框中选择打印的范围，可以选择"奇数页"、"偶数页"或"范围中所有的页面"中的一种。

（6）在"缩放"选区中设置每页打印的版数。

（7）设置完成，单击 **确定** 按钮，开始打印文档。

图 4.5.11　"打印"对话框

第六节　应用实例——制作自荐书封面

本例制作自荐书的封面，效果如图 4.6.1 所示。

图 4.6.1　效果图

（1）启动 Word 2007，选择 → **新建(N)** 命令，新建一个空白文档。

（2）打开 **插入** 选项卡，在"插图"组中单击 **图片** 按钮，弹出 **插入图片** 对话框，如图 4.6.2 所示。

图 4.6.2　"插入图片"对话框

（3）在 插入图片 对话框中选择所需图片，单击 插入(S) 按钮在文档中插入图片，如图 4.6.3 所示。

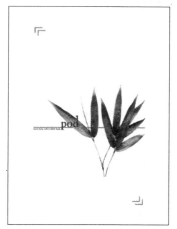

图 4.6.3　在文档中插入图片

（4）打开 插入 选项卡，在"文本"组中单击 艺术字 按钮，弹出其下拉列表，如图 4.6.4 所示。在该列表中选择第二行第三个选项，弹出 编辑艺术字文字 对话框，如图 4.6.5 所示。

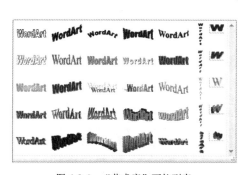

图 4.6.4　"艺术字"下拉列表

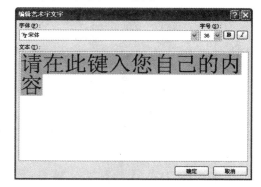

图 4.6.5　"编辑艺术字文字"对话框

（5）在该对话框的"文本"框中输入"自荐书"，设置字体为"华文行楷"，字号为"96"，单击 确定 按钮，效果如图 4.6.6 所示。

图 4.6.6 "艺术字"工具栏

（6）选中艺术字，单击鼠标右键，在弹出的快捷菜单中选择 选项，弹出 设置艺术字格式 对话框，如图 4.6.7 所示。

（7）打开"版式"选项卡，选择"浮于文字上方"选项，单击 确定 按钮。调整艺术字到如图所示的位置，效果如图 4.6.8 所示。

图 4.6.7 "设置艺术字格式"对话框

图 4.6.8 调整艺术字效果

（8）打开 插入 选项卡，单击"文本"组中的"文本框"按钮，在弹出的下拉列表中选择 绘制文本框(D) 选项，当鼠标指针变成＋形状时在页面中绘制文本框，如图 4.6.9 所示。

（9）在文本框中输入"姓名"、"毕业院校"、"地址"等信息，并设置字体为"宋体"，字号为"三号"，颜色为"橄榄色"，如图 4.6.10 所示。

图 4.6.9 插入文本框

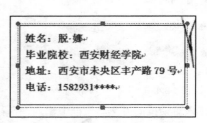

图 4.6.10 在文本框中输入信息

（10）鼠标指向文本框边框，当鼠标指针变成 ✛ 形状时右击鼠标，在弹出的快捷菜单中选择 🔧 设置文本框格式(O)... 选项，弹出 设置文本框格式 对话框，如图 4.6.11 所示。

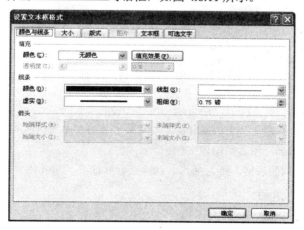

图 4.6.11　"设置文本框格式"对话框

（8）在"填充"栏中设置颜色为"无颜色"，设置"线条"栏中颜色为"无颜色"，打开 版式 选项卡，设置环绕格式为"浮于文字上方"，单击 确定 按钮。

（9）调整文本框的位置，其最终效果如图 4.6.1 所示。

本章小结

本章主要介绍了 Word 2007 的基础知识、文档的基本操作、表格和图形的处理、格式编辑以及页面设置与打印等知识，通过本章的学习使用户对 Word 2007 的基本知识有一个初步的了解，为以后的学习打好基础。

习　题　四

一、填空题

1. Word 提供了 5 种视图方式，当新建一个文档时，自动进入＿＿＿＿＿＿＿＿视图方式。

2. Word 中改变纸张大小规格，应执行 页面布局 选项卡中的＿＿＿＿＿＿＿＿命令。

3. 为方便提高排版的效率，在 Word 中经常使用的工具为＿＿＿＿＿＿和＿＿＿＿＿＿＿＿。

二、选择题

1. 在 Word 编辑状态下选定文本，当鼠标在某行行首的左边，下列（　）操作可以仅选择光标所在的行。

　　A．单击鼠标左键　　　　　　　　　　　B．双击鼠标左键

　　C．三击鼠标左键　　　　　　　　　　　D．单击鼠标右键

2. 在 Word 编辑状态下，执行 开始 选项卡中的复制命令后（　）。

　　A．被选中的内容被复制到插入点处

B. 被选中的内容被复制到剪贴板

C. 插入点所在的段落内容被复制到剪贴板

D. 光标所在的段落内容被复制到剪贴板

3. 在 Word 文档中，为了使一个文档中各段落的格式一致，可以使用（　　）。

A. 模板　　　　　　　　　　　　　　　　B. 向导

C. 样式　　　　　　　　　　　　　　　　D. 页面格式化

三、上机操作题

1. 启动 Word 系统，创建一个文档，内容为本章第一节的文本及排版布局，以文件名"First.doc"存盘，并将该文件打印出来，然后关闭该文件。

2. 创建一个 5 行 7 列的表格，练习插入、删除某行（或列、单元格）以及合并、拆分单元格等操作。

第五章　中文 Excel 2007 的基本操作

教学目标

　　Excel 2007 是目前最新版本的电子表格处理软件，它是 Microsoft Office XP 套件中的重要成员，以其强大的数据处理与分析功能、友好的操作界面、全新的工作环境，赢得了广大用户的青睐。在 Excel 工作簿中可以输入文本、数据、插入图表以及多媒体对象，并且以电子表格的形式进行计算、统计、管理和分析等操作，可使用户制作出不同结构和格式的电子表格。

教学难点与重点

　　（1）Excel 2007 概述。
　　（2）工作簿的基本操作。
　　（3）工作表的基本操作。
　　（4）数据的管理与分析。
　　（5）打印工作簿。

第一节　Excel 2007 概述

　　与 Excel 的早期版本相比较，Excel 2007 无论是在界面上还是在功能上都有不少改进。本节只介绍 Excel 2007 的主要新增功能。

一、Excel 2007 的新增功能

　　与 Excel 2000，Excel 2002 等早期的版本相比，Excel 2007 主要有以下几方面的新增功能。

1．面向结果的用户界面

　　新的面向结果的用户界面使用户可以轻松地在 Microsoft Office Excel 中工作。过去，命令和功能常常深藏在复杂的菜单和工具栏中；而现在，用户可以在包含命令和功能逻辑组的、面向任务的选项卡上轻松地找到它们。新的用户界面利用显示有可用选项的下拉菜单替代了以前的许多对话框，并且提供了描述性的工具提示或示例预览来帮助用户选择正确的选项。

2．更多行和列以及其他新限制

　　为了使用户能在工作表中浏览大量数据，Office Excel 2007 支持每个工作表中最多有 1 000 000 行和 16 000 列。具体来说，Office Excel 2007 网格为 1 048 576 行乘以 16 384 列，与 Office Excel 2003 相比，它提供的可用行增加了 1 500%，可用列增加了 6 300%。

　　现在，用户可以在同一个工作簿中使用无限多的格式类型，而不再仅限于 4 000 种；每个单元格

的单元格引用数量从 8 000 增长到了任意数量，唯一的限制就是用户的可用内存。为了改进 Excel 的性能，内存管理已从 Office Excel 2003 中的 1 GB 内存增加到 Office Excel 2007 中的 2 GB。

3. Office 主题和 Excel 样式

在 Office Excel 2007 中，可以通过应用主题和使用特定样式在工作表中快速设置数据格式。主题可以与其他 Office 2007 发布版程序（例如 Microsoft Office Word 和 Microsoft Office PowerPoint）共享，而样式只用于更改特定于 Excel 的项目（如 Excel 表格、图表、数据透视表、形状或图）的格式。

（1）应用主题。主题是一组预定义的颜色、字体、线条和填充效果，可应用于整个工作簿或特定项目，例如图表或表格，它们可以帮助用户创建外观精美的文档。用户可以使用自己创建的主题，也可以从 Excel 提供的预定义主题中选择，创建具有统一、专业外观的主题，并将其应用于用户所有的 Excel 工作簿和其他 Office 2007 发布版文档。

（2）使用样式。样式是基于主题的预定义格式，可应用它来更改 Excel 表格、图表、数据透视表、形状或图的外观。如果内置的预定义样式不符合用户的要求，用户可以自定义样式。对于图表来说，用户可以从多个预定义样式中进行选择，但不能创建自己的图表样式。

4. 编写格式

在 Office Excel 2007 中，公式的编写方式有了较大的改进，使得公式的编写变得更加简单、方便。主要体现在以下几个方面：

（1）可调整的编辑栏。编辑栏会自动调整以容纳长而复杂的公式，从而防止公式覆盖工作表中的其他数据。与 Excel 早期版本相比，用户可以编写的公式更长、使用的嵌套级别更多。

（2）函数记忆式键入。使用函数记忆式键入，可以快速写入正确的公式语法。它不仅可以轻松检测到用户要使用的函数，还可以获得完成公式参数的帮助，从而使用户在第一次使用时以及今后的每次使用中都能获得正确的公式。

（3）结构化引用。除了单元格引用（例如 A1 和 R1C1），Office Excel 2007 还提供了在公式中引用命名区域和表格的结构化引用。

（4）轻松访问命名区域。通过使用 Office Excel 2007 命名管理器，用户可以在一个中心位置来组织、更新和管理多个命名区域，这有助于任何需要使用工作表的用户理解其中的公式和数据。

5. 改进的排序和筛选功能

在 Office Excel 2007 中，用户可以使用增强了的排序和筛选功能，快速排列工作表数据以找出所需的信息。例如，给某列的单元格（或其中的字符）设置了不同的颜色，现在可以按颜色对数据进行排序，并且可以将相同颜色的数据筛选出来，这在以前的版本中是很难实现的。

6. 新的图表外观

在 Office Excel 2007 中，用户可以使用新的图表工具轻松创建能有效交流信息的、具有专业水准外观的图表。在新的用户界面中，用户可以轻松浏览可用的图表类型，以便为自己的数据创建合适的图表。由于提供了大量的预定义图表样式和布局，因而用户可以快速应用一种外观精美的格式，然后在图表中进行所需的细节设置。

（1）可视图表元素选取器。用户可以在新的用户界面中快速更改图表的每一个元素，以更好地呈现数据。只需单击几下鼠标，即可添加或删除标题、图例、数据标签、趋势线和其他图表元素。

（2）外观新颖的艺术字。由于 Office Excel 2007 中的图表是用艺术字绘制的，因而对艺术字形状所做的几乎任何操作都可应用于图表及其元素。例如，可以添加柔和阴影或倾斜效果，使元素突出显示，或使用透明效果，使在图表布局中被部分遮住的元素可见以及使用逼真的三维效果。

（3）清晰的线条和字体。图表中的线条减轻了锯齿现象，而且对文本使用了 ClearType 字体来提高可读性。

（4）更多的颜色。用户可以轻松地从预定义主题颜色中进行选择和改变其颜色强度。若要对颜色进行更多控制，用户还可以从"颜色"对话框内的 16 000 000 种颜色中选择来添加自己的颜色。

（5）图表模板。在新的用户界面中，将喜爱的图表另存为图表模板变得更为轻松。

7．新的文件格式

Excel 2007 相对于早期版本，增加了几种新的文件格式，主要包括以下几种：

（1）基于 XML 的文件格式。在 Microsoft Office System 2007 中，Microsoft 为 Word，Excel 和 PowerPoint 引入了新的、称为 "Office Open XML 格式" 的文件格式。这些新文件格式便于与外部数据源结合，还减小了文件大小并改进了数据恢复功能。

在 Office Excel 2007 中，Excel 工作簿的默认格式是基于 Office Excel 2007 XML 的文件格式（.xlsx）。其他可用的基于 XML 的格式是基于 Office Excel 2007 XML 和启用了宏的文件格式（.xlsm），用于 Excel 模板的 Office Excel 2007 文件格式（.xltx）以及用于 Excel 模板的 Office Excel 2007 启用了宏的文件格式（xltm）。

（2）二进制文件格式。除了新的基于 XML 的文件格式，Office Excel 2007 还引入了用于大型或复杂工作簿的分段压缩文件格式的二进制版本。利用该文件格式可获得最佳性能和向后兼容性。

二、Excel 2007 的窗口组成

启动 Excel 2007 后，系统自动新建一个名为"Book1"的工作簿。Excel 2007 的工作窗口如图 5.1.1 所示。

与其他的 Windows 应用程序一样，Excel 2007 的工作窗口由"Office"按钮、快速访问工具栏、标题栏、程序选项卡、功能区、对话框启动器、编辑栏、工作区和工作表标签等部分组成。

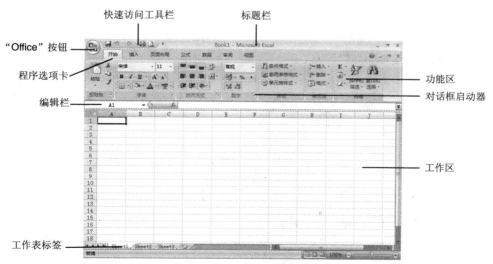

图 5.1.1　Excel 2007 工作界面

"Office"按钮 位于 Excel 窗口的左上角，单击该按钮，即可打开如图 5.1.2 所示的下拉菜单。用户可以在该菜单中找到原 Excel 2003 中"文件"菜单中的相关命令。

快速访问工具栏位于 Excel 窗口的顶部"Office"按钮的右方，使用它用户可以快速访问使用频繁的工具，此外用户还可以将使用频繁的工具添加到此工具栏中。

标题栏位于 Excel 工作窗口的顶端，显示应用程序与当前工作簿文件的名称。在标题栏的右侧有"最小化"按钮 、"最大化（还原）"按钮 和"关闭"按钮 ，可用这 3 个按钮来控制 Excel 2007 应用程序。

程序选项卡：当用户切换到某些创作模式或视图（包括打印预览）时，程序选项卡将被替换为标准选项卡集，如图 5.1.3 所示即为切换到打印预览时显示的标准选项卡集。

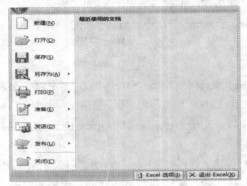

图 5.1.2 下拉菜单

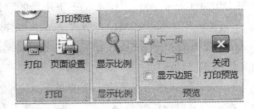

图 5.1.3 打印预览选项卡集

功能区：在 Office Excel 2007 中，功能区是菜单和工具栏的主要替代控件。为了便于浏览，功能区包含若干个围绕特定方案或对象进行组织的选项卡。而且，每个选项卡的控件又细化为几个组。功能区能够比菜单和工具栏承载更加丰富的内容，包括按钮、库和对话框等。

对话框启动器。对话框启动器是一些小图标，这些图标出现在某些组中。单击对话框启动器将打开相关的对话框或任务窗格，其中提供与该组相关的更多选项。如图 5.1.4 所示即为单击"字体"功能区下方的对话框启动器时弹出的"设置单元格格式"对话框。

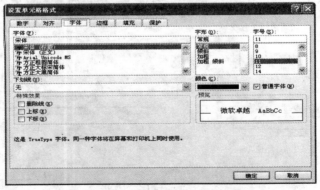

图 5.1.4 "设置单元格格式"对话框

三、Excel 2007 的启动与退出

在启动 Windows XP 后，按照下列方法中的任意一种操作，均可启动 Excel 2007 应用程序。

（1）选择 开始 → 所有程序(P) → Microsoft Office → Microsoft Office Excel 2007 命令。

（2）双击桌面上创建的 Excel 2007 快捷图标。

完成工作后，要退出 Excel 2007 的方法有下列 3 种，用户可根据自己的习惯选择一种方法。

（1）单击标题栏上的"关闭"按钮 ![×] 。

（2）选择 ![] → ![关闭(C)] 命令即可退出 Excel 2007 应用程序。

如果在退出时没有保存文件，系统将弹出如图 5.1.5 所示的提示对话框，询问在退出前是否保存文件，用户可根据需要单击 ![是(Y)]， ![否(N)]或 ![取消] 按钮。

图 5.1.5　Microsoft Excel 提示对话框

第二节　工作簿的基本操作

工作簿与工作表是 Excel 中两个最重要的基本概念，本节主要介绍新建工作簿、在工作簿中输入数据、保存和打开工作簿等内容。通过本节的学习使用户了解 Excel 电子表格中常用的基本概念、掌握工作簿的新建、保存和打开的方法。

一、基本概念

在 Excel 中进行数据处理时，首先要了解一些基本概念，以便于深入了解和学习 Excel。其基本概念包括工作簿、工作表、单元格、单元格区域、编辑栏、工作表标签等。

工作簿：是指在 Excel 中用来处理并存储数据和工作的文件。在默认情况下，一个工作簿文件中包含有 3 个工作表，分别是 Sheet1，Sheet2 和 Sheet3，在 Excel 中，数据都是以工作表的形式存储在工作簿文件中的，通常一个工作簿最多可以包含 255 个工作表。

工作表：是工作簿的重要组成部分，由 65 536 行和 256 列所构成，也称电子表格。每个工作表的行编号用阿拉伯数字标识，即由上而下依次为 1～65 536；列编号用英文字母标识，即由左到右依次为 A～IV。

单元格：是工作表中最小的存储单位。在单元格中可以输入文本、图形图像、公式等内容，在单元格中最多可以输入 32 000 个字符。而且任意一个单元格都有其固定的地址，由列号与行号组成，如 E 列的第 9 个单元格的地址为 E9。

![提示] ：在 Excel 中每张工作表是由 65 536×256 个单元格组成，但只有一个单元格为当前工作的活动单元格，该单元格用黑色粗框标识。如果在工作簿中要引用不同工作表的同一个单元格地址，必须在地址前面添加工作表的名称，而且工作表与单元格之间用"！"号分隔开来，如 Sheet1!E9，表示该单元格是 Sheet1 工作表中的 E9 单元格。

单元格区域：是指在实际操作中选中的一组连续或非连续的单元格。选中后的单元格区域呈高亮度显示。对所选单元格区域中的操作则是对该单元格区域中的所有单元格执行相同的操作。

编辑栏：它位于格式工具栏的下方，编辑栏左边是名称框。当选中某一单元格时，在名称框中显示活动单元格的地址或所选单元格区域的名称；在编辑栏中显示选中单元格中输入或编辑的内容。

在单元格中输入信息时，在名称框与编辑栏之间将会显示"取消"按钮 ✕ 和"输入"按钮 ✓，分别用于取消和确认输入或编辑的内容。

工作表标签：在工作簿中用来标识不同的工作表，它位于工作簿窗口的底部，在其上面显示工作表的名称。当前活动的工作表标签名称有单下画线显示。如果工作簿中有多个工作表，单击这些工作表标签可以在工作表之间进行切换，还可以通过单击工作表标签左边的 4 个箭头按钮显示工作簿中更多的工作表标签。

二、新建工作簿

在启动 Excel 2007 后，系统将自动新建一个名为 Book1 的工作簿，如果用户自己要创建工作簿，可以使用下列两种方法。

（1）选择 ⊞→ 新建(N) 命令，弹出 新建工作簿 对话框，如图 5.2.1 所示。选择"空工作簿"选项，单击 创建 按钮，即可新建一个空白工作簿。

图 5.2.1　"新建工作簿"对话框

（2）选择 ⊞→ 新建(N) 命令，弹出 新建工作簿 对话框，在"模板"栏中选择 已安装的模板 ，如图 5.2.2 所示。在"已安装的模板"栏中选择所需的模板，单击 创建 按钮，即可根据模板创建一个工作簿。

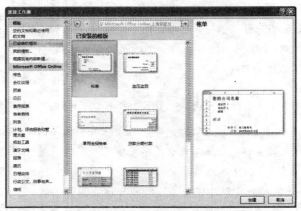

图 5.2.2　"已安装的模板"选项卡

三、输入数据

完成工作簿的创建后，就可以在默认情况下选中的工作表（Sheet1）中输入数据。在 Excel 中输入的数据一般包括文本、数值、日期和时间。在单元格中输入数据时，应先选定一个单元格，即单击或者使用键盘选定，然后在单元格中输入内容。输入完成后，按"Tab"键，"Enter"键，箭头键或单击编辑栏左边的"输入"按钮✔确认输入的内容。如果要取消输入的内容，则可按"Esc"键或单击编辑栏左边的"取消"按钮✘。

1．输入文本

Excel 中的文本是指字符、数字或者是字符与数字的组合。默认情况下，在单元格中输入的文本是靠左对齐的。用户也可以通过单击"格式"工具栏上的各种对齐按钮更改文本的对齐方式。如果在一个单元格中输入的文本太长（超过 32 000 个字符），Excel 允许该文本覆盖相邻的单元格，显示当前单元格的全部数据，如图 5.2.3 所示。

如果在单元格中要输入由数字字符串组成的文本，如身份证号码、电话号码，为了与系统的数值型数据区别，在输入这些字符时需要在其前面添加撇号"'"，否则输入的数字太长，Excel 在单元格中将以科学计数法显示。如图 5.2.4 所示的是在单元格中输入数字字符串（身份证号码）与数字"610112198607204040"后的区别。

図 5.2.3　在单元格中输入文本　　　　　　図 5.2.4　字符串与数字的区别

2．输入数值

在 Excel 中可作为数字使用的合法字符有"0～9"，"＋"，"－"，"（"，"）"，"/"，"$"，"%"，"•"，"E"，"e"。输入数字时，直接用键盘输入。所有的数字在单元格中均右对齐。如果输入的数字以正号开头，Excel 将忽略其前面的正号"＋"，并将单一的句点视为小数点。其他数字与非数字的组合将被视为文本。输入负数时应在其前输入减号"－"，或将其置于括号"（）"中。

3．日期和时间

在 Excel 中将输入的日期和时间视为数字处理。在工作表中的时间或日期的显示方式取决于所在单元格的数字格式。系统默认日期和时间在单元格中靠右对齐。

由于计算机程序解释日期和时间的规则十分复杂，在输入日期和时间时必须严格遵守 Excel 的规则。在 Excel 2007 中是按 24 小时制理解时间的，例如输入 4:00 应理解为 4:00AM，而不是 4:00PM。如果用户使用了 12 小时制时间，必须在时间后输入一个空格后再输入 AM 或 PM，也可输入 A 或 P。

提示：如果要在同一个单元格中同时输入日期和时间，必须在两者之间输一个空格。

4．自动输入数据

在输入数据的过程中，当某一行或某一列的数据有规律时，例如 3，5，7…或 2，4，8…或者是一组固定的序列数据，例如某公司的员工姓名等，可以使用自动填充功能快速输入这些数据。

在单元格中输入序列。在单元格中可以输入不同类型的数据序列，如等差、等比、日期和自动填充等。打开 开始 选项卡，单击"编辑"组中的 按钮，在弹出的下拉菜单中选择 系列(S)... 选项，弹出如图 5.2.5 所示的 序列 对话框。

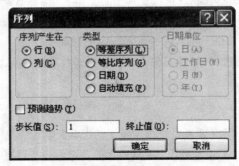

图 5.2.5　"序列"对话框

在 序列 对话框中可以设置序列产生的行或列、序列的类型、日期单位、步长值、终止值等内容。其中步长值是指序列中任意两个数值之间的差值（等差序列）或比值（等比序列）。终止值是在单元格中输入数值时没有选定填入序列的单元格，在终止值文本框中输入终止值后，可以确定序列的长度。

提示：在单元格中快捷填充序列的方法是在某行或列的前两个单元格中输入开始的前两个数字，并选中这两个单元格，如图 5.2.6 所示。用鼠标左键单击第二个单元格右下角的填充柄并拖曳到结束的单元格后松开鼠标左键，结果如图 5.2.7 所示。

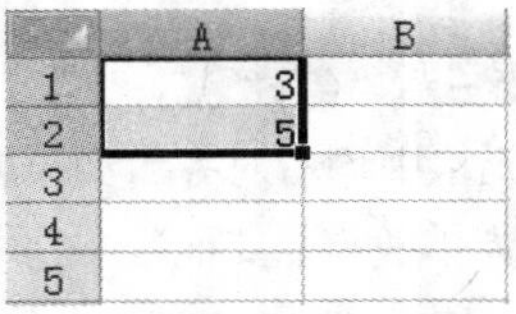

图 5.2.6　选中第一、二个单元格 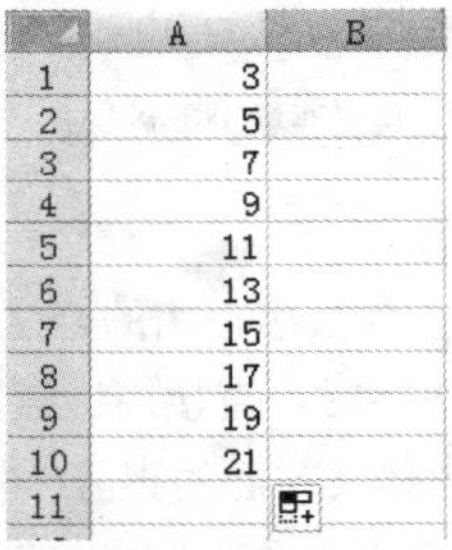　　　　　图 5.2.7　用自动填写序列输入数据

四、保存和打开工作簿

完成工作簿的编辑后，需要保存工作簿中的内容。保存工作簿有下面两种方法。

（1）通过快速访问工具栏保存工作簿。单击快速访问工具栏中的"保存"按钮，完成保存工作簿的操作。

（2）通过命令保存工作簿。通过命令保存工作簿的具体操作步骤如下：

1）选择 → 另存为(A) 命令，弹出如图 5.2.8 所示的 另存为 对话框。

2）在"保存位置"下拉列表框中选择保存工作簿的具体位置（默认情况下保存在"我的文档"中），在"文件名"文本框中输入工作簿的名称，在"保存类型"下拉列表框中选择保存类型。

3）设置好后单击 保存(S) 按钮。

图 5.2.8　"另存为"对话框

提示：当第一次保存工作簿时，会弹出 另存为 对话框。如果要保存对工作簿所做的更改，可以直接单击快速访问工具栏中的"保存"按钮 🖫，或使用"Ctrl+S"快捷键即可。

如果要打开计算机中保存的工作簿，可以使用下面的两种方法。

（1）使用命令或快捷按钮。

1）启动 Excel 2007 应用程序后，选择 🔘→ 打开(O) 命令，或单击快速访问工具栏中的"打开"按钮 🖆，弹出如图 5.2.9 所示的 打开 对话框。

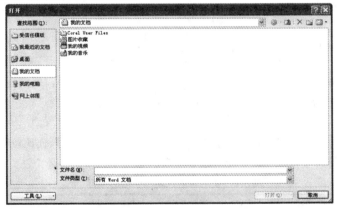

图 5.2.9　"打开"对话框

提示：也可使用"Ctrl+O"快捷键打开工作簿。

2）在"查找范围"下拉列表框中查找要打开的工作簿的位置。

3）找到要打开的工作簿后，双击该文件图标即可，或者选中文件图标后，再单击 打开(O) 按钮。

（2）从"我最近的文档"中打开使用过的工作簿。

1）单击 开始 按钮，弹出开始菜单。

2）选择"我最近的文档"，在弹出的级联菜单中单击要打开的工作簿文件名，如图 5.2.10 所示。

图 5.2.10　从"我最近的文档"中打开使用过的工作簿

第三节　工作表的基本操作

工作表的基本操作包括选定单元格、编辑单元格、工作表的选中、插入和删除、格式设置和显示设置以及工作表中的计算。

一、选定单元格

通常在一张工作表中始终有一个粗黑边框的单元格，称为活动单元格。所谓在工作表中输入数据，其实是在活动单元格中输入数据。因此，在工作表中输入内容时，首先要选定单元格，使其处于活动状态。

要选定单元格，可以通过鼠标和键盘来选定。用鼠标选定单元格的操作比较简单，只要在工作表中单击任意单元格，即可使其成为活动单元格。用键盘选定单元格的具体方法如表 3.1 所示。

表 3.1　使用键盘选定单元格的按键

按　键	光标移动的方向
←, →, ↑, ↓	向左、右、上、下移动一个单元格
Home	移到光标所在行的第一个单元格
Ctrl+←	向左移到光标所在行的行首
Ctrl+→	向右移到光标所在行的行尾
Ctrl+↑	向上移到光标所在列的列首
Ctrl+↓	向下移到光标所在列的列尾
PageUp	向上移动一屏
PageDown	向下移动一屏
Ctrl+PageUp	移到上一张工作表
Ctrl+PageDown	移到下一张工作表
Ctrl+Home	移到光标所在工作表的第一个单元格
Ctrl+End	移到光标所在工作表的已有数据的右下角最后一个单元格

在实际操作中，有时要选定某一行或某一列。选中一行的具体操作步骤如下：
（1）将光标移到要选择的行处。

（2）当鼠标变成向右箭头 ➡ 时，单击鼠标即可选择整行，如图5.3.1所示。

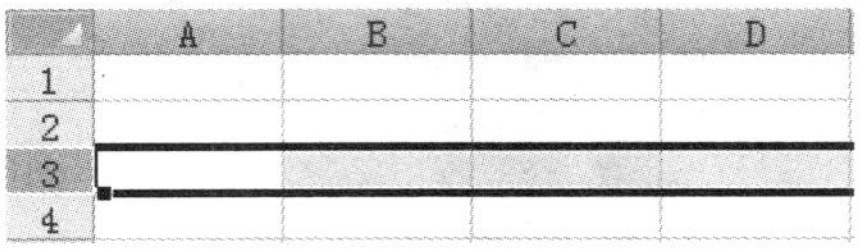

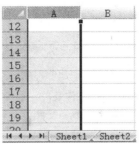

图5.3.1　选定一行

选定列的操作与选定行的操作基本相同，当鼠标变成向下箭头 ⬇ 时，单击鼠标即可选定一列，如图5.3.2所示。

图5.3.2　选定一列

二、工作表的选中、插入和删除

选中单张工作表可以单击工作表相应的标签，或者使用"Ctrl+PageUp"和"Ctrl+PageDown"快捷键，前面已经介绍过，这里不再赘述。有时要对多张工作表同时进行操作，就需要同时选定多张工作表。

1．工作表的选中

工作表的选中包括相邻工作表、不相邻工作表和工作簿中所有工作表的选中。选中相邻的多张工作表的具体操作步骤如下：

（1）选中第一张工作表的标签，如选中"Sheet2"工作表。

（2）在按住"Shift"键的同时，单击最后一张工作表的标签，如"Sheet4"工作表，即可选中"Sheet2"，"Sheet3"，"Sheet4" 3个相邻的工作表，如图5.3.3所示。

图5.3.3　选中相邻的多个工作表

（3）按住"Shift"键再次单击可取消选中相邻的多张工作表。

选中不相邻的多张工作表的具体操作步骤如下：

（1）单击其中任意一张工作表的标签。

（2）在按住"Ctrl"键的同时单击其他工作表标签，如图5.3.4所示。

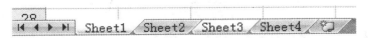

图5.3.4　选中不相邻的多张工作表

如果要选定工作簿中的所有工作表，可用鼠标右键单击工作表标签，弹出如图5.3.5所示的快捷菜单，选择 选定全部工作表(S) 命令即可。

图 5.3.5　快捷菜单

提示：（1）如果工作表标签用颜色做了标记，则当选中该工作表标签时其名称将按用户指定的颜色加下画线。如果工作表标签显示时具有背景色，则未选中该工作表。

（2）当选中相邻、不相邻或工作簿中全部工作表时，在 Excel 标题栏中都会出现 工作组 字样。当用户对工作组中的任意一张工作表进行操作，都会反映到其他工作表中。

2．工作表的插入和删除

在默认情况下，一个工作簿包含有 3 张工作表，在实际应用中，用户可根据需要来插入工作表。在工作簿中插入工作表的具体操作步骤如下：

（1）选定插入新工作表的位置。

（2）打开 开始 选项卡，单击"单元格"组中"插入"按钮 插入 右侧的下三角按钮 ，弹出其下拉列表，如图 5.3.6 所示。

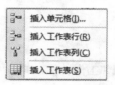

图 5.3.6　"插入"下拉列表

（3）在该列表中选择 插入工作表(S) 选项，即可在该工作簿中插入一个新工作表。

提示：用鼠标单击工作表标签右侧的"插入工作表"按钮 ，可快速插入一张工作表。

如果要删除工作簿中不需要的工作表，其具体操作步骤如下：

（1）选中要删除的一张或多张工作表。

（2）打开 开始 选项卡，单击"单元格"组中"删除"按钮 删除 右侧的下三角按钮 ，在弹出的下拉列表中选择 删除工作表(S) 选项，弹出如图 5.3.7 所示的提示框。

图 5.3.7　提示框

（3）如果不需要保存此表中的数据，单击 删除 按钮，即可删除此工作表。

提示：（1）用鼠标右键单击需要删除的工作表标签，在弹出的快捷菜单中选择 删除(D) 命令，可快速删除一张工作表。

（2）如果工作表中存有数据，就会弹出 **Microsoft Excel** 提示框，否则就可删除选中的工作表而没有任何提示。

三、工作表的格式设置

工作表的格式设置并不影响工作表中所存放的内容，必要时设置一些格式，如背景颜色、文本对齐方式、边框等，可以使数据显示得更加清晰、直观。本小节主要介绍工作表中单元格格式、条件格式和自动套用格式的设置。

1. 单元格格式设置

单元格格式的设置主要包括数字类型、对齐方式、字体、边框和图案等的设置。这些设置可以使用 **设置单元格格式(F)...** 对话框或在 **开始** 选项卡中设置。

在单元格中输入内容时，可以先预设其格式，具体操作步骤如下：

（1）用鼠标右键单击工作表中的任意一个单元格。

（2）在弹出的快捷菜单中选择 **设置单元格格式(F)...** 命令，弹出如图 5.3.7 所示的 **设置单元格格式** 对话框。

图 5.3.7　"设置单元格格式"对话框

（3）从图 5.3.7 中可以看出 **设置单元格格式** 对话框中包含了 **数字**，**对齐**，**字体**，**边框**，**图案** 和 **保护** 共 6 个选项卡。用户可根据需要对单元格中的数字类型、对齐方式、字体、边框和图案等进行设置。下面将简要介绍各选项卡的作用。

1）数字格式：在 Excel 中，可以通过设置数字格式改变其外观显示，而不改变数字本身。无论使用哪种数字格式都不会影响单元格中的实际数值，即显示在编辑栏中的值，因为 Excel 要使用这些实际值进行数值计算。

2）对齐方式：对齐方式是指单元格内容相对于单元格的位置。如果要改变选定范围的对齐方式，也可使用"格式"工具栏中的各种对齐按钮进行操作。在 **对齐** 选项卡中还可以设置文本、文字方向、文本控制（自动换行、缩小字体填充和合并单元格）等内容。如图 5.3.8 所示为设置文本的方向旋转 45° 后的效果。

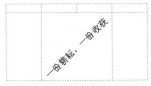

图 5.3.8　文本的旋转效果

3）字体：工作表中默认的文本字体为宋体，通过设置字体的大小、字形、颜色以及底纹等格式，可以突出显示单元格中的数据。

4）边框和图案：在制作财务报表、统计图表时，设置表格的边框是非常有用的。设置表格的边框和图案可以进一步修饰工作表，使工作表看起来美观、漂亮。如果只是设置较简单的边框，也可以使用 开始 选项卡"字体"组中的"下框线"按钮 ▦▾。

提示 ：（1）工作表中实际没有边框线，屏幕中显示的网格线只是为了便于用户的操作而设置的，并不能打印出来。

（2）所谓的图案其实是指单元格的底纹颜色和系统自带的底纹图案。如果只是设置纯颜色的底纹，可以单击 开始 选项卡"字体"组中的"填充颜色"按钮 ◇▾。

2．条件格式设置

当工作表中的数据比较多时，可以使用 Excel 的条件格式功能将某些特定单元格中的数据显示出来，即对符合一定条件的数据进行格式化。下面以显示出学生各科成绩均高于 75 分而低于 85 分的成绩为例，介绍条件格式的具体应用。条件格式设置的具体操作步骤如下：

（1）打开学生成绩统计表，并选中 C3：D10 单元格区域，如图 5.3.9 所示。

（2）打开 开始 选项卡，单击"样式"组中的"条件格式"按钮 ，在弹出的下拉列表中选择 ▦ 新建规则(N)... 命令，弹出如图 5.3.10 所示的 新建格式规则 对话框。

	A	B	C	D	E
1					
2	学号	姓名	语文	高数	总分
3	801001	脱 娜	90	88	178
4	801002	王 洁	92	85	177
5	801003	张 涛	85	82	167
6	801004	王新明	95	75	170
7	801005	赵小宝	95	61	156
8	801006	赵 艳	88	75	163
9	801007	陈 刚	85	66	151
10	801008	张小峰	90	85	175

图 5.3.9　选中条件格式区域

图 5.3.10　"新建格式规则"对话框

（3）在"只为满足以下条件的单元格设置格式："选区中的第一个下拉列表框中选择"单元格值"选项，在第二个下拉列表框中选择"介于"选项，在最后面的两个文本框中分别输入 75 和 85。

（4）单击 格式(F)... 按钮，弹出如图 5.3.11 所示的 设置单元格格式 对话框，在 填充 选项卡中设置符合条件的单元格的背景色为"灰色"。

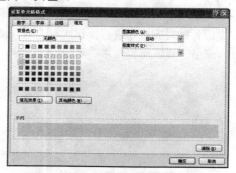

图 5.3.11　"单元格格式"对话框

（5）单击 确定 按钮，返回 新建格式规则 对话框，单击 确定 按钮，符合条件的成绩均以灰色底纹显示，如图 5.3.12 所示。

	A	B	C	D	E
1					
2	学号	姓名	语文	高数	总分
3	801001	脱 娜	90	88	178
4	801002	王 洁	92	85	177
5	801003	张 涛	85	82	167
6	801004	王新明	95	75	170
7	801005	赵小宝	95	61	156
8	801006	赵 艳	88	75	163
9	801007	陈 刚	85	66	151
10	801008	张小峰	90	85	175

图 5.3.12 设置条件格式后的显示效果

3．套用表格样式设置

Excel 2007 提供了多种表格样式，使用这些样式可以快速地为满足条件的单元格设置样式。使用自动套用格式的具体操作步骤如下：

（1）打开要应用表格样式的工作表，用鼠标选中应用表格样式的单元格区域。

（2）打开 开始 选项卡，单击"样式"组中的"套用表格样式"按钮，弹出其下拉列表，如图 5.3.13 所示。

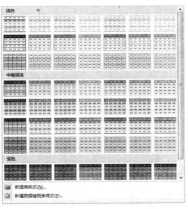

图 5.3.13 "套用表格样式"下拉列表

（3）在该列表中选择"表样式中等深浅 12"，打开 套用表格式 对话框，如图 5.3.14 所示。在该对话框中默认"表数据的来源"下拉列表中的设置，并选中 ☑表包含标题(M) 复选框，单击 确定 按钮，效果如图 5.3.15 所示。

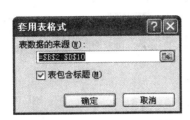

图 5.3.14 "套用表格式"对话框

	A	B	C	D	E
1					
2	学号	姓名	语文	高数	总分
3	801001	脱 娜	90	88	178
4	801002	王 洁	92	85	177
5	801003	张 涛	85	82	167
6	801004	王新明	95	75	170
7	801005	赵小宝	95	62	157
8	801006	赵 艳	88	75	163
9	801007	陈 刚	85	66	151
10	801008	张小峰	90	85	175

图 5.3.15 "套用表格格式"效果

提示：这里选中"表包含标题"复选框中的标题是指表格中的表头，即第二行。

四、工作表的显示设置

工作表的显示设置包括隐藏工作表及其组成元素、同时显示不同工作簿中的多张工作表以及工作表的拆分与冻结等内容。

1. 隐藏工作表的行或列

有时为了更清晰地显示数据，尤其是在屏幕中不能完全显示更多的数据时，需要隐藏工作表的某些行或列。隐藏工作表的行或列的具体操作步骤如下：

（1）在工作表中选定要隐藏的行或列，如图 5.3.16 所示。

图 5.3.16　选中要隐藏的行或列

（2）鼠标右击选中的单元格区域，在弹出的快捷菜单中选择 ▨ 隐藏(H) 命令，隐藏后的效果如图 5.3.17 所示。

图 5.3.17　隐藏选中的行或列后的效果

如果要取消隐藏的行或列，鼠标指向隐藏的标记，当鼠标指针变成 ✛ 形状时，再选择 取消隐藏(U) 命令即可。

2. 同时显示不同工作簿中的多张工作表

如果要在 Excel 工作窗口中同时显示不同工作簿中的不同工作表，可以选择 视图 选项卡中的"新建窗口"按钮 新建窗口，系统将自动新建一个工作簿（其名称为 Book1:2），该工作簿成为当前活动的工作簿，用户可在不同的窗口中选择不同的工作表。

在打开多个工作簿时，用户也可以使用 Excel 的重排窗口功能按排窗口在屏幕中的排列方式。选择 视图 选项卡中的"全部重排"按钮 全部重排，弹出如图 5.3.20 所示的 重排窗口 对话框。

在"排列方式"选区中选择所需的排列方式。如果选中 ☑当前活动工作簿的窗口(W) 复选框，则表示只显示当前活动工作簿中的工作表。

图 5.3.20　"重排窗口"对话框

3．工作表的冻结与拆分

在工作表中滚动显示大量的数据，并保持行列标志始终可见时，可以使用 Excel 提供的冻结窗口功能实现。冻结工作表的具体操作步骤如下：

（1）在工作表中选定一个单元格作为冻结点，即在冻结点上部和左侧区域的单元格被冻结，始终显示在屏幕中，本例选定 C8 单元格。

（2）打开 视图 选项卡，单击"窗口"组中的"冻结窗格"按钮，在弹出的下拉菜单中选择 冻结拆分窗格(F) 滚动工作表其余部分时，保持行和列可见(基于当前的选择)。命令，冻结后的显示效果如图 5.3.21 所示。

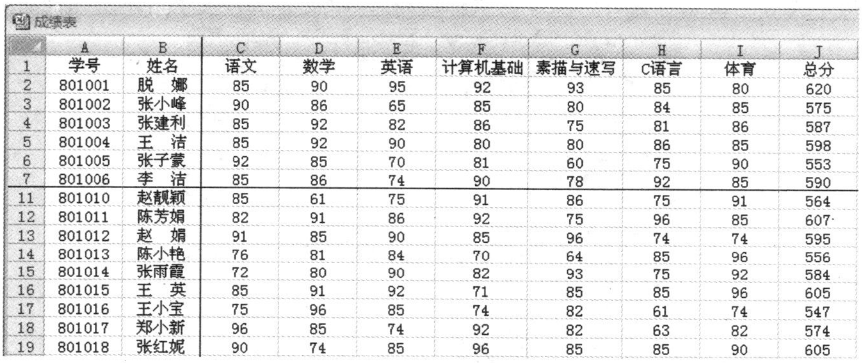

图 5.3.21　冻结工作表示例

如果要撤销冻结工作表窗口，选择 冻结窗格 → 取消冻结窗格(F) 解除所有行和列锁定，以滚动整个工作表。命令即可。

提示：在冻结的工作表中按"Ctrl+Home"快捷键，当前活动单元格的指针将返回到冻结点所在的单元格中。

拆分工作表就是把当前工作表所在的窗口拆分成窗格，而且各窗格能独立地滚动显示工作表的不同部分。拆分工作表的具体操作步骤如下：

（1）在工作表中选定要拆分的位置。

（2）单击 视图 选项卡中"窗口"组的"拆分"按钮，拆分后的显示效果如图 5.3.22 所示。

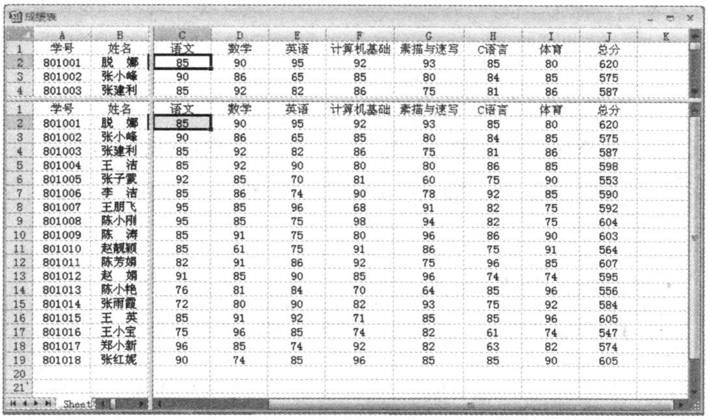

图 5.3.22　拆分工作表示例

用户也可以使用鼠标拆分工作表所在的窗口，具体操作步骤如下：

（1）将鼠标移动到水平滚动条右端或垂直滚动条顶端的拆分框上。

（2）当光标变成双向箭头 ↔ 或 ↕ 时，按住鼠标左键并左右或上下拖动到工作表中要进行拆分的单元格位置，然后释放鼠标。

取消拆分工作表的方法与取消冻结工作表的方法相同，单击 视图 选项卡中"窗口"组的"拆分"按钮 拆分 即可。

提示 ：冻结或拆分后的工作表在打印时将不会显示出来。如果要打印工作表中每页上重复显示的行和列标题，可以利用 页面设置 对话框中的 工作表 选项卡进行设置，如图 5.3.23 所示。在"打印标题"区域中设置"顶端标题行"和"左端标题列"，即设置工作表中用做标题的行和列。

图 5.3.23 "工作表"选项卡

五、工作表中的计算

在 Excel 电子表格中不但可以进行一般表格的处理，还可以进行数据的计算（计算是对公式求解并在包含公式的单元格中以数值方式显示计算结果的过程）。用户在单元格中输入公式或插入函数就可以进行一些复杂的计算。

1. 使用公式进行计算

在单元格中输入公式的方法有以下两种：

（1）直接在选定的单元格中输入公式，然后按"Enter"键即可。

（2）选定单元格之后，在编辑栏中输入公式并单击"输入"按钮 ✓，如图 5.3.24 所示。

输入公式

	A	B	C	D	E	F	G	H	I	J	K
	SUM		× ✓ ƒₓ	=C2+D2+E2+F2+G2+H2+I2							
1	学号	姓名	语文	数学	英语	计算机基础	素描与速写	C语言	体育	总分	
2	801001	脱 娜	85	90	95	92	93	85	=C2+D2+E2+F2+G2+H2+I2		
3	801002	张小峰	90	86	65	85	80	84	85	575	
4	801003	张建利	85	92	82	86	75	81	86	587	

图 5.3.24 在编辑栏中输入公式

公式是单元格中的一系列值、单元格引用、名称或运算符的组合，可生成新的值而且公式总是以等号（=）开始，用于表明之后的字符为公式，紧随等号之后的是需要进行计算的元素，即操作数，各操作数之间以运算符分隔。Excel 将根据公式中运算符的特定顺序（运算符的优先级）从左到右计算公式。各种运算符的优先级从高到低如表 3.2 所示。

表 3.2　运算符的优先级

运算符	含　义
：（冒号）	区域运算符
，（逗号）	联合运算符
（空格）	交叉运算符
－（负号）	负数
%（百分号）	百分比
+，－，*，/	加、减、乘、除
&	文本运算符
=，>，<，>=，<=，<>	比较运算符

Microsoft Excel 中包含 4 种类型的运算符：算术运算符、比较运算符、引用运算符和文本运算符。算术运算符如表 3.3 所示，主要用于完成基本的数学运算，如加法、减法和乘法，连接数字和产生数字结果等。

表 3.3　算术运算符

算术运算符	含　义	示　例
+（加号）	加法运算	3＋3
－（减号）	减法运算	3－1
－（负号）	负数	－1
*（星号）	乘法运算	3*3
/（正斜线）	除法运算	3/3
%（百分号）	百分比	20%
^（插入符号）	乘方运算	3^2

比较运算符如表 3.4 所示，主要用于比较两个值，其结果是一个逻辑值，即 TRUE 或 FALSE。

表 3.4　比较运算符

比较运算符	含　义	示　例
=（等号）	等于	A1=B1
>（大于号）	大于	A1>B1
<（小于号）	小于	A1<B1
>=（大于等于号）	大于或等于	A1>=B1
<=（小于等于号）	小于或等于	A1<=B1
<>（不等号）	不等于	A1<>B1

引用运算符如表 3.5 所示，使用它可以将单元格区域合并进行计算。

表 3.5　引用运算符

引用运算符	含　义	示　例
：（冒号）	区域运算符	在公式中引用一个单元格区域，如 B5:B15 范围内的所有单元格
，（逗号）	联合运算符	将多个引用合并为一个引用，如（SUM（B5:B15，D5:D15））
（空格）	交叉运算符	产生对两个引用共有的单元格的引用，如（SUM（B7:D7 C6:C8）同时属于两个引用 B7:D7，C6:C8

文本连接运算符&用于加入或连接一个或更多文本字符串以产生一串连续的文本。如在单元格 A1 中输入"Happy"，在 B1 单元格中输入"New"，在 C1 单元格中输入公式"=A1&B1&"Year""，按"Enter"键，则会在 C1 单元格中显示如图 5.3.25 所示的字符串结果。

提示：公式中 "Year" 两侧的引号是在英文状态下输入的，否则将会出错。

C1			f_x	=A1&B1&"Year"	
	A	B	C		D
1	Happy	New	HappyNewYear		
2					

图 5.3.25 文本连接符的应用

在默认情况下，单元格中显示的是用户输入公式的结果，而不是实际公式。如果要查看工作表中用到的公式，可打开 公式 选项卡，在"公式审核"组中单击 显示公式 按钮即可显示出单元格中使用的公式。

Excel 中的公式是可以移动和复制的，其操作方法与复制单元格中的数据的方法相同，可以使用快捷键、工具按钮、鼠标等多种方法将含有公式的单元格移动或复制到其他单元格。这里主要介绍使用快捷键和菜单来移动和复制单元格数据的方法。

使用快捷键移动和复制单元格数据的具体操作步骤如下：

（1）在工作表中选定要移动和复制的单元格或单元格区域。

（2）按 "Ctrl+C" 快捷键，选定要粘贴公式的单元格或单元格区域，按 "Ctrl+V" 快捷键即可。

注意：如果需要移动和复制单元格区域，则所选的单元格必须是连续的，按 "Esc" 键即可取消选定的单元格区域。

使用工具按钮命令复制和移动公式的具体操作步骤如下：

（1）在工作表中选定要移动和复制的单元格或单元格区域。

（2）在 开始 选项卡中，单击"剪贴板"选项组中的"复制"按钮 。

（3）选定要复制公式的单元格或单元格区域。

（4）单击"剪贴板"选项组中的"粘贴"按钮 的下三角按钮，弹出如图 5.3.26 所示的下拉菜单。

图 5.3.26 "粘贴"下拉菜单

（5）在该菜单中选中"公式"按钮 公式(F) 即可将公式复制到所选单元格中。

在使用公式时，如果输入的公式格式不符合要求，将会出现例如 "####!"，"#VALUE!"，"#NAME!" 等错误信息。公式中的错误不仅使计算结果出错，而且会产生某些意外结果。只有了解了这些错误信息的含义，用户才能进一步修改单元格中的公式。表 3.6 列出了 Excel 中的常见错误、含义、可能原因及其解决方法。

表 3.6 常见错误及其含义

错误	含义	可能原因及其解决方法
####!	列不够宽，或者使用了负的日期或负的时间	加宽单元格
#VALUE!	使用的参数或操作数类型错误	检查公式或者函数的数值和参数
#DIV/0!	数字被零（0）除时，出现错误	（1）输入的公式中除数或者分母为零（0），将除数更改为非零值 （2）使用对空白单元格或包含零的单元格的引用做除数 （3）运行的宏程序中包含有返回#DIV/O!的函数或公式
#NAME?	Microsoft Excel 未识别公式中的文本	检查公式中引用的单元格名字是否键入了不正确的字符
#N/A	数值对函数或公式不可用	遗漏数据，取而代之的是#N/A 或 NA( )，以免引用空单元格，用新数据取代
#REF!	单元格引用无效	删除其他公式所引用的单元格，或将已移动的单元格粘贴到其他公式所引用的单元格上
#NUM!	公式或函数中使用无效数字值	（1）在需要数字参数和函数中使用了无法接受的参数 （2）使用了迭代计算的工作表函数，如：IRR 或 RATE，并且函数无法得到有效的结果 （3）由公式产生的数太大或太小，Microsoft Excel 不能表示
#NULL!	当指定并不相交的两个区域的交点时，出现这种错误，用空格表示两个引用单元格之间的相交运算符	（1）使用了不正确的区域运算符 （2）按步骤计算嵌套公式

2．使用函数进行计算

当公式比较复杂时，可通过函数进行计算，其具体操作步骤如下：

（1）打开一个 Excel 表格，如图 5.3.27 所示。

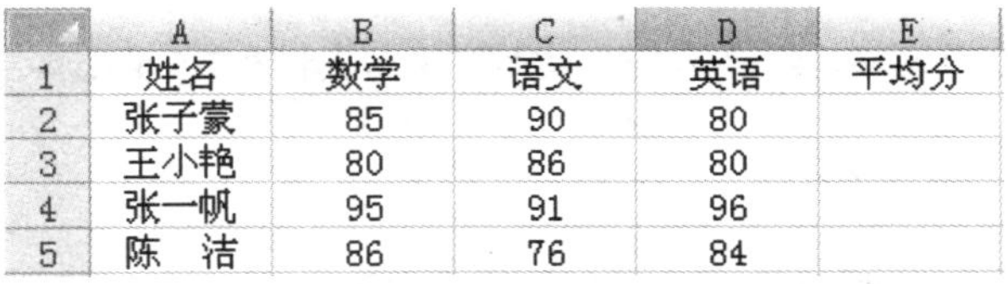

图 5.3.27　打开的 Excel 表格

（2）选中 E2 单元格，然后打开 公式 选项卡，单击"函数库"组中的"插入函数"按钮，弹出 插入函数 对话框，如图 5.3.28 所示。

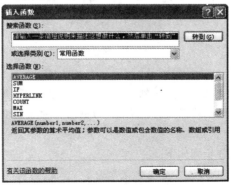

图 5.3.28　"插入函数"对话框

（3）在"选择函数"列表框中选择"AVERAGE"选项，单击 确定 按钮，弹出 函数参数 对话框，如图 5.3.29 所示。

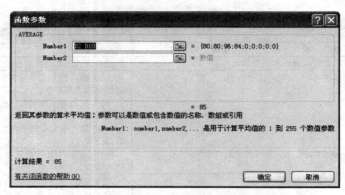

图 5.3.29　"函数参数"对话框

（4）在"Number1"文本框中输入"B2:D2"，或者在 Excel 表格中选中 B2～D2 的单元格区域，单击 [确定] 按钮。

（5）即可计算出"张子蒙"3 科成绩的平均分，以同样的方法计算其他学生成绩的平均分，最终效果如图 5.3.30 所示。

	A	B	C	D	E
1	姓名	数学	语文	英语	平均分
2	张子蒙	85	90	80	85
3	王小艳	80	86	80	82
4	张一帆	95	91	96	94
5	陈　洁	86	76	84	82

图 5.3.30　计算平均成绩

提示：选中 E2 单元格，按住"Ctrl"键向下拖动鼠标至 E5 单元格，即可计算出其他学生的平均分。

第四节　数据的管理与分析

Excel 2007 与其他的数据管理软件一样，在排序、数据筛选和汇总等方面具有强大的管理功能，本节主要介绍建立数据清单、数据的排序、数据的筛选、数据的汇总、数据透视表的使用和图表的创建与编辑。

一、建立数据清单

数据清单是指包含一组相关数据的一系列工作表集合。通常把数据清单看做数据库，数据清单中的行相当于数据库中的记录，行标题相当于记录名；数据清单中的列相当于数据库中的字段，列标题相当于数据库中的字段名。

建立数据清单，其具体操作步骤如下：

（1）启动 Excle 2007 应用程序，创建一张工作表。

（2）在工作表的 A1～F1 单元格区域中输入列标题，如图 5.4.1 所示。

（3）在对应的列标题下方的单元格中输入相应的信息，一个数据清单就创建完成了，如图 5.4.2 所示。

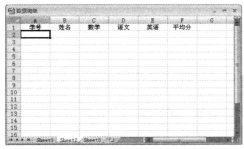

学号	姓名	数学	语文	英语	平均分

图 5.4.1　输入列标题

学号	姓名	数学	语文	英语	平均分
801001	张子蒙	85	90	80	85
801002	王小艳	80	86	80	82
801003	张一帆	95	91	96	94
801004	陈　洁	86	76	84	82

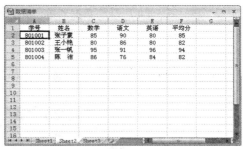

图 5.4.2　数据清单

二、数据的排序

下面主要介绍数据的排序。数据排序包括普通排序和自定义排序两种。

1. 普通排序

对图 5.4.2 中数据清单中的“平均分”成绩由高到低进行排序。

（1）单击数据清单中 F 列的任意单元格。

（2）打开 开始 选项卡，单击“编辑”组中的“排序和筛选”按钮 排序和筛选，在弹出的下拉菜单中选择 降序(O) 命令，即可对 F 列中的数据进行由高到低的排序，结果如图 5.4.3 所示。

学号	姓名	数学	语文	英语	平均分
801003	张一帆	95	91	96	94
801001	张子蒙	85	90	80	85
801002	王小艳	80	86	80	82
801004	陈　洁	86	76	84	82

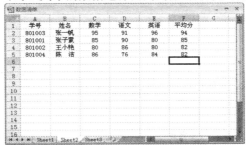

图 5.4.3　对“平均分”列进行排序

2. 自定义排序

当数据清单按照默认方法进行排序得不到正确结果时，就需要进行自定义排序，如图 5.4.4 所示，如果要对其“数学”进行由高到低的排序时，则需要先自定义排序方式，然后再进行排序，其具体操作步骤如下：

学号	姓名	数学	语文	英语	平均分
801001	张子蒙	85	90	80	85
801002	王小艳	80	86	80	82
801003	张一帆	95	91	96	94
801004	陈　洁	86	76	84	82

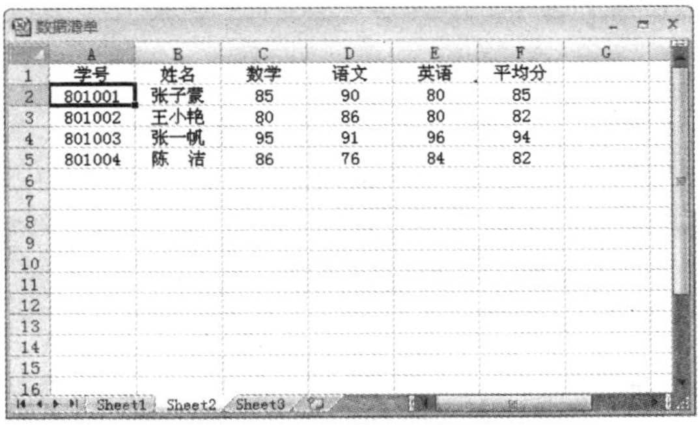

图 5.4.4　数据清单

（1）打开如图 5.4.4 所示的数据清单，并对其“数学”进行由高到低的排序。

（2）单击数据清单中的任意单元格。

（3）打开[开始]选项卡，单击“编辑”组中的“排序和筛选”按钮[排序和筛选]，在弹出的下拉菜单中选择[自定义排序(U)...]命令，打开[排序]对话框，如图 5.4.5 所示。

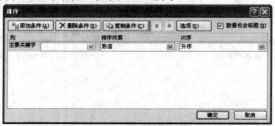

图 5.4.5　“排序”对话框

（3）在“主要关键字”下拉列表框中选择“数学”选项，在“排序依据”下拉列表框中选择“数值”选项，在“次序”下拉列表框中选择“降序”选项。

（4）单击[确定]按钮，排序后的数据清单如图 5.4.6 所示。

	A	B	C	D	E	F	G
1	学号	姓名	数学	语文	英语	平均分	
2	801003	张一帆	95	91	96	94	
3	801004	陈　洁	86	76	84	82	
4	801001	张子蒙	85	90	80	85	
5	801002	王小艳	80	86	80	82	

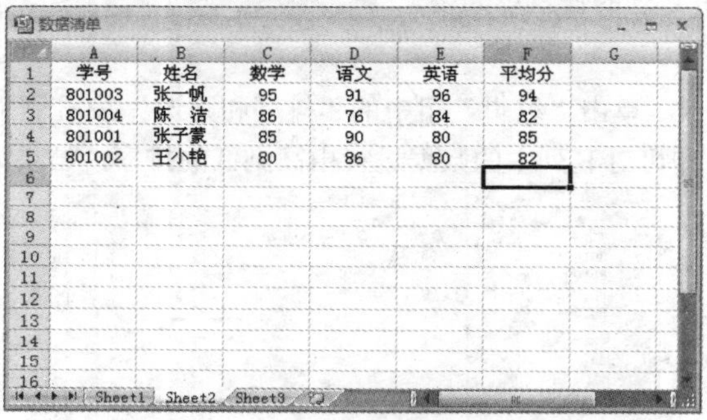

图 5.4.4　排序结果

提示：在如图 5.4.3 所示的[排序]对话框中，如果选中[数据包含标题(H)]选项，表示标题行不参与排序，如果不选中该选项，则标题行参与排序。一般情况下，标题行不参加排序。

注意：在如图 5.4.3 中，如果还需要对其他字段进行排序，可以在[排序]对话框中单击一次[复制条件(C)]按钮，在弹出的“次要关键字”下拉列表框中选择其他字段，并设置其为“升序”或“降序”排列，设置完成单击[确定]按钮即可同时对几个字段进行排序。

三、数据的筛选

所谓筛选，就是从数据中找出满足给定条件的数据。使用自动筛选能够迅速处理大型数据清单，快速查找数据，并将不满足指定条件的数据进行隐藏。在选择自动筛选命令之前，必须确定数据清单中有标题行，即字段名称，否则不能顺利进行自动筛选。

1. 自动筛选

（1）打开一个学生成绩表，并单击其表中的任意单元格，如图 5.4.5 所示。

	A	B	C	D	E	F	G	H	I	J
1	学号	姓名	语文	数学	英语	计算机基础	素描与速写	C语言	体育	总分
2	801001	脱 娜	85	90	95	92	93	85	80	620
3	801002	张小峰	90	86	65	85	80	84	85	575
4	801003	张建利	85	92	82	86	75	81	86	587
5	801004	王 洁	85	92	90	80	80	86	85	598
6	801005	张子蒙	92	85	70	81	60	75	90	553
7	801006	李 洁	85	86	74	90	78	92	85	590
8	801007	王朋飞	95	85	96	68	91	82	75	592
9	801008	陈小刚	95	85	75	98	94	82	75	604
10	801009	陈 涛	85	91	75	80	96	86	90	603
11	801010	赵靓颖	85	61	75	91	86	75	91	564
12	801011	陈芳娟	82	91	86	92	75	96	85	607
13	801012	赵 娟	91	85	90	85	96	74	74	595
14	801013	陈小艳	76	81	84	70	64	85	96	556
15	801014	张雨霞	72	80	90	82	93	75	92	584
16	801015	王 英	85	91	92	71	85	85	96	605
17	801016	王小宝	75	96	85	74	82	61	74	547
18	801017	郑小新	96	85	74	92	82	63	82	574
19	801018	张红妮	90	74	85	96	85	85	90	605

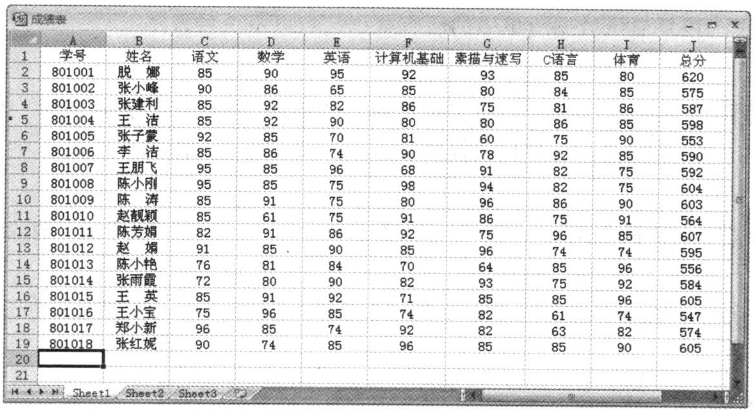

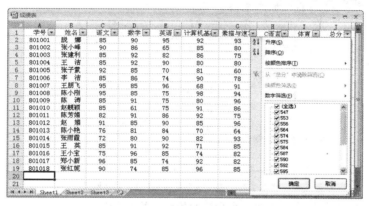

图 5.4.5　成绩表

（2）打开 开始 选项卡，单击“编辑”组中的“排序和筛选”按钮 排序和筛选，在其下拉菜单中选择 筛选(F) 命令，这时标题行中各个字段名所在的单元格将自动变成下拉列表框形式，如图 5.4.6 所示。

	A	B	C	D	E	F	G
1	学号	姓名	语文	数学	英语	计算机基础	素描与速写
2	801001	脱 娜	85	90	95	92	93
3	801002	张小峰	90	86	65	85	80
4	801003	张建利	85	92	82	86	75
5	801004	王 洁	85	92	90	80	80
6	801005	张子蒙	92	85	70	81	60
7	801006	李 洁	85	86	74	90	78
8	801007	王朋飞	95	85	96	68	91
9	801008	陈小刚	95	85	75	98	94
10	801009	陈 涛	85	91	75	80	96
11	801010	赵靓颖	85	61	75	91	86
12	801011	陈芳娟	82	91	86	92	75
13	801012	赵 娟	91	85	90	85	96
14	801013	陈小艳	76	81	84	70	64
15	801014	张雨霞	72	80	90	82	93
16	801015	王 英	85	91	92	71	85
17	801016	王小宝	75	96	85	74	82
18	801017	郑小新	96	85	74	92	82
19	801018	张红妮	90	74	85	96	85

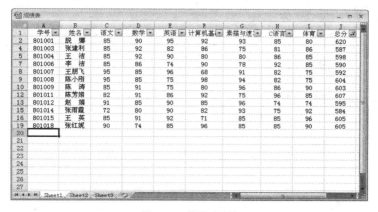

图 5.4.6　自动筛选示例

（3）单击每个下拉列表框旁边的下三角按钮，从弹出的下拉列表框中选择筛选的条件，例如在“总分”下拉列表框中取消选中低于 580 的选项，成绩表中将只显示总分 580 分以上的学生信息，结果如图 5.4.7 所示。

	A	B	C	D	E	F	G	H	I	J
1	学号	姓名	语文	数学	英语	计算机基础	素描与速写	C语言	体育	总分
2	801001	脱 娜	85	90	95	92	93	85	80	620
4	801003	张建利	85	92	82	86	75	81	86	587
5	801004	王 洁	85	92	90	80	80	86	85	598
7	801006	李 洁	85	86	74	90	78	92	85	590
8	801007	王朋飞	95	85	96	68	91	82	75	592
9	801008	陈小刚	95	85	75	98	94	82	75	604
10	801009	陈 涛	85	91	75	80	96	86	90	603
12	801011	陈芳娟	82	91	86	92	75	96	85	607
13	801012	赵 娟	91	85	90	85	96	74	74	595
15	801014	张雨霞	72	80	90	82	93	75	92	584
16	801015	王 英	85	91	92	71	85	85	96	605
19	801018	张红妮	90	74	85	96	85	85	90	605

图 5.4.7　筛选后示例

取消筛选结果，恢复显示数据清单中的所有数据，有以下 3 种方法：

（1）选中数据区域中的任意单元格，再次单击“编辑”组中“排序和筛选”下拉菜单中的“筛选”按钮“筛选(F)”，退出自动筛选状态。退出自动筛选状态后，即可自动清除筛选结果。

（2）选中数据区域中的任意单元格，单击“编辑”组中“排序和筛选”下拉菜单中的“清除”按钮“清除(C)”即可。

（3）单击进行了筛选操作的标题栏右侧的下拉按钮，在弹出的下拉列表中单击“从‘XX’中清除筛选”按钮。

2. 自定义筛选

在如图 5.4.5 所示的成绩表中筛选出“总分”在“580”到“605”之间的学生信息，这时就要用到自定义自动筛选功能，其具体操作步骤如下：

（1）在自动筛选状态下，选择“总分”下拉列表框中的“数字筛选(F)”→“自定义筛选(F)...”命令，弹出**自定义自动筛选方式**对话框，如图 5.4.8 所示。

图 5.4.8　“自定义自动筛选方式”对话框

（2）在“显示行”选区中输入第一个筛选的条件，即“大于 580”。

（3）输入第二个筛选的条件，即“小于 605”。

（4）选中“与(A)”单选按钮，然后单击“确定”按钮，符合以上条件的记录将被显示在表格中，如图 5.4.9 所示。

	学号	姓名	语文	数学	英语	计算机基础	素描与速写	C语言	体育	总分
4	801003	张建利	85	92	82	86	75	81	86	587
5	801004	王　洁	85	92	90	80	80	86	85	598
7	801006	李　洁	85	86	74	90	78	92	85	590
8	801007	王朋飞	95	85	96	68	91	82	75	592
9	801008	陈小刚	95	85	75	98	94	82	75	604
10	801009	陈　涛	85	91	75	80	96	86	90	603
13	801012	赵　娟	91	85	90	85	96	74	74	595
15	801014	张雨霞	72	80	90	82	93	75	92	584

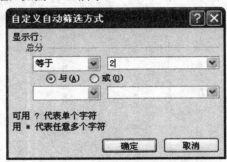

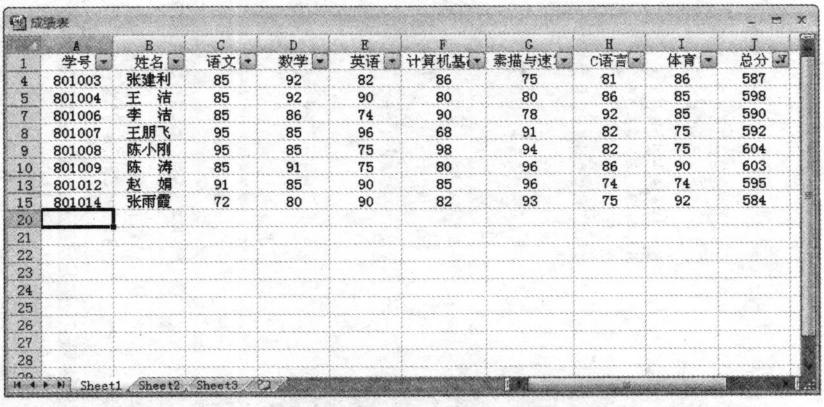

图 5.4.9　自定义筛选结果

注意：选中 与(A) 单选按钮，表示两个条件都要满足，才能被筛选出来；若选中 或(O) 单选按钮，表示这两个条件满足其一，即可筛选出结果。

提示：再次选择 数据 选项卡中“排序和筛选”组中的“清除”按钮 清除，即可退出筛选状态，恢复显示所有的数据记录。

3. 高级筛选

高级筛选用于完成对复杂条件进行筛选。使用高级筛选功能之前，首先要建立筛选条件，条件区域的第一行是所有作为筛选条件的字段名，这些字段名与数据清单中的字段名必须完全相同，条件区域的其他行则输入筛选条件。需要注意的是，条件区域和数据清单不能连接，必须用一空行将其隔开。

使用高级筛选，其具体操作步骤如下：

（1）单击数据清单中的任意单元格，如图 5.4.10 所示。

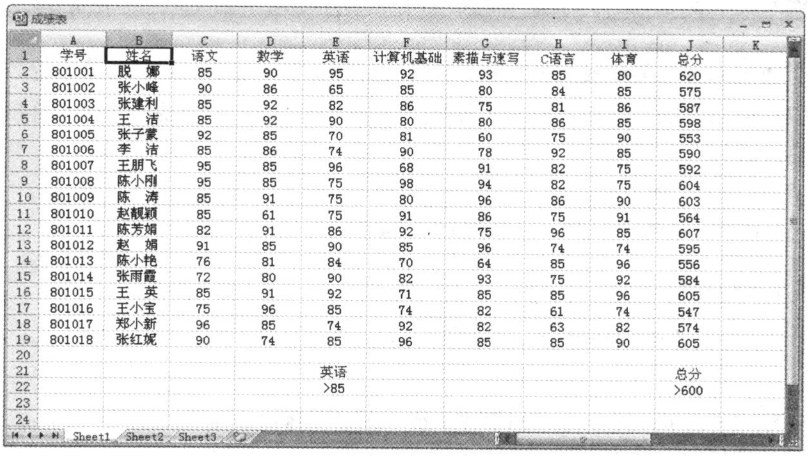

	A	B	C	D	E	F	G	H	I	J	K
1	学号	姓名	语文	数学	英语	计算机基础	素描与速写	C语言	体育	总分	
2	801001	脱　娜	85	90	95	92	93	85	80	620	
3	801002	张小峰	90	86	65	85	80	84	85	575	
4	801003	张建利	85	92	82	86	75	81	86	587	
5	801004	王　洁	85	92	90	80	80	86	85	598	
6	801005	张子蒙	92	85	70	81	60	75	90	553	
7	801006	李　洁	85	86	74	90	78	92	85	590	
8	801007	王朋飞	95	85	96	68	91	82	75	592	
9	801008	陈小刚	95	85	75	98	94	82	75	604	
10	801009	陈　涛	85	91	75	80	96	86	90	603	
11	801010	赵靓颖	85	61	75	91	86	75	91	564	
12	801011	陈芳娟	82	91	86	92	75	96	85	607	
13	801012	赵　娟	91	85	90	85	96	74	74	595	
14	801013	陈小艳	76	81	84	70	64	85	96	556	
15	801014	张雨霞	72	80	90	82	93	75	92	584	
16	801015	王　英	85	91	92	71	85	85	96	605	
17	801016	王小宝	75	96	85	74	82	61	74	547	
18	801017	郑小新	96	85	74	92	82	63	82	574	
19	801018	张红妮	90	74	85	96	85	85	90	605	
20											
21					英语					总分	
22					>85					>600	
23											
24											

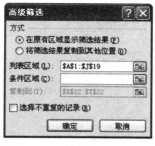

图 5.4.10　选中单元格

（2）打开 数据 选项卡，单击“排序和筛选”组中的“高级”按钮 高级，弹出 高级筛选 对话框，如图 5.4.11 所示。

图 5.4.11　“高级筛选”对话框

（3）在 高级筛选 对话框的“列表区域”文本框中输入要进行高级筛选的列表区域，在“条件区域”文本框中输入条件区域，也可以通过单击其右边的“折叠”按钮，在工作表中选定区域，再单击右边的“伸展”按钮选定列表区域和条件区域。

（4）单击 确定 按钮，结果如图 5.4.12 所示。

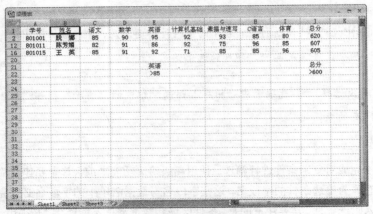

图 5.4.12　"高级筛选"结果

四、数据的汇总

汇总是指对数据库中的某列数据做求和、求平均值等计算。它是对数据清单进行数据分析的一种方法，它对数据库中指定的字段进行分类，最后统计同一记录的相关信息。Excel 可自动计算数据清单中的分类汇总计算。

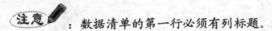：数据清单的第一行必须有列标题。

1．插入单个分类汇总

（1）打开一个数据清单，并单击其任意单元格。

（2）打开 数据 选项卡，在"排序和筛选"组中单击"排序"按钮 ，对该数据清单的"总分"字段进行由高到低的排序，结果如图 5.4.13 所示。

（3）在"分级显示"组中单击"分类汇总"按钮 ，弹出 分类汇总 对话框，如图 5.4.14 所示。

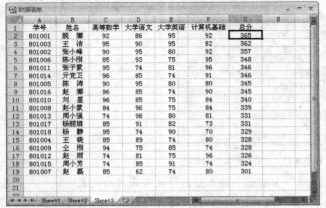

图 5.4.13　对"总分"字段进行排序的结果　　　　图 5.4.14　"分类汇总"对话框

（4）在"分类字段"下拉列表框中选择"总分"选项，确定要分类汇总的列；在"汇总方式"下拉列表框中选择"求和"选项；在"选定汇总项"列表框中选中 总分 复选框。

（5）如果需要在每个分类汇总后有一个自动分页符，选中☑每组数据分页(P)复选框；如果需要分类汇总结果显示在数据下方，则选中☑汇总结果显示在数据下方(S)复选框。

（6）设置完成后单击确定按钮，分类汇总后的结果如图 5.4.15 所示。

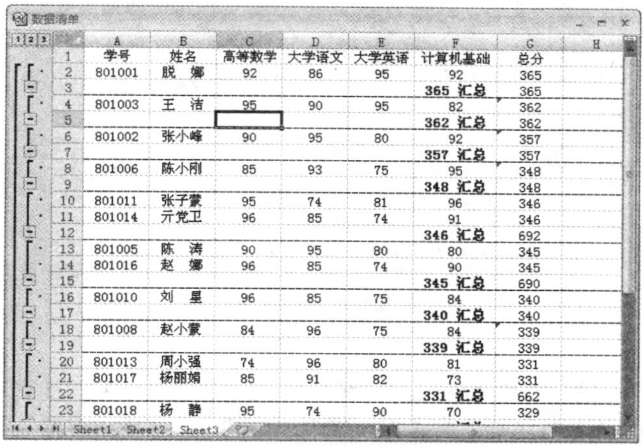

	A	B	C	D	E	F	G	H
1	学号	姓名	高等数学	大学语文	大学英语	计算机基础	总分	
2	801001	脱 娜	92	86	95	92	365	
3						365 汇总	365	
4	801003	王 洁	95	90	95	82	362	
5						362 汇总	362	
6	801002	张小峰	90	95	80	92	357	
7						357 汇总	357	
8	801006	陈小刚	85	93	75	95	348	
9						348 汇总	348	
10	801011	张子蒙	95	74	81	96	346	
11	801014	亓党卫	96	85	74	91	346	
12						346 汇总	692	
13	801005	陈 涛	90	95	80	80	345	
14	801016	赵 娜	96	85	74	90	345	
15						345 汇总	690	
16	801010	刘 星	96	85	75	84	340	
17						340 汇总	340	
18	801008	赵小蒙	84	96	75	84	339	
19						339 汇总	339	
20	801013	周小强	74	96	80	81	331	
21	801017	杨丽娟	85	91	82	73	331	
22						331 汇总	662	
23	801018	杨 静	95	74	90	70	329	

图 5.4.15 分类汇总结果

2. 插入嵌套分类汇总

所谓嵌套分类汇总，是指将更小分组的分类汇总插入到现有的分类汇总组中，其具体操作步骤如下：

（1）打开一个数据清单，单击数据清单中的任意单元格。

（2）对数据清单中的“总分”和“高等数学”两个字段进行排序，结果如图 5.4.16 所示。

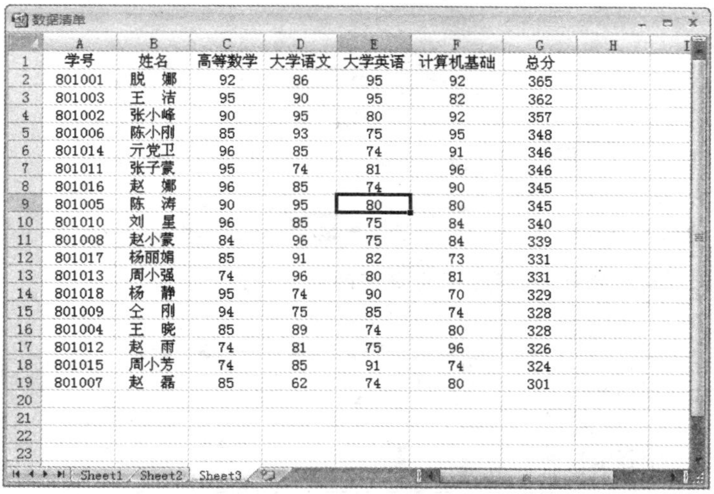

	A	B	C	D	E	F	G	H
1	学号	姓名	高等数学	大学语文	大学英语	计算机基础	总分	
2	801001	脱 娜	92	86	95	92	365	
3	801003	王 洁	95	90	95	82	362	
4	801002	张小峰	90	95	80	92	357	
5	801006	陈小刚	85	93	75	95	348	
6	801014	亓党卫	96	85	74	91	346	
7	801011	张子蒙	95	74	81	96	346	
8	801016	赵 娜	96	85	74	90	345	
9	801005	陈 涛	90	95	80	80	345	
10	801010	刘 星	96	85	75	84	340	
11	801008	赵小蒙	84	96	75	84	339	
12	801017	杨丽娟	85	91	82	73	331	
13	801013	周小强	74	96	80	81	331	
14	801018	杨 静	95	74	90	70	329	
15	801009	仝 刚	94	75	85	74	328	
16	801004	王 晓	85	89	74	80	328	
17	801012	赵 雨	74	81	75	96	326	
18	801015	周小芳	74	85	91	74	324	
19	801007	赵 磊	85	62	74	80	301	
20								
21								
22								
23								

图 5.4.16 对数据清单排序后的结果

（3）单击图 5.4.16 中的任意单元格，打开数据选项卡，在“分级显示”组中单击“分类汇总”按钮分类汇总，弹出分类汇总对话框，在“分类字段”下拉列表框中选择“总分”选项；在“汇总方式”下拉列表框中选择“求和”选项；在“选定汇总项”列表框中选中☑总分复选框。

（4）单击确定按钮，效果如图 5.4.17 所示。

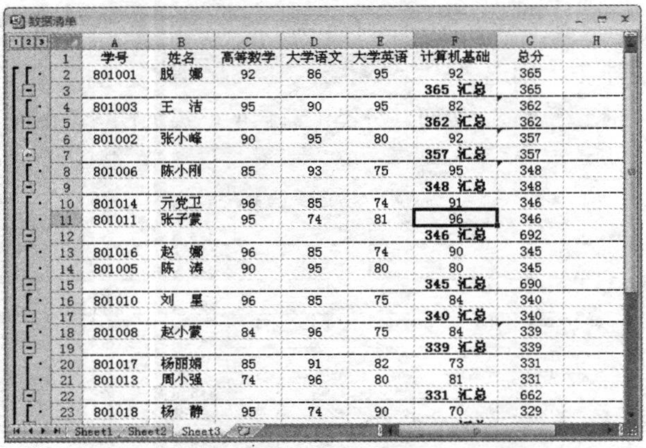

图 5.4.17　分类汇总

（5）单击图 5.4.17 中的任意单元格，在"分级显示"组中单击"分类汇总"按钮 ，弹出 分类汇总 对话框，在"分类字段"下拉列表框中选择"高等数学"选项；在"汇总方式"下拉列表框中选择"计数"选项，在"选定汇总项"列表框中选中 ☑ 高等数学 复选框，并取消选中 □ 替换当前分类汇总(C) 复选框，如图 5.4.18 所示。

图 5.4.18　"分类汇总"对话框

（6）设置完成后单击 确定 按钮，结果如图 5.4.19 所示。

注意 ：在进行嵌套式分类汇总时，必须在 分类汇总 对话框中取消选中 □ 替换当前分类汇总(C) 复选框，如果不取消，则新建的分类汇总将覆盖原有的分类汇总。

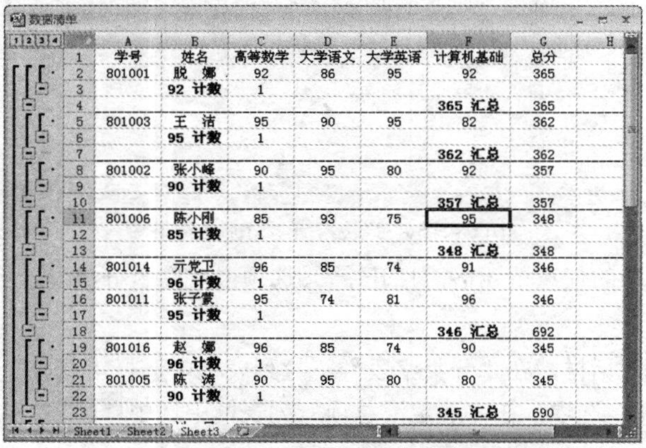

图 5.4.19　嵌套分类汇总结果

3. 分级显示数据

在图 5.4.19 中可以看到，分类汇总的左上角有一排数字按钮，其中1按钮为第一层，代表总的汇总结果范围；2按钮为第二层，可以显示第一、二层的记录。依此类推，3按钮为第三层，可以显示前三层的记录；4按钮为第四层，可以显示前四层的记录。其下面的+按钮，用于显示明细数据。而-按钮则是用于隐藏明细数据。例如在图中单击3按钮，显示结果如图 5.4.20 所示。

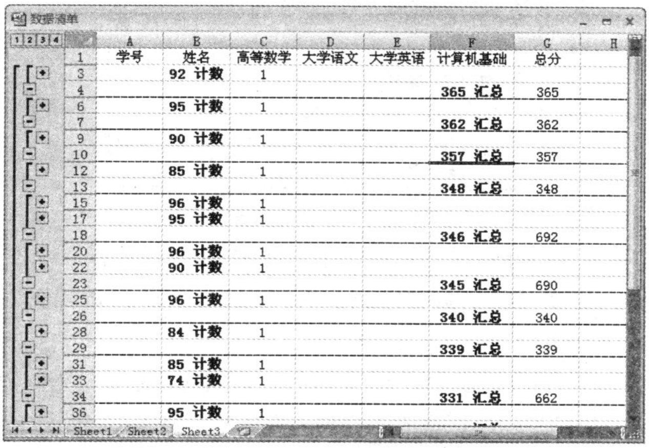

	A	B	C	D	E	F	G
1	学号	姓名	高等数学	大学语文	大学英语	计算机基础	总分
3		92 计数	1				
4						365 汇总	365
6		95 计数	1				
7						362 汇总	362
9		90 计数	1				
10						357 汇总	357
12		85 计数	1				
13						348 汇总	348
15		96 计数	1				
17		95 计数	1				
18						346 汇总	692
20		96 计数	1				
22		90 计数	1				
23						345 汇总	690
25		96 计数	1				
26						340 汇总	340
28		84 计数	1				
29						339 汇总	339
31		85 计数	1				
33		74 计数	1				
34						331 汇总	662
36		95 计数	1				

图 5.4.20　显示第一、二层的记录

4. 删除分类汇总

（1）打开包含分类汇总的数据清单，并单击任意单元格。

（2）打开数据选项卡，在“分级显示”组中单击“分类汇总”按钮分类汇总，在弹出的分类汇总对话框中单击全部删除(R)按钮即可。

五、数据透视表的使用

使用数据透视表不仅可以帮助用户对大量数据进行快速汇总，也可以查看数据源的不同汇总结果。创建数据透视表，其具体操作步骤如下：

（1）打开要建立数据透视表的数据清单，单击任意单元格，如图 5.4.21 所示。

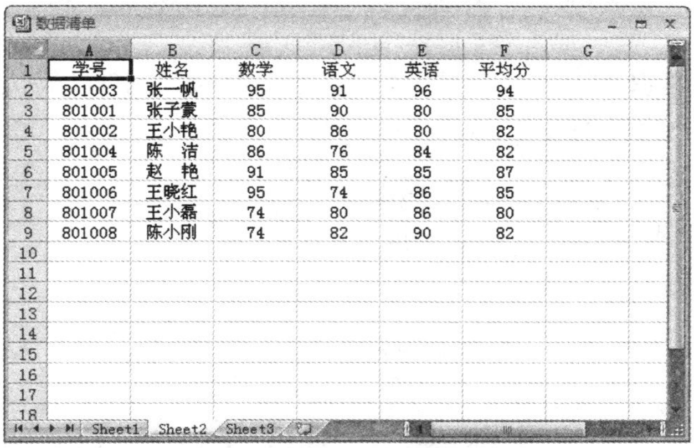

	A	B	C	D	E	F
1	学号	姓名	数学	语文	英语	平均分
2	801003	张一帆	95	91	96	94
3	801001	张子蒙	85	90	80	85
4	801002	王小艳	80	86	80	82
5	801004	陈　洁	86	76	84	82
6	801005	赵　艳	91	85	85	87
7	801006	王晓红	95	74	86	85
8	801007	王小磊	74	80	86	80
9	801008	陈小刚	74	82	90	82

图 5.4.21　打开要建立数据透视表的工作表

（2）打开 插入 选项卡，在"表"组中单击"数据透视表"按钮 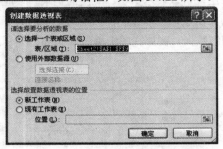，在弹出的下拉菜单中选择 数据透视表(T) 命令，弹出 创建数据透视表 对话框，如图 5.4.22 所示。

图 5.4.22　"创建数据透视表"对话框

（3）在该对话框中的"请选择要分析的数据"栏中选择"选择一个表或区域"单选项，然后在下面的文本框内输入需要分析的数据区域。在"选择放置数据透视表的位置"栏中选择选择有的存放位置，如"新工作表"。

（4）设置完成后单击 确定 按钮，即可进入"数据透视表"编辑状态。

（5）在 Excel 窗口右侧的"数据透视表字段列表"任务窗格中，将字段拖动到相应的标签框中，同时在工作表编辑区中会显示操作效果。至此，数据透视表的创建便完成了，效果如图 5.4.23 所示。

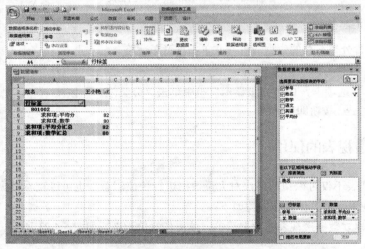

图 5.4.23　"创建数据透视表"效果

（10）如果在查看数据时，只想显示某一个学生的学习成绩，则可以单击"姓名"旁边的下三角按钮，则可以显示出所有学生的姓名，如图 5.4.24 所示。

图 5.4.24　显示所有学生的姓名

（11）在"姓名"下拉列表框中选择要显示的学生的姓名，单击 确定 按钮，假如要显示"王小艳"的学习成绩，则选中 ☑王小艳 复选框，并取消对其他姓名的选择。

六、图表的创建

使用数据透视表创建数据透视图，其具体操作步骤如下：

（1）按照以上步骤为一个数据清单创建一个数据透视表，隐藏不需要的字段，如图 5.4.25 所示。

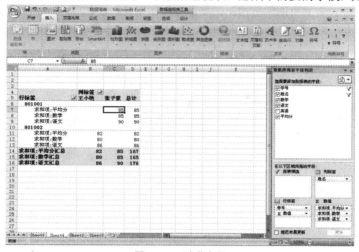

图 5.4.25　隐藏字段

（2）选中该透视表，切换到"数据透视表工具"中的 选项 选项卡，单击"工具"组中的"数据透视图"按钮 ，打开 插入图表 对话框，如图 5.4.26 所示。

图 5.4.26　"柱形图"下拉列表

（3）在该对话框中选择合适的图表类型后单击 确定 按钮即可，效果如图 5.4.27 所示。

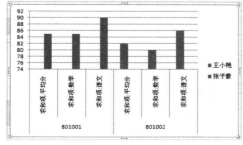

图 5.4.27　创建数据透视图报表

第五节　打印工作簿

本节主要介绍打印工作簿，包括页面设置、打印预览和打印。

一、页面设置

页面设置主要设置其页面、页边距、页眉页脚和图表，设置后的工作表会更加合理美观。

打开 页面布局 选项卡，在"页面设置"组中单击"对话框启动器"按钮 ，弹出 页面设置 对话框，如图 5.5.1 所示。

1. 设置页面

在 页面设置 对话框中打开 页面 选项卡。

图 5.5.1　"页面设置"对话框

（1）在"方向"选区中可以设置打印纸的方向。 纵向(T) 单选按钮是指打印纸垂直放置，即纸张高度大于宽度。 横向(L) 单选按钮是指打印纸水平放置，即纸张宽度大于高度。一般来说当需要打印的工作簿有多列时，使用横向打印是很好的。

（2）在"缩放"选区中必须先选中所需的文本，然后才可以进行缩放。缩放是用来对工作簿进行放大或缩小的一种方法，这样能够使工作簿更好地适应纸张。用户可以根据实际需要按正常尺寸的百分数进行设置，或者告诉 Excel 2007 自动缩放输出内容以便容纳在指定数目的纸张中。

（3）在"纸张大小"下拉列表框中选择打印所用的纸张的大小。纸张大小的选择取决于实际工作和所用打印机的打印能力，一般选择是"A4"或者"Executive"。

（4）在"打印质量"下拉列表框中选择所需的打印质量，这实际上是改变了打印机的分辨率。打印的分辨率越高，打印出来的效果越好，打印所需的时间就越长。打印的分辨率与打印机的性能有关，当用户所配置的打印机不同时，此下拉列表框中的内容是不同的。打印质量以 dpi 为单位，表示每英寸打印的点数。

（5）"起始页码"文本框中一般使用默认状态。当工作簿中设置了包含页码的页眉或页脚时，可以使用这个选项。在该文本框内输入需要打印工作表的起始页码。

2. 设置页边距

在 页面设置 对话框中打开 页边距 选项卡，如图 5.5.2 所示。可以使用 页边距 选项卡进行整个纸张边距的调整。在实际工作中当遇到最后一页只包含少数数据时，可以通过调整上、下边距使最后一页的数据包含在前面的页中，以节省纸张。

图 5.5.2　"页边距"选项卡

（1）在"上"、"下"、"左"、"右"微调框中分别设置到页边的距离，并可在预览框中查看其结果。

（2）在"页眉"和"页脚"微调框中输入数值以调整它们与上下边之间的距离，这个距离应小于数据的页边距，以免页眉和页脚被数据覆盖。

（3）在"居中方式"选区中选中☑水平(Z)或☑垂直(V)复选框，或二者都选中，可使数据在页边距之内居中显示。选中☑水平(Z)复选框可以使数据打印在纸张的左、右边缘之间的中间位置。选中☑垂直(V)复选框可以使数据打印在纸张顶部和底部之间的中间位置。

3. 工作表的设置

打开工作表选项卡，如图 5.5.3 所示。在此对话框中可选择打印区域以及是否打印网格线等。

图 5.5.3　"工作表"选项卡

（1）打印区域的设置：在一般情况下打印区域默认为打印整个工作表，此时"打印区域"文本框内为空。用户可以通过引用单元格来设置打印范围。如果要打印工作表的局部内容，可以在其中输入表格区域，或单击"打印区域"后的"伸展"按钮，在工作表中选择所需区域，按"Enter"键或用鼠标选中要打印的工作表区域。

另外，可以选择需要打印的区域，在"页面设置"组中单击"打印区域"按钮，在弹出的下拉列表中选择　设置打印区域(S)命令来设置打印区域。

提示：如果要清除打印区域，可以单击"打印区域"按钮，在弹出的下拉列表中选择取消打印区域(C) 命令即可完成。

（2）打印标题的设置：当打印的页数超过一页时，如果要在每一页中都打印相同的行或列作为标题，请在"打印标题"选区中选择所需的选项。可以直接在相应的文本框内输入标题名称，也可输入单元格地址，或用鼠标选择工作表中的单元格。

4．手工插入、移动分页符

如果需要打印的工作表中的内容多于一页，Excel 2007会自动在其中插入分页符，将工作表分成多页，这些分页符的位置取决于纸张的大小、页边距设置和设定的打印比例；还可以通过手工插入水平分页符来改变页面上数据的行数；也可以通过插入垂直分页符来改变页面上数据的列数。在分页预览中，可用鼠标拖动分页符来改变其在工作表上的位置。

插入分页符另起一页：首先选择需要另起一页的左上角的单元格，然后打开 页面布局 选项卡，在"页面设置"组中选择  命令。

二、打印预览

在一个文档打印输出之前，需要通过多次调整才能达到满意的打印效果，这时用户可以通过"打印预览"在屏幕上观察打印效果，而不必打印输出后再去修改，如图5.5.4所示。用户可以通过多种方式进入打印预览窗口：

（1）选择 → 打印(P) → 打印预览(V) 命令。

（2）单击快速访问工具栏中的"打印预览"按钮 。

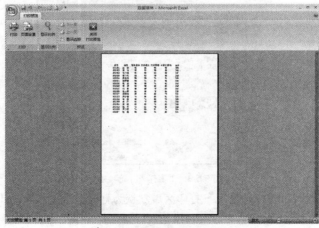

图5.5.4　打印预览窗口

在屏幕窗口底部的状态栏中显示了当前打印页的页码和总页码，在窗口的上方有一排按钮，可对工作表进行设置和查看。

三、打印

当设置好页面后，就可以准备打印了。用户还必须进行打印选项设置才可打印。进行打印的方法有以下几种：

（1）单击快速访问工具栏中的"快速打印"按钮。这种方法快捷，但缺乏控制。

（2）选择  命令。

（3）在打印预览窗口中单击 按钮。

用方法（2）或（3），都可弹出打印对话框，如图 5.5.5 所示。选择所需设置，单击 确定 按钮即可打印。

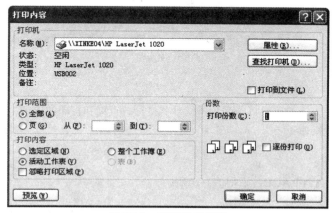

图 5.5.5 "打印"对话框

下面分别介绍打印对话框中各选项的作用。

（1）打印机："打印机"中显示当前打印机的信息。可以从中选择需要的打印机型号。单击 属性(R)... 按钮，可以在弹出的 XINKE04 上 的 HP LaserJet 1020 属性 对话框中设置打印机的属性。

（2）打印到文件(L) 复选框：选中此复选框，单击 确定 按钮后，将当前文档打印到文件而不是打印机。

（3）打印范围：可以指定打印页。在不需要对全部内容进行打印时，就可以通过此项来选择所需打印的页。

（4）打印内容：用于确定打印区域，共有 4 个单选按钮，分别为 选定区域(N)，活动工作表(V) 和 整个工作簿(E) 单选按钮。

（5）份数：输入打印份数。

（6）预览(W) 按钮：单击该按钮表示进入打印预览窗口。

当所有的设置完成后，就可以单击 确定 按钮开始打印。

第六节 应用实例

1. 实例效果

本例制作成绩统计表应用实例，效果如图 5.6.1 所示。

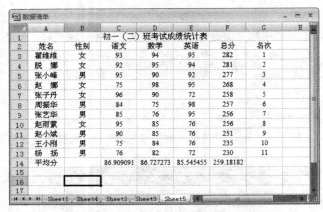

图 5.6.1   效果图

2．实例目的

用计算机管理学生成绩的主要目的是为了统计、排行、查询和打印的方便。用 Excel 电子表格可以非常简单地完成上述操作。

3．实例知识点

排序，自动筛选，AVERAGE（平均值）函数。

4．制作过程

（1）启动 Excel 2007，新建工作簿。

（2）在工作表第一行输入表名"初一（二）班考试成绩统计表"。在第二行输入项目名称，并输入各学生的资料，如图 5.6.2 所示。

图 5.6.2   输入相关数据后的工作表

（3）选定总分列即 F3：F13 区域，打开 开始 选项卡，在"编辑"组中单击"求和"按钮 Σ ，即可在所选单元格区域显示出总分。

（4）排列总分的顺序，将光标移到"总分"列内的任一单元格中，在"编辑"组中单击"排序和筛选"按钮 排序和筛选 ，在弹出的下拉列表中选择 降序(O) 命令，这样，所有同学的总分将按照从高到低排列，结果如图 5.6.3 所示。

图 5.6.3　总分按降序排列

（5）在名次列的 G3 单元格内输入"1"，表示第一名，将光标移到此单元格的右下方，出现一个黑色的句柄，按住"Ctrl"键的同时拖动句柄至单元格 G12，它将自动填充单元格 G4～G12 区域为 2～10 的自然数。

（6）在工作表中还可以对数据进行查找，单击"总分"列的任意一个单元格，在 开始 选项卡的"编辑"组中单击"排序和筛选"按钮 排序和筛选，在弹出的下拉列表中选择 筛选(F) 命令，在每一个项目处都出现一个可选下拉菜单，如图 5.6.4 所示。

图 5.6.4　自动筛选

（7）在此表查询，如要查询语文成绩大于 85 分的学生，可在"语文"下拉列表框中选择"数字筛选"选项 数字筛选(F) ，在弹出的子菜单中选择 自定义筛选(F)... ，弹出如图 5.6.5 所示的 自定义自动筛选方式 对话框。

（8）在对话框中输入要筛选的条件，单击 确定 按钮，筛选结果如图 5.6.6 所示。

图 5.6.5　"自定义自动筛选方式"对话框

图 5.6.6　自动筛选结果

　：在进行筛选之后，工作表中只显示筛选结果。如果要显示以前的所有数据，选择"编辑"组中的 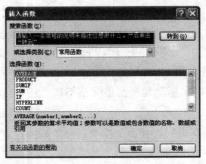 → 清除(C) 命令即可恢复。

（9）选定单元格 C14，打开 公式 选项卡，在"函数库"组中单击"插入函数"按钮 ，弹出如图 5.6.7 所示的 插入函数 对话框。在"或选择类别"下拉列表中选择"常用函数"，在"选择函数"列表框中选择"AVERAGE"函数，单击 确定 按钮，弹出如图 5.6.8 所示的 函数参数 对话框。

图 5.6.7 "插入函数"对话框

图 5.6.8 "函数参数"对话框

在第一个参数框中选择"C3:C13"单元格，计算语文平均分，单击 确定 按钮，在 C14 单元格内便会出现语文平均分，如图 5.6.9 所示。

平均分	86.909091

图 5.6.9 语文平均分

（10）在 C14 单元格内，单击鼠标右键，在弹出的快捷菜单中选择 复制(C) 命令。分别右击单元格 D14、E14 和 F14，在弹出的快捷菜单中选择 粘贴(P) 命令，即可得到数学、英语和总分的平均分，结果如图 5.6.11 所示。

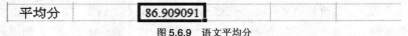

平均分	86.909091	86.727273	85.545455	259.18182

图 5.6.11 计算其他科目的平均分

（11）本例制作完成，效果如图 5.6.1 所示。

本章小结

本章主要介绍了 Excel 2007 概述、工作簿的基本操作、工作表的基本操作、数据的管理与分析、打印工作簿等知识，通过本章的学习使用户对电子表格软件 Excel 2007 的基本知识有一个初步的了解，为以后的学习打好基础。

习 题 五

一、填空题

1. 工作表的基本操作包括选定单元格、_____、_____、_____、格式设置和显示设置以及工作表中的计算。

2. 数据清单中的行相当于数据库中的_____，行标题相当于记录名；数据清单中的列相当于数据库中的_____，列标题相当于数据库中的字段名。

二、简答题

1. Excel 2007 的主要新增功能有哪些？

2. 工作簿、工作表和单元格的基本概念是什么？

三、上机操作题

创建一张工作表，此工作表为某个班级的成绩单，对其进行如下操作：

（1）保存工作表。

（2）对该工作表重命名。

（3）对工作表进行排序。

（4）对工作表创建数据透视表。

（5）对创建的数据透视表建立数据透视图表。

（6）对工作表进行页面设置。

（7）打印该工作表。

第六章　中文 PowerPoint 2007 的基本操作

 **教学目标**

随着社会的进步，办公软件也在不断地革新发展。PowerPoint 已成为网络会议、产品展示、学术交流、个人求职等方面不可缺少的工具。PowerPoint 2007 是微软公司推出的套装办公软件 Office 2007 的组成部分之一，也是目前非常流行的幻灯片制作软件。不但继承了旧版本的优点，而且在此基础上还增加了一些新功能，使演示文稿的制作更加容易、直观，其用途也更加广泛。

教学难点与重点

（1）PowerPoint 2007 基础知识。
（2）新建演示文稿。
（3）幻灯片的制作。
（4）编辑演示文稿外观。
（5）演示文稿的放映。

第一节　PowerPoint 2007 基础知识

PowerPoint 引入了"演示文稿"的概念，它是把一些零散杂乱的幻灯片经过编辑、整理形成一个幻灯片集，并作为一个整体进行演示。PowerPoint 是一套操作简便的多媒体演示文稿软件，它可制作包含文字、图片、表格、组织结构图在内的不同版式的幻灯片，并将这些幻灯片编辑成演示文稿，进而印成幻灯片或制作成 35 mm 的幻灯片，也可以直接在计算机上播放。

一、PowerPoint 2007 的启动和退出

启动和退出 PowerPoint 2007，是运用 PowerPoint 2007 进行制作和编辑演示文稿的基础。

1. 启动 PowerPoint 2007

启动和退出 PowerPoint 的方法有很多种，用户可根据自己的操作习惯，选择一种简单方便的方法。一般情况下，PowerPoint 2007 最基本的启动方法有以下两种，用户可以任选其一。

（1）利用桌面快捷图标启动。双击桌面上的快捷图标即可启动。

如果桌面上没有快捷图标，可用下面的方法创建快捷图标，具体操作步骤是选择 [开始] → [所有程序(P)] → [Microsoft Office] → [Microsoft Office PowerPoint 2007] 命令，该命令变为蓝色，然后单击鼠标右键，在弹出的快捷菜单中选择 [发送到(N)] → [桌面快捷方式] 命令，在桌面上即可出现快捷图标 [Microsoft Office]。

（2）利用"开始"菜单启动。具体操作步骤是选择 开始 → 所有程序(P) → Microsoft Office → Microsoft Office PowerPoint 2007 命令，即可启动。

2．退出 PowerPoint 2007

退出 PowerPoint 2007 有以下几种方法，用户可以任选一种。

（1）单击 PowerPoint 2007 窗口右上角的"关闭"按钮 ✕ ，即可退出 PowerPoint 2007。

（2）按"Alt+F4"组合键，即可退出 PowerPoint 2007。

（3）双击左上角的"Office 按钮" 图标，即可退出。

（4）选择 → 关闭(C) 命令，可退出 PowerPoint 2007。

如在退出时，正在编辑的文件没有被保存，则会出现一个警告对话框，如图 6.1.1 所示。

图 6.1.1　警告对话框

单击 是(Y) 按钮，保存文件后退出 PowerPoint 2007。

单击 否(N) 按钮，不保存文件直接退出 PowerPoint 2007，文件修改的数据将丢失。

单击 取消 按钮，取消退出 PowerPoint 2007 并返回编辑状态。

二、PowerPoint 2007 新增功能

作为目前最流行的演示文稿制作软件，PowerPoint 2007 具有强大的多媒体管理功能和丰富的设计模板以及强有力的网络工具，用户只要通过短期的操作就可制作出完美的演示文稿。而且 PowerPoint 2007 是在 PowerPoint 2002 和 PowerPoint 2003 基础上又向前迈了一大步，与它们相比，又增加了许多新的功能，主要包括以下几点。

1．增强的效果和主题外观

Office PowerPoint 2007 提供了一些新效果，改进了效果和主题（主题：一组统一的设计元素，使用颜色、字体和图形设置文档的外观），增强了格式选项，利用它们可以创建外观生动的动态演示文稿，而所用的时间仅是以前的几分之一。

2．自定义幻灯片版式

使用 Office PowerPoint 2007，将不再受预先打包的版式的局限。现在可以创建包含任意多个占位符的自定义版式、各种元素、乃至多个幻灯片母版集。此外，现在还可以保存自定义和创建的版式，以供将来使用。

3．设计师水准的 SmartArt 图形

利用 SmartArt 图形，可以在 Office PowerPoint 2007 演示文稿中以简便的方式创建可编辑图示，完全不需要专业设计师的帮助。用户可以为 SmartArt 图形、形状、艺术字和图表添加绝妙的视觉效果，包括三维效果、底纹、反射、辉光等。

4．新增文字选项

在 PowerPoint 2007 中还可以选择全部大写或小型大写字母、删除线或双删除线、双下画线或彩

色下画线。可以在文字上添加填充颜色、线条、阴影、辉光、3D 效果。

提示：如果用户对 PowerPoint 2007 的新增功能比较感兴趣，还可以通过单击右上角的"帮助"按钮，在帮助任务窗格中找到更多新增功能。

三、PowerPoint 2007 窗口简介

PowerPoint 2007 作为 PowerPoint 2003 的升级版本，其界面具有更强的可操作性和更吸引人的风格。要熟练地使用 PowerPoint 2007 制作演示文稿，首先需要熟悉 PowerPoint 2007 的工作窗口，为熟练地创建演示文稿打下基础。

选择 **开始** → **所有程序(P)** → **Microsoft Office** → **Microsoft Office PowerPoint 2007** 命令，即可打开新版的 PowerPoint 2007 工作窗口，如图 6.1.2 所示。

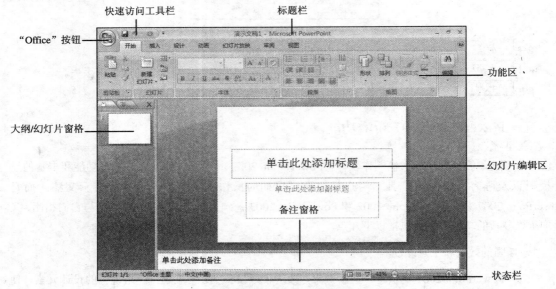

图 6.1.2　PowerPoint 2007 工作窗口

PowerPoint 2007 工作窗口和其他 Office 2007 组件的窗口基本上相同，不同之处在于其有两个窗口：一个是主窗口，一个是演示文稿窗口。主窗口主要包括了一些基本操作工具，如 "Office" 按钮、快速访问工具栏、标题栏、功能区、状态栏等。演示文稿窗口包括了创建幻灯片的幻灯片编辑区、大纲/幻灯片视图窗格、备注窗格等一些具有特色的工具。这里只对 PowerPoint 2007 的一些特色窗口进行介绍，其他的基本工具可参考 Office 2007 其他组件。

1．幻灯片编辑区

"幻灯片编辑区"位于工作窗口最中间，是编辑幻灯片的场所，是演示文稿的核心部分，在其中可以直观地看到幻灯片的外观效果，在 PowerPoint 中编辑文本，添加图形、动画或声音等操作大都在该区域内完成。

2．大纲/幻灯片窗格

"大纲/幻灯片窗格"位于"幻灯片编辑区"的左侧。包括"大纲"和"幻灯片"两个选项卡，

单击不同的选项卡标签即可切换到相应的窗格中。单击"大纲"选项卡，在该窗格中以大纲形式列出当前演示文稿中各张幻灯片中的文本内容，在该窗格中可以以幻灯片中的文本进行编辑；单击"幻灯片"选项卡，在该窗格中将显示当前演示文稿中所有幻灯片的缩略图，但在该窗格中无法编辑幻灯片中的内容。

3．备注窗格

"备注窗格"位于"幻灯片编辑区"的下方。在备注窗格中可以为幻灯片添加说明，如提供幻灯片展示内容背景和细节等，可使观赏者更好地掌握和了解幻灯片中展示的内容。

四、视图方式

为了演示文稿便于浏览和编辑，PowerPoint 2007 根据不同的需要提供了多种的视图方式来显示演示文稿的内容。视图方式包括：普通视图、幻灯片浏览视图、备注页视图和幻灯片放映视图，另外为了便于输出还可以切换至幻灯片的黑白视图。

各种视图有各自的特色和功能，各种视图中都可以对演示文稿进行特定的加工，并在一种视图中修改，在另一种视图中也会自动反映在演示文稿中。

1．普通视图

普通视图是 PowerPoint 2007 创建演示文稿的默认视图，实际上是大纲视图、幻灯片视图和备注页视图 3 种模式的综合，是最基本的视图模式。

切换至普通视图可在 视图 选项卡中的"演示文稿视图"组中单击"普通视图"按钮 或单击状态栏中的 按钮，即可进入"普通视图"模式。在该视图中可以编辑演示文稿的总体结构、单张幻灯片的内容，还可以为其添加备注等，如图 6.1.4 所示。

提示 ：因为普通视图把大纲视图、幻灯片视图和备注页视图同时显示在屏幕上，所以 PowerPoint 2007 默认情况下没有大纲视图和幻灯片视图的视图按钮，如要使用可通过 视图 选项卡中的命令进行切换。

图 6.1.4　普通视图

在普通视窗口左侧显示的是幻灯片的缩略图，中间幻灯片编辑区显示的是当前幻灯片，下面显示的是备注部分。用户可根据需要调整窗口大小比例。

（1）切换至大纲视图模式：打开 视图 选项卡，在"演示文稿视图"组中单击"普通视图"按钮

普通视图，或者单击状态栏的 ▤，然后打开 大纲 选项卡，即可进入幻灯片大纲编辑状态，如图 6.1.5 所示。

图 6.1.5　大纲视图

窗口左边的"大纲"选项卡中列出了所有幻灯片的文字内容。而幻灯片编辑窗口中则呈现出选中的一张幻灯片。在普通视图的大纲模式下，可以对大纲选项卡中的文字内容直接进行编辑。并且用鼠标上下拖动幻灯片的标题，可以很方便地改变演示文稿的顺序。

（2）切换至幻灯片视图：在视图窗格中打开 幻灯片 选项卡，即可进入幻灯片编辑状态。幻灯片模式将演示文稿中的所有幻灯片都以缩略图的形式整齐地排列在幻灯片编辑窗口的左侧，单击视图窗格右边的"关闭"按钮 ✕，即可全屏显示幻灯片视图。如果幻灯片中含有图形、表格或其他对象，使用这一种视图模式会比较方便，如图 6.1.6 所示。

图 6.1.6　普通视图的幻灯片模式

提示：在 PowerPoint 2007 中，幻灯片视图只可以显示单张幻灯片，没有大纲窗格。要切换到别的幻灯片只能使用滚动条，不能直接切换。

在幻灯片视图中可以对每一张幻灯片插入图片、图表、组织结构图和表格，还可以使用各种的图形详细设计和修饰单张的幻灯片。

2．幻灯片浏览视图

幻灯片浏览视图是以缩略图的形式来显示演示文稿，打开 视图 选项卡，在"演示文稿视图"组

中选择 幻灯片浏览 命令或单击"幻灯片浏览视图"按钮 ，即可切换至该视图，如图 6.1.7 所示。

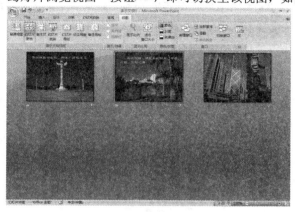

图 6.1.7　幻灯片浏览视图

在幻灯片浏览视图中，演示文稿中的幻灯片是整齐排列的，可以从整体上对演示文稿进行浏览。并可以对幻灯片的背景和配色方案进行调整，还可以删除多余幻灯片、复制和调整幻灯片的次序等操作。

提示：在幻灯片浏览视图下不能对幻灯片的内容进行编辑，只能对其进行调整。

3．幻灯片放映视图

幻灯片放映视图显示的是演示文稿的放映效果，这是制作文稿的最终目的。单击状态栏的"幻灯

片放映视图"按钮 或者打开 视图 选项卡，在"演示文稿视图"组中选择 幻灯片放映 命令，即可切换到该视图下，如图 6.1.8 所示。

幻灯片放映视图占据整个计算机屏幕，就像是演示文稿在进行真正的幻灯片放映。在这种全屏幕视图中，所看到的演示文稿就是将来演示时所看到的。可以看到图形、时间、影片、动画元素以及将在实际放映中看到的切换效果。

如果要从一张幻灯片切换到下一张幻灯片，有多种方式，可单击鼠标或者按回车键，还可以使用幻灯片放映视图左下角的"幻灯片放映"工具栏，如图 6.1.9 所示。

图 6.1.8　幻灯片放映视图

图 6.1.9　"幻灯片放映"工具栏

提示：如果要退出幻灯片放映视图可按"Esc"键或者单击鼠标右键，在弹出的快捷菜单中选择 结束放映(E) 命令即可。

4．备注页视图

在 PowerPoint 2007 中没有"备注页视图"按钮，只有在 视图 选项卡中选择"备注页"命令 来切换至备注页视图，如图 6.1.10 所示。

在备注页视图中可以看到画面被分成了两部分，上半部分是幻灯片，下半部分是一个文本框。文本框中显示的是备注内容，并且可以输入或编辑备注文本及内容。

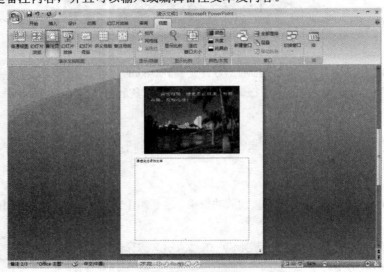

图 6.1.10　备注页视图

注意：除文字外，插入到备注页中的对象只能在备注页中显示，可通过打印备注页打印出来，但是不能在普通视图模式下显示。

5．切换黑白视图

在创建好幻灯片后，有时还需要将幻灯片打印出来作为讲义。大部分演示文稿都是彩色，但有时打印在纸上的效果不便于阅读，这时就可利用 PowerPoint 2007 的黑白预览功能，以灰色底纹（灰度）或纯黑白方式打印讲义。此过程不会更改原始彩色演示文稿的颜色或设计。

要将演示文稿中的灰度和纯黑白对象出现在屏幕上并打印出来的具体操作步骤如下：

（1）打开 视图 选项卡，在"颜色/灰度"组中单击 灰度 或 纯黑白 命令即可切换至该状态。如选择 纯黑白 命令，效果如图 6.1.11 所示。

（2）如果要调整一个对象的外观，用鼠标右键单击该对象，在弹出的快捷菜中选择 黑白设置(E) ▶ 命令或者 灰度设置(E) ▶ 命令，在弹出的级联菜单中，再选择所需的选项。

图 6.1.11 黑白视图

（3）要选取多个对象，按住"Shift"键的同时选定每一个要选定的对象，再单击鼠标右键，在弹出的快捷菜单中选择 黑白设置(E) 或 灰度设置(E) 命令，在弹出的级联菜单中再选择所需的选项。

：即使以纯黑白方式打印，位图、剪贴画和图表仍以灰度方式显示。

第二节 新建演示文稿

演示文稿保存的是编辑制作的所有幻灯片及其备注、格式等信息。本节主要介绍一些新建演示文稿的基本工作，如新建演示文稿和对演示文稿进行一些简单的编辑等。通过本节的学习，可以对 PowerPoint 2007 有初步的认识，并能独立地制作演示文稿。

制作演示文稿的第一步就是新建演示文稿，PowerPoint 2007 中的 新建演示文稿 对话框提供了一系列创建演示文稿的方法。包括创建空白演示文稿、根据模板新建和根据现有演示文稿新建等。

一、新建空白演示文稿

空白演示文稿就是没有任何内容的演示文稿，即具备最少的设计且未应用颜色的幻灯片。新建空白演示文稿的方法是：利用"新建演示文稿"对话框新建。默认情况下打开 PowerPoint 2007 窗口就会出现一个空白的幻灯片，用户只需输入内容即可。

利用"新建演示文稿"对话框新建，具体操作步骤如下：

（1）打开 PowerPoint 2007 窗口，选择 → 新建(N) 命令，弹出 新建演示文稿 对话框，如图 6.2.1 所示。

（2）在该对话框中选择"空白演示文稿"选项，单击 创建 按钮即可新建一个空白的演示文稿，如图 6.2.2 所示。

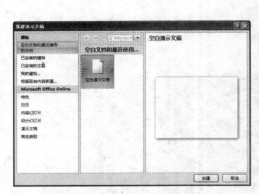

图 6.2.1　"新建演示文稿"对话框

图 6.2.2　新建一个空白演示文稿

提示：空白演示文稿中的两行提示内容不会被打印出来也不会在放映时显示出来。

二、根据设计模板新建

设计模板就是带有各种幻灯片版式以及配色方案的幻灯片模板，可见新建演示文稿是应用这些设计模板创建的。打开一个模板后只需根据自己的需要输入内容，这样就省去了设计文稿格式的时间，提高了工作效率。

PowerPoint 2007 提供了多种设计模板的样式供用户选择，用户可在具备设计概念、字体和颜色方案的 PowerPoint 模板的基础上创建演示文稿。除了使用 PowerPoint 提供的模板外，还可以使用自己创建的模板。

利用模板新建演示文稿，具体操作步骤如下：

（1）选择 ■ → □ 新建(N) 命令，弹出 新建演示文稿 对话框，在该对话框中的"模板"区中单击 已安装的模板 选项，如图 6.2.3 所示。

（2）在该选项中单击要应用的设计模板，单击 创建 按钮，即可根据现有的模板新建一个演示文稿，如图 6.2.4 所示。

（3）选择了设计模板后，在该演示文稿中插入的幻灯片都将使用该模板。

图 6.2.3　根据模板新建演示文稿对话框

图 6.2.4　根据现有模板新建的演示文稿

注意：幻灯片模板不提供内容，只提供外观风格。

提示：默认情况下，新建幻灯片应用的版式是"标题幻灯片"，如果对此不满意，可以打开 开始 选项卡，在"幻灯片"组中选择 版式 命令，在弹出的下拉菜单中选择其他的版式。

三、根据现有内容新建演示文稿

除了以上的方法外，还可以根据现有内容新建演示文稿，根据已有的演示文稿新建的演示文稿自动应用其中的背景、文本及段落格式等，其具体操作如下：

（1）选择 → 新建(N) 命令，弹出 新建演示文稿 对话框，在该对话框中选择 根据现有内容新建... 选项，打开 根据现有演示文稿新建 对话框，如图 6.2.5 所示。

（2）在"查找范围"下拉列表中选择存储路径，在列表框中选择一个已有的演示文稿，再按 新建(C) 键可得到的演示文稿如图 6.2.6 所示。

图 6.2.5　"根据现有演示文稿新建"对话框

图 6.2.6　根据现有内容创建的演示文稿

提示：除了以上介绍的新建演示文稿的方法以外，PowerPoint 2007 还为我们提供了 Office Online 模板，通过它在 Internet 上快速搜索模板并下载后即可使用，通过模板新建演示文稿是提高工作效率的好方法，利用这些方法创建的演示文稿不但美观，而且专业。

第三节　幻灯片的制作

在创建完演示文稿的基本结构之后，就该为每一张幻灯片加上丰富多彩的内容。而且一个好的幻灯片应该既能表达主题又能独立存在，并符合演示文稿整体所要表达的信息。在制作演示文稿时用户可在大纲视图下输入文本，在普通视图下查看效果，然后进行一些调整，这样既可提高工作效率又可快速制作出令人满意的幻灯片。

一、制作幻灯片

PowerPoint 2007 为用户提供了多种简便的方法为幻灯片添加内容，如插入图片、艺术字、输入文本等，这样会使演示文稿的主题更加突出，吸引观众。

1. 选择幻灯片版式

用户可以自由地在新建的演示文稿中进行创作，展现个人的思想和风格。但对于初学者来说，设计版式并不容易，所以 PowerPoint 2007 为用户提供了多种版式模板，供用户选择。

改变 PowerPoint 2007 版式的具体操作步骤如下：

（1）选定要改变版式的幻灯片。

（2）打开 开始 选项卡，在"幻灯片"组中单击 版式 命令，弹出其下拉列表，如图 6.3.1 所示。

（3）在该列表中选择要应用的版式，即可将该版式应用到所选幻灯片中。

图 6.3.1　"幻灯片版式"下拉列表

2. 修改标题

在选择好演示文稿的版式之后，就可以对其添加内容。首先应该对其输入标题，但是在大纲视图中编辑标题是最方便的一种方法，可以看到整个演示文稿的顺序和不同的标题。

切换到大纲视图，拖动鼠标选中标题中的文字使其处于选中状态，如图 6.3.2 所示。

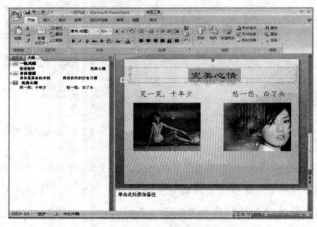

图 6.3.2　大纲视图下编辑标题

在幻灯片视图下可以对一些自动生成的演示文稿的幻灯片数目和标题进行精简，只留下认为有用的或者是必须的，并且可以输入和编辑文本，调整幻灯片的顺序或者转移等操作。

提示：在"大纲视图"中输入文本有一个特殊的地方，就是在输入后按回车键产生的不是下一行而是建立了一张新幻灯片。所以在同一张幻灯片中输入文本时，如果要输入内容为上一个的下一级，按"Tab"键，如果要对文本做升级处理，按"Shift+Tab"快捷键。

在大纲视图下可以看到在正文的前面系统自动添加了项目符号，如果用户对此感到不满意，可以打开 插入 选项卡，在"文本"组中选择 符号 命令，在弹出的 项目符号和编号 对话框中选择一种项目符号。

3. 文本处理

PowerPoint 2007 的向导功能十分强大，用户可以很方便地在幻灯片中添加文本内容。单击幻灯片中的"单击此处添加文本"即可添加文本，如图 6.3.3 所示。

　　添加完文本之后，可将文字选中，打开 开始 选项卡，在"字体"组中对文字的大小、字体、颜色进行设置，以达到用户需要生成的幻灯片的效果。

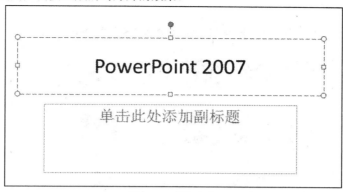

图 6.3.3　添加文本

4．插入图形

　　当用户在创建、编辑一个演示文稿时，仅仅只有文本内容是不够的，为了增强演示文稿的视觉效果，可在演示文稿中插入一些图形，创建一个图文并茂的演示文稿。PowerPoint 2007 提供了大量的剪贴画和强大的图形处理功能，让用户可以充分发挥自己的创造力，做出满意的演示文稿。

　　（1）插入艺术字。为了使幻灯片的标题生动、鲜明，可以使用 PowerPoint 2007 提供的插入艺术字功能，生成特殊效果的标题。

　　插入艺术字具体操作步骤如下：

　　1）打开要插入艺术字的幻灯片。

　　2）打开 插入 选项卡，在"文本"组中选择 艺术字 命令，弹出其下拉列表，如图 6.3.4 所示。

　　3）在该列表中选择所需的艺术字样式即可在幻灯片中插入"请在此键入您自己的内容"占位符，此时只需直接输入文本即可。

　　4）单击 格式 选项卡"艺术字样式"组中的按钮可对艺术字的填充色、轮廓色以及效果等进行更改，效果如图 6.3.5 所示。

图 6.3.4　"艺术字"下拉列表

图 6.3.5　插入艺术字效果

　　（2）插入图片。在 PowerPoint 2007 中可以插入的图片分为剪贴画和来自文件的图片等。

　　插入图片具体操作步骤如下：

　　1）打开要插入图片的幻灯片。

2）打开 插入 选项卡，单击"插图"组中的"图片"按钮 图片 ，弹出 插入图片 对话框，如图 6.3.6 所示。

图 6.3.6 "插入图片"对话框

3）在"查找范围"下拉列表框中选择图片所在的文件夹并打开，在对话框中就显示出所有的图片。

4）选择所需的图片，然后单击 插入(S) 按钮，选中的图片即可被插入到当前幻灯片中。

提示 ：插入图片后，选项卡菜单栏中即可出现 格式 选项卡，通过该选项卡可对图片进行编辑。

（3）插入声音。除了给演示文稿插入图片、艺术字等对象外，还可以插入声音，从而丰富演示文稿的表达效果。

1）选中要插入声音文件的幻灯片，切换到 插入 选项卡，单击"媒体剪辑"组中的"声音"按钮 声音 ，弹出其下拉列表，如图 6.3.7 所示。

2）在该列表中选择 文件中的声音(F)... 命令，弹出 插入声音 对话框，如图 6.3.8 所示。

图 6.3.7 "插入声音"下拉列表　　　　　　图 6.3.8 "插入声音"对话框

3）选择需要插入的声音文件，然后单击 确定 按钮。弹出提示框询问在放映幻灯片时如何播放声音，如图 6.3.9 所示，单击 自动(A) 按钮即可。

4）此时，便完成了声音的添加，并在演示文稿编辑区出现小喇叭图标 。

图 6.3.9　播放声音提示框

提示✎：单击 自动(A) 按钮，可使放映幻灯片时自动播放声音；单击 在单击时(C) 按钮，则在放映幻灯片时，需要单击鼠标左键方可播放声音。

5．保存与打开演示文稿

在创建完演示文稿后，还需要将其保存起来以便下一次的使用或者由于突然事件而造成的数据丢失，所以用户一定要养成随时保存的习惯。

（1）保存演示文稿的具体操作步骤如下：

1）选择 → 保存(S) 命令或者单击快速访问工具栏中的"保存"按钮，都可以弹出如图 6.3.10 所示的 另存为 对话框。

图 6.3.10　"另存为"对话框

2）在"文件名"文本框中输入演示文稿的名称，在"保存类型"下拉列表框中选择"PowerPoint 演示文稿"选项。

3）单击 保存(S) 按钮。

提示✎：如果是第一次保存，单击快速访问工具栏中的"保存"按钮，会弹出 另存为 对话框，如果文件已保存过，单击 按钮后将不会再弹出 另存为 对话框。

（2）打开演示文稿，具体操作步骤如下：

1）选择 → 打开(O) 命令，弹出如图 6.3.8 所示的 打开 对话框。

图 6.3.8　"打开"对话框

2）在"查找范围"下拉列表框中选择演示文稿所在的文件夹。

3）在"名称"列表框中选择演示文稿，单击 打开(O) ▾ 按钮。

提示：如果要同时打开多个文件，可在按住"Ctrl"键的同时单击其他需要打开的文件，可打开多个演示文稿。

二、管理幻灯片

制作好演示文稿后，可以根据需要对其布局进行整体的管理，如插入新的幻灯片、移动和复制幻灯片或者删除幻灯片等。

1．插入新的幻灯片

演示文稿是由许多张零散的幻灯片构成的，所以演示文稿就需要不断地插入新的幻灯片增强表达效果。

插入新幻灯片的具体操作步骤如下：

（1）打开要插入幻灯片的演示文稿。

（2）在 开始 选项卡的"幻灯片"组中单击"新建幻灯片"按钮 新建幻灯片，在弹出的下拉列表中选择一种版式的幻灯片，即可在当前幻灯片的下面插入一张新的幻灯片。

提示：在 幻灯片 视图下选定要插入幻灯片的位置，按"Enter"键即可插入一张新幻灯片。

2．移动和复制幻灯片

如果想调整幻灯片的顺序或者是想要插入一张与已有幻灯片相同的幻灯片，就可以通过移动和复制幻灯片来节约大量的时间和精力。移动和复制幻灯片的常用方法有以下几种。

（1）在普通视图的"幻灯片"任务窗格中，选择要移动的幻灯片图标，按住鼠标左键不放将其拖动到目标位置释放鼠标便可移动该幻灯片，在拖动的同时按住"Ctrl"键不放则可复制该幻灯片。

（2）在普通视图的"幻灯片"任务窗格中，选择要移动的幻灯片图标，单击鼠标右键，在弹出的快捷菜单中选择"剪切"或"复制"命令，然后将鼠标光标定位到目标位置处，单击鼠标右键，在弹出的快捷菜单中选择"粘贴"命令。

（3）在普通视图的"大纲/幻灯片"任务窗格中，选择要移动的幻灯片缩略图，在 开始 选项卡的"剪贴板"栏中单击"剪切"按钮 ✂ 或"复制"按钮 📋，鼠标光标定位到目标位置处单击"粘贴"按钮 粘贴。

（4）在幻灯片浏览视图或普通视图的"幻灯片"任务窗格中，选择要移动的幻灯片或幻灯片缩略图，然后按住鼠标左键不放将其拖动至目标位置释放鼠标即可，在拖动的同时按住"Ctrl"键不放则可复制选中的幻灯片。

3．删除幻灯片

当演示文稿中的幻灯片不需要时，可将其删除，删除的具体操作步骤如下：

（1）选定要删除的幻灯片。

（2）打开 开始 选项卡，在"幻灯片"组中单击"删除"按钮 删除 即可。

技巧：选定要删除的幻灯片，按"Delete"键即可删除。

第四节　编辑演示文稿外观

要制作一套精美的演示文稿，首先就要有统一的外观，因此需要对幻灯片的外观进行设置。在 PowerPoint 2007 中用户可通过设置幻灯片的模板、应用配色方案、母版设置、背景来改变演示文稿的外观，并且除了已有的 PowerPoint 2007 中提供的方案外用户还可以进行自定义，并保存起来以备将来使用。

一、应用模板

PowerPoint 2007 提供了两种模板：设计模板和内容模板。设计模板包含预定义的格式和配色方案，可以应用到任意演示文稿中，创建自定义的演示文稿外观。内容模板包含设计模板中的所有元素和演示文稿的建议大纲。如果以"根据现有内容"开始创建演示文稿，就可应用内容模板。

1. 选择已有的模板

在新建一个演示文稿时，PowerPoint 2007 会自动选择一种模板应用至该演示文稿。但在制作过程中往往会发现该模板不符合要求，这时就需要改变演示文稿的模板。

选择设计模板的具体操作步骤为：

在演示文稿中选择一张幻灯片，然后单击 设计 选项卡中的"主题"组中的 按钮，在弹出的下拉菜单中的"内置"栏中选择一种主题样式，如这里选择"跋涉"选项，效果如图 6.4.1 所示。

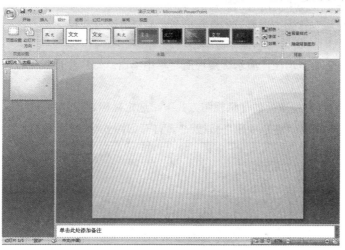

图 6.4.1　应用设计模板

提示：可以将创建的任何演示文稿保存为新的设计模板，以后就可以在 设计 选项卡中的"主题"组中使用该模板。

2．创建自定义模板

在 PowerPoint 2007 中除了已存在的模板外，用户还可根据自己的需要自定义模板。创建自定义模板的具体操作步骤如下：

（1）打开已有的演示文稿。

（2）删除演示文稿中所有的文本和图形对象，保留模板的样式，直到符合设计模板的要求。

（3）选择 ▣→🖫 命令，弹出 另存为 对话框。

（4）在"保存类型"下拉列表框中选择"PowerPoint 模板"选项。在"文件名"文本框中输入保存的名称，并且可以保存在自己的文件夹中或者保存在系统默认的保存设计模板的 Templates 文件夹中，单击 保存(S) 按钮，即可完成。

注意：创建内容模板与创建设计模板的步骤基本相同，但要注意以下两点：一是创建内容模板除了要有一定的样式外，还要有一些文本、图形或图表；二是"保存类型"为"演示文稿"。

二、母版设置

母版是一张特殊的幻灯片，可以定义整个演示文稿的格式，控制演示文稿的整体外观。PowerPoint 2007 有 3 种主要母版，即幻灯片母版、讲义母版和备注母版。

每一张演示文稿至少有两个母版，即幻灯片母版和标题母版。幻灯片母版可控制标题外的大部分幻灯片的格式，标题母版控制标题的属性。如果改变母版的版式，每张幻灯片版式都会随之改变。

1．幻灯片母版

幻灯片母版是存储关于模板信息的设计模板的一个元素，这些模板信息包括字形、占位符大小和位置、背景设计和配色方案。幻灯片母版的目的是使用户可以对演示文稿进行全局更改（如替换字形），并使该更改应用到演示文稿中的所有幻灯片。

要编辑幻灯片母版，首先应该显示幻灯片母版，显示方法有两种：

（1）选择 视图 选项卡，在"演示文稿视图"栏中单击"幻灯片母版"按钮 📷，便可查看幻灯片母版。

（2）切换至除幻灯片视图外的任意视图方式下，选定除标题幻灯片外的任意一张幻灯片，然后按住"Shift"键的同时单击"普通视图"按钮 🔲，打开如图 6.4.2 所示的幻灯片母版。

图 6.4.2　幻灯片母版

幻灯片母版是最常用的母版，其默认情况下包括 5 个占位符，分别为标题区、对象区、日期区、页脚区和数字区。其主要的功能就是对所有幻灯片的各个区设置统一的文字格式、位置和大小。在打开幻灯片母版的同时，还会打开 幻灯片母版 选项卡。

（1）设置字体。如果用户想在整篇演示文稿中应用统一的字体，可对母版中的标题、副标题和主体文本的字体进行设置。

设置字体的具体操作步骤如下：

1）选择 视图 选项卡，在"演示文稿视图"栏中单击"幻灯片母版"按钮，打开幻灯片母版。

2）选中标题区或副标题区或者对象区（即主体文本）。

3）选择 开始 选项卡，可以对字体格式、段落格式等进行编辑。

注意：在母版上只能更改字体而不能更改文本。

（2）调整对象的大小和位置。幻灯片母版中的一个占位符就是一个对象，对其进行大小和位置的调整是非常重要的操作。用户可通过调整文本框和图形的大小和位置来改变演示文稿的布局。

调整对象的大小和位置，具体操作步骤如下：

1）打开幻灯片母版，选中所需对象，被虚线框包围的即是选中对象。

2）将鼠标指针指向选中对象的边框上，当指针变为"十"符号时表示可以移动。变为 ↔ 符号时表示可以改变选中对象的大小。

3）通过拖动或缩放鼠标来进行调整。

4）调整好选中对象的大小和位置后，释放鼠标即可。

（3）插入图片和图形。在对单独的幻灯片插入图片或图形作为背景时，PowerPoint 2007 会自动将图片缩放至和幻灯片同样的大小，这样就会使一些图片或图形严重变形，影响效果。而在母版中插入图片或图形，可以调整其大小和位置，不会引起图片和图形的变形。

插入图片和图形的具体操作步骤如下：

1）打开幻灯片母版。

2）选择 插入 选项卡，在"插图"组中单击"图片"按钮，弹出如图 6.4.3 所示的 **插入图片** 对话框。

图 6.4.3　"插入图片"对话框

3）在 **插入图片** 对话框中的"查找范围"下拉列表框中选择图片所在的文件夹，然后选中图片文件，单击 **插入(S)** 按钮，即可在幻灯片母版中看到该图片，并可以调整其大小和位置。

提示：在设置幻灯片母版时，已对单张幻灯片进行的设置将被保留。

2．讲义母版

讲义母版用于格式化讲义，如果用户要更改讲义中页眉和页脚内文本、日期或页码的外观、位置和大小，就要更改讲义母版。若要使讲义的每页中都显示名称或徽标，就要把它添加到母版中。对讲义母版所做的更改在打印大纲时也会显示出来。打开讲义母版有以下两种方法：

（1）选择 **视图** 选项卡，在"演示文稿视图"组中单击"讲义母版"按钮，即可打开讲义母版。

（2）按住"Shift"键的同时，单击"幻灯片浏览视图"按钮，即可打开讲义母版。

执行上面的操作之后，都会打开如图 6.4.4 所示的讲义母版，同时打开 **讲义母版** 选项卡。

注意：讲义母版上用于显示幻灯片的占位符是不能移动或改变大小的。

提示：打印预览允许选择讲义的版式类型和查看打印版本的实际外观。用户还可以应用预览和编辑页眉、页脚和页码。在每张幻灯片的版式中，如果不希望页眉和页脚的文本、日期或幻灯片编号在幻灯片中显示，则只能将页眉和页脚应用于讲义而不是幻灯片中。

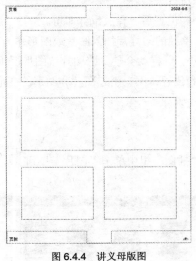

图 6.4.4　讲义母版图

3．备注母版

备注母版的主要功能是格式化备注页，除此之外还可以调整幻灯片的大小和位置。

打开备注母版的方法是：选择 **视图** 选项卡，在"演示文稿视图"组中单击"备注母版"按钮，就会打开"备注母版"和"幻灯片缩略图"，同时打开 **备注母版** 选项卡，如图 6.4.5 所示。

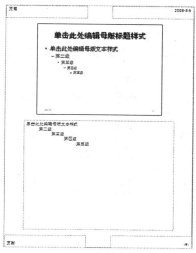

图 6.4.5　备注母版

：单击 备注母版 选项卡中的 关闭母版视图 按钮，即可切换至原来的视图。

三、设置演示文稿背景

演示文稿的背景对于整个演示文稿的放映来说是非常重要的，用户可以更改幻灯片、备注及讲义的背景色或背景设计。如果用户只希望更改背景以强调演示文稿的某些部分，除可更改颜色外，还可添加底纹、图案、纹理或图片。

PowerPoint 2007 提供了多种幻灯片背景方案供用户选择，用户也可以根据自己的需要自定义背景。设置背景的具体操作步骤如下：

（1）打开演示文稿，选定要更改背景的幻灯片。

（2）打开 设计 选项卡，在"背景"栏中单击"背景样式"按钮 背景样式 ，弹出其下拉列表，如图 6.4.6 所示。

（3）在该下拉列表中选择需要的样式选项，此时幻灯片编辑区中将显示应用该样式的效果，如果不满意，还可以单击下拉列表下方的 设置背景格式(B)... 按钮，弹出 设置背景格式 对话框，如图 6.4.7 所示。

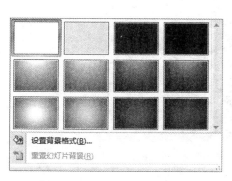

图 6.4.15　"背景样式"下拉列表

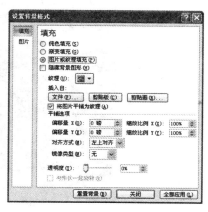

图 6.4.7　"设置背景格式"对话框

（4）在该对话框中，选中 ◉ 图片或纹理填充(P) 单选按钮。在"插入自："栏下方单击 文件(F)... 按钮，打开 插入图片 对话框，如图 6.4.8 所示。

图 6.4.8　"填充效果"对话框

（5）选择所需的图片，单击 插入(S) 按钮。

（6）在插入图片后，幻灯片编辑区中就能看到其效果，如不满意可单击 设置背景格式 对话框中的 图片 按钮，如图 6.4.9 所示。

（7）单击"重新着色"按钮 ，弹出其下拉列表，如图 6.4.10 所示。

图 6.4.9　"图片"选项

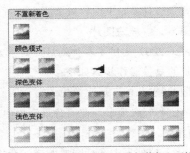

图 6.4.10　"重新着色"下拉列表

（8）在该列表中选择合适的选项，单击 关闭 按钮，其最终效果如图 6.4.11 所示。

图 6.4.11　设置幻灯片背景效果

提示 ：如是要将背景色改为默认的颜色，单击 背景 对话框中的 取消 按钮，或者按
"Ctrl+Z"快捷键。

第五节　演示文稿的放映

随着计算机应用水平的日益发展，电子幻灯片已经逐渐取代了传统的 35 mm 幻灯片。电子幻灯片放映最大的特点在于为幻灯片设置了各种各样的切换方式，根据演示文稿的性质不同，设置的放映方式也是不同的。并且在演示文稿中加入了视频、声音等效果使演示文稿更加美妙动人，吸引观众的注意力。

一、设置放映方式

一般情况下，系统默认的幻灯片放映方式为演讲者放映方式。但是在不同场合下演讲者可能会对放映（全屏幕）方式有不同的需求，这时就可以通过 设置放映方式 对话框对幻灯片的放映方式进行设置。

设置放映方式的具体操作步骤如下：

（1）选择 幻灯片放映 选项卡，单击"设置"组中的"设置幻灯片放映"按钮 设置 幻灯片放映 ，打开如图 6.5.1 所示的 设置放映方式 对话框。

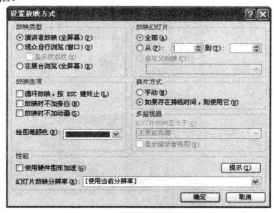

图 6.5.1　"设置放映方式"对话框

（2）在其中选中"放映类型"中的相应单选按钮，单击 确定 按钮完成放映方式的设置。

3 种放映方式的具体功能如下：

1）演讲者放映（全屏幕）：选中"演讲者放映（全屏幕）"单选按钮，在放映幻灯片时将呈现全屏显示。在演示文稿的播放过程中，演讲者具有完整的控制权，可以根据设置采用人工或自动方式放映，也可以暂停演示文稿的放映，对幻灯片中的内容做标记还可以在放映过程中录下旁白。这种方式较为灵活，又被称为手动放映方式。

2）观众自行浏览（窗口）：选中"观众自行浏览（窗口）"单选按钮，在放映幻灯片时将在标准窗口中显示演示文稿的放映情况。在其播放过程中，不能通过单击鼠标进行放映，但是可以通过拖

动滚动条或单击滚动条两端的"向上"按钮 ▲ 和"向下"按钮 ▼ 浏览放映的幻灯片，该方式又被称做交互式放映方式。

3）在展台浏览（全屏幕）：选中"在展台浏览（全屏幕）"单选按钮将自动运行全屏幻灯片放映。在放映过程中，除了保留鼠标指针用于选择对象进行放映外，其他的功能全部失效，终止放映只能使用"Esc"键，如果放映完毕 5 分钟后没得用户指令，将循环放映演示文稿，因此又被称做自动放映方式。

二、设置幻灯片的切换效果

切换即从一个幻灯片切换到另一个幻灯片时采用各种方式出现在屏幕上，这是一种加在幻灯片之间的特殊效果。使用幻灯片切换后，幻灯片会变得更加生动、活泼，同时还可以为其设置 PowerPoint 自带的多种声音来陪衬切换效果，也可以调整切换速度。要设置幻灯片切换效果，最好是在幻灯片浏览视图中进行设置。

设置幻灯片切换效果的具体操作步骤如下：

（1）单击演示文稿窗口的"幻灯片浏览视图"按钮 ，切换至幻灯片浏览视图。

（2）选择要添加效果的一张或一组幻灯片。

（3）选择 动画 选项卡，在"切换到此幻灯片"组中单击下三角按钮 ，弹出其下拉列表，如图 6.5.2 所示。

（4）在该列表中选择需要的方案，如选择"顺时针回旋，8 根轮辐"，预览效果如图 6.5.3 所示。

图 6.5.2 "切换方案"下拉列表　　　　　　　图 6.5.3 预览幻灯片切换效果

（5）在 切换声音 下拉列表框中，还可以选择幻灯片切换时播放的声音；在 切换速度 下拉列表框中，可以选择切换速度；如果要对演示文稿中所有的幻灯片应用相同的切换方式，可以单击 全部应用 按钮。

提示 ：设置全部应用后，在"幻灯片"任务窗格中所有幻灯片缩略图的编号下都会出现 标志。单击"预览"组中的"预览"按钮 ，对设置效果进行预览。

三、添加动作按钮

利用动作按钮可为幻灯片中添加一些特殊按钮,可以通过这些按钮对正在播放的幻灯片进行前进一项、后退一项或跳到第一项等操作。PowerPoint 2007 提供的动作按钮还可以连接到计算机上的其他演示文稿或者发布到 Internet 上。

添加动作按钮具体操作步骤如下:

(1)选定需要添加按钮的幻灯片。

(2)在 插入 选项卡的"插图"组中选择 "形状"命令 形状 ,在弹出的下拉列表中选择"动作按钮"组中的任一按钮,如图 6.5.4 所示。

图 6.5.4 "动作按钮"类型列表

(3)在幻灯片上拖动鼠标绘制按钮,并弹出如图 6.5.5 所示的 动作设置 对话框。

(4)在对话框中的"超链接到"下拉列表框中选择单击按钮时所执行的命令。

(5)单击 确定 按钮。

图 6.5.5 "动作设置"对话框

提示 :用上述方法可以设置多种动作按钮,在幻灯片放映时,单击该按钮即自动执行选择的超链接。

四、设置动画效果

在 PowerPoint 2007 中除了可以为幻灯片添加切换效果之外,还可以给幻灯片的各个对象设置动画效果。设置动画效果时,可以使用 PowerPoint 2007 自带的预设动画,还可以创建自定义动画。为幻灯片设置动画效果可以增强幻灯片的视觉效果。

1. 设置预设动画

PowerPoint 2007 有很多种预设动画,但只能用于特定的对象,例如"图表"动画效果就只能用于图表对象。

设置预设动画的具体操作步骤如下：

（1）选择要设置预设动画的幻灯片对象。

（2）在 动画 选项卡的"动画"组中单击 动画: 无动画 下拉列表框，选择需要的动画效果就可以了。

（3）设置对象动画效果后，单击"预览"组中的"预览"按钮 ，对其进行预览。

提示 ：只有先选择幻灯片对象，才能设置对象的动画效果，否则"动画"下拉列表框呈灰色，无法进行设置。在预览动画时，该预览是根据设置先后，对幻灯片的所有动画效果进行预览。

2. 自定义动画

若想对幻灯片的动画进行更多设置，或为幻灯片中的图形等对象也指定动画效果，则可以通过 自定义动画 任务窗格来实现操作，具体操作步骤如下：

（1）选择需设置自定义动画的幻灯片，单击 动画 选项卡，在"动画"组中选择"自定义动画"命令 自定义动画，打开 自定义动画 任务窗格，如图 6.5.6 所示。

（2）在幻灯片编辑区中选择该张幻灯片中需设置动画效果的对象，然后单击 自定义动画 窗格的 ☆ 添加效果 ▼ 按钮，在"添加效果"下拉列表中某个动画效果即可实现操作。"添加效果"列表包含了 4 种设置，如图 6.5.6 所示，各种设置的含义分别如下：

图 6.5.5　"自定义动画"任务窗格　　　　图 6.5.6　"添加效果"列表

进入：用于设置在幻灯片放映时文本及对象进入放映界面的动画效果，如百叶窗、飞入或菱形等效果。

强调：用于在放映过程中对需要强调的部分设置动画效果，如放大或缩小等。

退出：用于设置放映幻灯片时相关内容退出放映界面时的动画效果，如百叶窗、飞出或菱形等效果。

动作路径：用于指定放映所能通过的轨迹，如向下、向上或对角线向上等。设置后将在幻灯片编辑区中以红色箭头显示其路径的起始方向。

注意 ：动画列表框中的每个效果选项前都有一个用于表示该动画效果在播放时的顺序的数

字，以 1 开始向后顺序播放。若要改变顺序，可在动画列表框中选择需要改变的动画效果进行拖动，或单击下面的▲或▼按钮将其移到所需的位置。

（3）修改某一动画效果，可在动画列表中将其选中，此时 ☆ 添加效果 ▼ 按钮将变成 ☆　更改　▼ 按钮，单击该按钮，在弹出的下拉列表中重新选择所需的动画效果进行修改；如想删除已添加的某个动画效果，则可单击 ✕ 删除 按钮将其删除。

（4）"修改"组的 开始: 下拉列表框用于设置选择对象的动画效果的开始时间。其中有"单击时"（单击鼠标启动动画）、"之前"（与上一项目同时启动动画）或"之后"（当上一项目的动画结束时启动动画）3 个选项，如图 6.5.7 所示。

图 6.5.7　开始效果

技巧 ✎ ：若需设置一个不需单击就可启动的效果，则可将此项目移到动画列表框的顶部，并在 开始: 下拉列表框中选择"之前"选项。

（5） 方向: 下拉列表框一般用于设置某一对象进入屏幕的方向。

（6） 速度: 下拉列表框用于设置选择对象动画效果的速度。

（7）设置完成后同样可以单击窗格下部的 ▶ 播放 按钮或 幻灯片放映 按钮进行预览。

技巧 ✎ ：若想在自定义动画的同时预览到设置的动画效果，则需选中 自定义动画 窗格底部的 ☑自动预览 复选框。

五、放映演示文稿

制作演示文稿的最终目的就是要在计算机屏幕或者投影仪上播放。下面介绍如何在 PowerPoint 2007 中播放幻灯片。

对幻灯片放映进行一系列的设置之后，就可以放映幻灯片了，具体操作方法有以下几种：

（1）选择 幻灯片放映 选项卡中"开始放映幻灯片"组中的相应放映方式，如"从头开始"按钮 、"从当前幻灯片开始"按钮 以及"自定义幻灯片放映"按钮 三种。

（2）选择 视图 选项卡中"演示文稿视图"组中的"幻灯片放映"命令 。

（3）按"F5"功能键。

（4）单击状态栏的"幻灯片放映"按钮 。

执行（1）中的 命令或（2）、（3）命令以后，都会从第一张幻灯片放映至最后一张，但是在一张播放完之后要通过单击鼠标才能进入到下一张。执行（1）中的 或（4）命令，会从当前幻灯片开始放映直到播放完最后一张幻灯片。

提示 ：如果不想从头到尾整体观看演示文稿，选择 幻灯片放映 选项卡中的 自定义幻灯片放映 命令进行设置，使在放映幻灯片时系统会自动按照所设置的方式进行放映，也可在幻灯片放映时按"F1"功能键查看控制列表。

第六节　应用实例——制作"春夏秋冬"学习卡

本例制作"春夏秋冬"学习卡，效果如图 6.6.1 所示。

图 6.6.1　效果图

（1）启动 PowerPoint 2007 窗口。选择 → 新建ID 命令，在弹出的对话框中选择"空白演示文稿"选项，即可新建一个空白演示文稿，如图 6.6.2 所示。

（2）打开 开始 选项卡，在"幻灯片"组中选择 版式 命令，在其下拉列表中选择空白选项。切换到 设计 选项卡，单击"背景"组中的"对话框启动器"按钮 ，打开 设置背景格式 对话框，如图 6.6.3 所示。

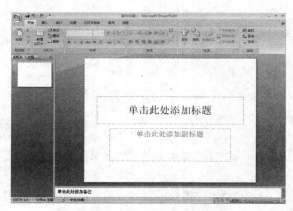

图 6.6.2　新建"空白演示文稿"

图 6.6.3　"设置背景格式"对话框

（3）在该对话框中选中 ⊙ 图片或纹理填充(P) 单选按钮，单击 文件(F)... 按钮，打开 插入图片 对话框，如图 6.6.4 所示。

（4）选择所需的图片，单击 插入(S) 按钮，回到 设置背景格式 对话框，单击 关闭 按钮，即可将图片设置为该张幻灯片的背景，效果如图 6.6.5 所示。

图 6.6.4　"插入图片"对话框　　　　　　　图 6.6.5　设置幻灯片背景

（5）打开 插入 选项卡，在"插图"组中选择 形状 命令，弹出其下拉列表，如图 6.6.6 所示。

（6）在"标注"组中选择 选项，在幻灯片编辑区中拖动鼠标绘制形状，此时 PowerPiont 2007 会自动增加 格式 选项卡。切换到此选项卡，在"形状样式"组中设置 形状填充 为蓝色，设置 形状轮廓 为黑色，效果如图 6.6.7 所示。

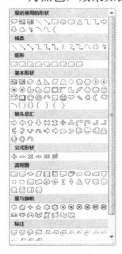

图 6.6.6　"插入形状"下拉列表　　　　　　图 6.6.7　插入形状

（7）右击标注形状，在弹出的快捷菜单中选择 编辑文字(X) 命令，插入光标，然后输入文字"一年有春、夏、秋、冬四季，那么这四个季节用英语应该怎么说呢？"选中文字，在 开始 选项卡的"字体"组中设置字体为"宋体"，字号为"32"，颜色为"白色"，如图 6.6.8 所示。

（8）制作第 2 张幻灯片。在 开始 选项卡的"幻灯片"组中选择"新建幻灯片"命令，新建一张空白幻灯片。重复步骤（2）～（4）的操作，为第 2 张幻灯片设置背景。

（9）打开 插入 选项卡，在"文本"组中选择 文本框 → 横排文本框(H) 命令，在幻灯片编辑区中插入横排文本框，输入文字并设置字体格式，如图 6.6.9 所示。

图 6.6.8　在自选图形中插入文字　　　　　　　　图 6.6.9　制作第 2 张幻灯片

（10）按照制作第 2 张幻灯片的方法，分别制作第 3，4，5 张幻灯片，如图 6.6.10 所示。

图 6.6.10　制作第 3，4，5 张幻灯片

（11）为幻灯片设置切换效果。选中第 1 张幻灯片，打开 动画 选项卡，在"切换到此幻灯片"组中单击 按钮，弹出其下拉菜单，如图 6.6.11 所示。

图 6.6.11　切换效果下拉菜单

（12）在此列表中选择"由内到外水平分割"选项，在 切换速度: 列表中选择"慢速"，其他选项应用默认设置，即可为第 1 张幻灯片设置切换效果。

（13）重复步骤（11）～（12）的操作，分别为第 2，3，4 张幻灯片设置切换效果。

（14）自定义动画。选中第 1 张幻灯片中的自选图形，打开 动画 选项卡，在"动画"组中选择 自定义动画 命令，打开 自定义动画 任务窗格，如图 6.6.12 所示。

（15）在该窗格中单击 添加效果 按钮，在弹出的下拉菜单中选择 进入(E) →
其他效果(M)... 命令，弹出 添加进入效果 对话框，如图 6.6.13 所示。

图 6.6.12 "自定义动画"任务窗格　　　　　图 6.6.13 添加进入效果

（16）在该对话框中选择 圆形扩展 选项，单击 确定 按钮。

（17）在"自定义动画"任务窗格中的"修改"栏中，单击 开始: 下拉列表，选择"之前"选项；单击 方向: 下拉列表，选择"缩小"选项；单击 速度: 下拉列表，选择"慢速"选项。

（18）选择自选图形中的文字，重复步骤（14）～（17）的操作，将该文字的动画效果设置为"颜色打字机"，并设置 速度: 为"非常快"，其他选项应用默认设置。

（19）单击 播放 按钮，可预览第 1 张幻灯片的动画效果。

（20）重复步骤（14）～（17），将后面几张幻灯片中的文字设置为"弹跳"动画效果，设置 开始:
为"之前"，速度: 为"中速"。

（21）打开 幻灯片放映 选项卡，在"开始放映幻灯片"组中选择 从头开始 命令，即可对制作的幻灯片进行预览。

至此，"'春、夏、秋、冬'学习卡"幻灯片制作完成。

本章小结

本章主要介绍了 PowerPoint 2007 基础知识、新建演示文稿、幻灯片的制作、编辑演示文稿外观、演示文稿的放映等知识，通过本章的学习使用户对幻灯片制作软件 PowerPoint 2007 的基本知识有一个初步的了解，为以后的学习打好基础。

习 题 六

一、填空题

1. 在首次存盘时，会弹出_____对话框。

2. PowerPoint 演示文稿中主要的模板包括_____、_____和_____。

3．新建演示文稿的方法有_____、_____和_____。

二、简答题

1．PowerPoint 2007 包括哪些视图？

2．可以给演示文稿中添加哪些对象？

3．使演示文稿具有统一的外观有哪些方法？

三、上机操作

1．利用"根据内容提示向导"新建一个演示文稿。

2．在演示文稿中插入图形。

3．设置幻灯片的切换效果。

4．在模板中添加动画效果。

第七章　Access 2007 数据库操作

教学目标

Access 2007 是 Microsoft 公司推出的 Office 2007 组件之一，是功能强大的数据库管理系统软件。使用 Access 2007 无须编写代码，通过直观的可视化操作即可完成大部分管理工作。

教学难点与重点

（1）Access 2007 简介。
（2）创建与打开数据库。
（3）创建与编辑表。
（4）定义表之间的关系。
（5）查询的创建和使用。
（6）窗体的创建和使用。
（7）报表的创建和使用。

第一节　Access 2007 简介

数据库就是数据和信息的集合，包括常见的数据，如财务报表、销售表等，也可以是其他一些非数值的信息，如公司员工档案、卫星拍摄的气象云图等数据。

Microsoft Access 2007 是一款专门进行数据库处理的优秀软件，它的核心内容是数据库管理系统，在该系统的管理中包括建立数据表、在表中进行数据的查询、更新数据和维护数据库等。

一、数据库基础知识

关系型数据库是以表格的形式保存数据，能反映各对象之间的数据关系，功能十分强大，是现在使用最普遍的数据库之一。Microsoft Access 就是关系型数据库管理系统的一员，属于小型桌面数据库系统，通常用于办公管理，例如员工档案管理等。

在关系型数据中有一些特定的术语，下面分别介绍。

表：用于保存数据的二维表格就是表。

字段：在二维表中的列被称为字段，在列的顶端是字段名称，一个表中有多个字段名称，但字段名称不能有重复。

记录：在二维表中的行被称为记录，一个表中有多条记录，但在表中不能有内容完全一样的记录。

主关键字：也就是一个字段，这个字段是用来唯一标识表中存储的每条记录，如一辆车的车牌号。

二、Access 2007 操作界面

Access 2007 的界面主要由开始使用 Microsoft Office Access、功能区、导航窗格等组成，这里主要讲解开始使用 Microsoft Office Access 和导航窗格，如图 7.1.1 所示。

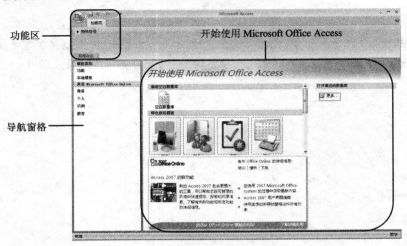

.图 7.1.1　Access 2007 操作界面

1．开始使用 Microsoft Office Access

启动 Microsoft Office Access 后，将出现"开始使用 Microsoft Office Access"页面，此页面显示了可以进行的 Access 2007 的操作：如新建空白数据库、打开最近使用的数据库。

2．导航窗格

在打开数据库或创建数据库时，数据库对象的名称将显示在导航窗格中，通过导航窗格可以浏览数据库中的对象（包括表、窗体、报表等）。

三、Access 数据库对象

Access 2007 为用户提供了 4 种对象来进行数据库的操作：表、查询、窗体和报表。

1．表

在 Access 中，所有的数据都是以二维表的形式来保存，称之为表。它是 Access 中不可缺少的最基本的对象，是整个数据库中最为核心的部分，其他功能和操作都要在表的基础上才能实现。

表由各条记录组成，这些记录都对应了不同的信息，在同一个表中，由字段来定义表所包含的数据。记录和字段以行和列的形式进行表现。字段为列，记录为行，记录和字段的交叉集合为单元格，单元格是用来记录数据信息。一个表中可以存储多个记录，而一个数据库又可以存储多个表。

2．查询

一个优秀的数据库系统，应该根据用户的合理要求进行快速有效地查询。开发数据库系统的最终目的就是能快速查找出需要的数据。

查询的作用就是一个或多个表中符合查询条件的数据记录组成一个集合，并以表的形式保存，以

便用户查看或编辑。

3．窗体

数据不但要有良好的数据管理和查询功能，而且还需要有既美观又方便的输入输出界面，给用户带来舒适的视觉效果，并且方便用户的操作。Access 的窗体就是专门进行界面设计的。

窗体是类似于窗口的界面，用于数据的输入、应用程序的执行控制等。窗体对象中有各种控件，如文本框、列表框和按钮等，控件的外观和功能可通过窗体设计器进行设计。窗体的数据来源是表和查询，窗体和表或查询是相互关联的，如果更改了表或者查询中的数据，窗体中的数据也会随之变化。

4．报表

数据库系统还必须有完善的报表输出功能。在 Access 中，报表就是专门用于打印输出的设计，它不但能提供完善的打印功能，而且还能对打印内容进行格式处理。报表与表和查询没有关联性，如果改变了表和查询中的数据，报表中的数据不会随之改变，而且报表中的数据不能直接进行修改。报表只是一种特定的显示方式，就是版面的预览，一般用来查看报表的外观和版面的布局等。

第二节 创建与打开数据库

在 Access 2007 中，保存与关闭数据库的方法与 Word 2007 中的操作基本相同，但创建与打开数据库的方法有所差异，下面讲解其操作方法。

一、创建数据库

与 Office 2007 其他组件不同的是，启动 Access 2007 后不会自动创建数据库文件，用户必须手动创建。创建数据库时也可以创建空白数据库或根据模板创建数据库，但选择创建类型后都必须先保存数据库，然后才能打开创建的数据库文件。

1．创建空白数据库

创建空白数据库的方法如下：

（1）启动 Access 2007，在打开窗口左侧窗格的"模板类别"栏中选择模板类型，默认选择 功能 选项卡，此时在中间的窗格中选择 空白数据库 选项可以新建空白数据库文件。

（2）在"开始使用 Microsoft Office Access"栏的右边出现"空白数据库"栏，在"文件名"中输入文件名，如"三年级二班学生成绩表"，如图 7.2.1 所示。

（2）单击"浏览"按钮 📂，这时会弹出 **文件新建数据库** 对话框，如图 7.2.2 所示。选择文件保存位置，如"我的文件"，单击 确定 按钮返回。

图 7.2.1 "创建空白数据库"窗口

（3）返回到新建的"空白数据库"栏，单击 创建(C) 按钮即可，效果如图 7.2.3 所示。

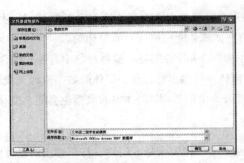

图 7.2.2　"文件新建数据库"对话框　　　　　　　图 7.2.3　创建的空白数据库

2. 通过模板创建数据库

数据库中提供了一些基本的数据库模板，这些模板中包括一些基本的数据库组件，用户可以利用这些模板快速创建一个既专业又美观的数据库。

通过模板创建数据库的方法如下：

（1）启动 Access 2007，单击"导航窗格"栏中的 本地模板 选项，如图 7.2.4 所示。

（2）在"本地模板"栏中单击需要的模板，如"罗斯文 2007"。

（3）打开新建"数据库"栏，按前面介绍的方法输入文件名、选择保存位置，并创建即可。通过模板创建的数据库如图 7.2.5 所示。

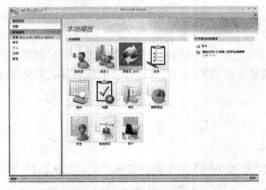

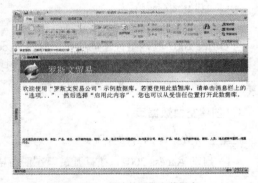

图 7.2.4　根据模板创建数据库　　　　　　　图 7.2.5　创建的罗斯文数据库

二、打开数据库

在 Access 2007 中打开数据库文件的方法与在 Word 2007 中打开 Word 文档的方法相同。不同的是，在 Access 2007 窗口中执行 打开(O) 命令，每次只能打开一个数据库文件，如果已经打开了一个数据库，再打开另一个数据库必须关闭先前打开的数据库文件。

如果同时打开多个 Access 数据库，则必须再次用启动 Access 2007 的方法打开其他的 Access 2007 窗口，然后再在这些 Access 2007 窗口中打开其他的数据库文件。

提示：直接双击 Access 数据库文件也可启动新的 Access 2007 窗口。如果对某个数据库文件进行了修改，再在该窗口中执行   命令打开另一个数据库文件，Access 2007 将先保存所做的修改并关闭第一个数据库文件，再打开所选的数据库文件。

第三节　创建与编辑表

表是 Access 数据库中存储数据的核心，也是创建其他对象的基础，要创建其他对象必须首先创建表，因此必须详细地了解表对象，并掌握表对象的创建和编辑方法。

一、创建表

新建数据库文件后，系统会自动在其中创建并打开一个名为"表1"的表对象，如果还需创建表对象，可以通过创建新的数据库、将表插入现有数据库中、或者从其他数据源导入或链接到表。

1．在新数据库中创建新表

在新数据库中创建新表的操作步骤如下：

（1）在 Access 2007 中创建一个空白数据库。

（2）在"创建"选项卡中的"表"组中单击  按钮，操作如图 7.3.1 所示。

图 7.3.1　"创建"选项卡上的表功能区

（3）创建后的空白表效果如图 7.3.2 所示。

图 7.3.2　创建空白表

（4）双击"添加新字段"输入字段名，如"学生成绩表"，按回车键继续输入其他字段名，如图 7.3.3 所示。

（5）单击快速访问工具栏中的"保存"按钮 ，弹出"另存为"对话框，在表名称栏中输入表名称，如"学生成绩表"，如图 7.3.4 所示。

图 7.3.3　添加新字段

图 7.3.4　"另存为"对话框

（6）输入完成后，单击 确定 按钮，表创建完成。

2. 通过表设计器创建

通过表设计器创建表可以编辑字段名称和选择字段类型。利用表设计器创建表操作步骤如下：

（1）在"创建"选项卡中的"表"组中单击 按钮，打开表设计器。在"字段名称"列中输入字段名，如姓名；在"数据类型"下拉列表中选择需要的数据类型。

（2）在"设计"选项卡的"工具"组中单击 按钮，如图 7.3.5 所示。

（3）继续输入其他字段名，如性别、出生日期、年龄、学历、职位，并选择合适的数据类型，如图 7.3.6 所示。

图 7.3.5　设置字段名及属性

图 7.3.6　使用"表设计器"创建表

（4）单击快速访问工具栏中的"保存"按钮 ，弹出"另存为"对话框，在表名称栏中输入表名称，如公司员工档案表。

（5）单击 确定 按钮，表创建完成。

此外，还可以根据表模板创建表，在"创建"选项卡的"表"组中，单击 按钮，然后从列表中选择一个可用的模板即可。

二、编辑数据表

创建表并在其中输入记录后，还可以根据需要更改表，如添加和删除字段与记录、查找和替换数据、排序和筛选记录、改变字段位置等。

1．查看表中的记录

如果一个表中的记录相当多，可以通过表窗口下方的"记录"工具栏查看，该工具栏中各按钮的作用如图 7.3.7 所示。

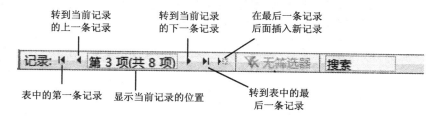

图 7.3.7　查看表记录

2．添加与删除记录

在表中添加与删除记录与在 Excel 工作表中添加与删除行的方法类似。

添加记录非常简单，只需在表的最后一行记录下面输入所需的数据即可。删除记录的方法主要有如下几种：

（1）选择要删除的记录行，单击"记录"工具栏中的 ✕ 删除 按钮。

（2）选择要删除的记录行，按"Delete"键。

（3）选择要删除的记录行，在选择的行上单击鼠标右键，在弹出的快捷菜单中选择 删除记录(R) 命令。

进行上述操作后，都将打开一个对话框提示删除的记录将无法恢复，询问是否确实要删除，如图 7.3.8 所示。单击 是(Y) 按钮即可删除选择的记录。

图 7.3.8　删除记录提示框

3．排序记录

在 Access 2007 中，默认以设为主键的字段为排序依据对记录进行升序排列，如果要以其他字段为依据进行排列，只需单击该字段右侧的 按钮，在弹出的列表中选择 ↑↓ 升序(S) 或 ↓↑ 降序(O) 选项即可。如图 7.3.9 所示为按"出生日期"为序进行降序排列的结果。

图 7.3.9　排序记录

4．筛选记录

在数据表中可以根据需要方便地筛选出符合条件的记录。筛选记录的方法是：

（1）单击某字段右侧的 ▼ 按钮，在弹出的列表框的筛选器中选中要显示的项目对应的复选框，如图 7.3.10 所示。

图 7.3.10　选中要筛选的项目

（2）单击 `确定` 按钮，即可筛选出符合条件的记录，如图 7.3.11 所示。

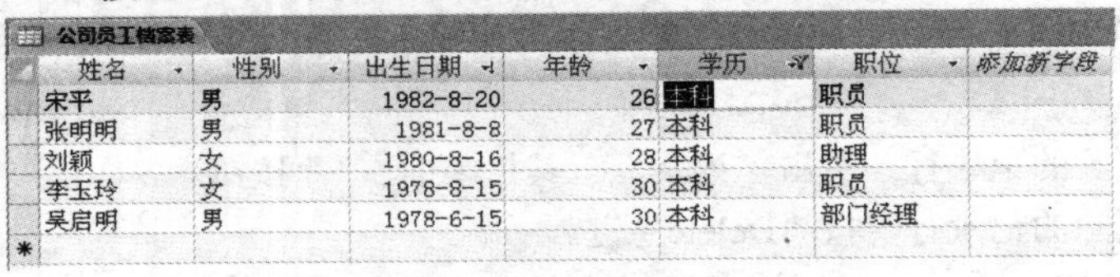

姓名	性别	出生日期	年龄	学历	职位	添加新字段
宋平	男	1982-8-20	26	本科	职员	
张明明	男	1981-8-8	27	本科	职员	
刘颖	女	1980-8-16	28	本科	助理	
李玉玲	女	1978-8-15	30	本科	职员	
吴启明	男	1978-6-15	30	本科	部门经理	

图 7.3.11　筛选结果

（3）在筛选器中选择"数字筛选器"（或其他筛选器）选项下的子选项，如图 7.3.12 所示。将打开相应的 `自定义筛选器` 对话框，在其中可以设置更具体的筛选条件。

图 7.3.12　筛选器下拉列表

提示：也可单击"排序和筛选"工具栏中的 按钮可打开筛选器，单击 `选择` 按钮，在弹出的列表中可以选择等于、不等于、包含或不包含某个记录的条件。按某个字段进行筛选后，该字段右侧的 ▼ 按钮将变为 筛选 按钮。

5．改变字段的位置

制作好表后，如果发现其中某些字段的先后位置布置得不合理，可以改变字段的位置。改变字段位置既可在数据表视图中进行，也可在设计视图中进行。其方法分别如下：

（1）在数据视图中单击字段选择该列，然后将鼠标指针移到选择的字段上，按住鼠标左键不放向左或向右拖动到其他列的前面，当出现黑色的竖线标记时，释放鼠标即可将选择的列移到该位置处，如图 7.3.13 所示。

图 7.3.13　改变列字段位置

（2）在设计视图中，选择字段所在的行，然后将鼠标指针移到该行的边框上，当指针变成形状时，按住鼠标左键不放向上或向下拖动到其他字段的前面，当出现黑色的横线标记时，释放鼠标即可将选择的字段移到该位置处，保存后切换到数据表视图中便可看到字段的位置已改变，如图 7.3.14所示。

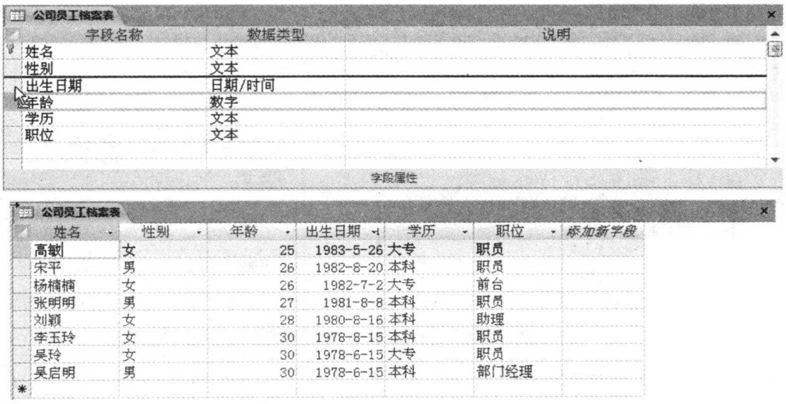

图 7.3.14　改变行字段位置

第四节　定义表之间的关系

要通过多个表创建查询、窗体和报表，首先必须定义表与表之间的关系。在 Access 数据库中，表之间的关系有一对一、一对多、多对一和多对多 4 种关系，其含义分别如下所述。

（1）一对一：指主表中一条记录只与子表中的唯一一条记录关联。

（2）一对多：指主表中一条记录与子表中的多条记录关联，这是一种常用的关系。

（3）多对一：指主表中多条记录与子表中唯一一条记录关联，这是一对多关系的逆关系。

（4）多对多：多对多关系可看做是两个表相互的一对多关系，这种关系不常用。

定义表与表之间的关系需在"关系"窗口中进行，其方法如下：

（1）打开要定义其中表关系的数据库文件，单击"数据库工具"选项卡，再单击"显示/隐藏"

工具栏中的 按钮。

（2）此时在右侧打开"关系"窗口和 显示表 对话框，在 显示表 对话框中显示了数据库中包含的所有表，选择要定义其关系的表，单击 添加(A) 按钮将表添加到"关系"窗口中，再单击 关闭(C) 按钮关闭对话框，如图 7.4.1 所示。

图 7.4.1 "关系"窗口和"显示表"对话框

（3）激活关系工具的"设计"选项卡，单击"工具"工具栏中的 按钮。

（4）在打开的 编辑关系 对话框中单击 新建(N)... 按钮，打开 新建 对话框，如图 7.4.2 所示。在"左表名称"和"右表名称"下拉列表框中分别选择相应的字段列。

（5）单击 确定 按钮在返回到如图 7.4.3 所示的 编辑关系 对话框中出现新建的关系，在左右两个表下面的列中分别选择这两个表中的对应关系字段。

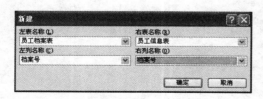

图 7.4.2 "新建"对话框

图 7.4.3 "编辑关系"对话框

（6）选择完成后，单击 创建(C) 按钮即可创建出关系。在"关系"窗口中定义了关系的表之间用关系连线将有关系的字段连接起来，如图 7.4.4 所示。

（6）创建完毕后，单击"关系"工具栏中的 × 或"关系"窗口右侧的 × 按钮，将打开对话框询问是否保存关系布局，单击 是(Y) 按钮保存。

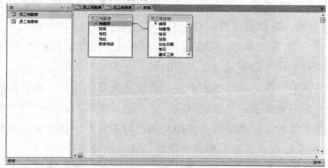

图 7.4.4 创建完成的关系表

第五节　查询的创建和使用

处理 Access 数据表中的信息时，可用多种方式筛选和排序记录，但是使用查询更具灵活性。用户不仅可以将记录限于特定的子集，还可以指定在结果中显示的字段。

通过查询所看到的记录，实际上是存储在表中的数据，不需要额外的空间来存储，而只是对它们进行重新组合、聚集、统计等加工处理后，得到的另一种视图，查询的主要功能如下：

（1）可以查看、搜索、分析数据。

（2）更新数据、删除记录或向表中追加新记录。

（3）实现记录的筛选、排序、汇总、计算。

（4）用来作为报表、窗体的数据源。

（5）将一个或多个表中获取的数据实现链接。

一、利用向导创建查询

利用 Access 提供的向导功能可方便地创建出较为美观和专业的查询，其方法如下：

（1）打开已经创建了表并定义了表关系的数据库，单击 Access 2007 窗口中的"创建"选项卡，再单击"其他"工具栏中的 按钮。

（2）在打开的 新建查询 对话框中选择要创建的查询类型，单击 确定 按钮。

（3）在打开的查询向导对话框中根据提示进行操作即可。

下面根据"员工档案"数据库中的"员工档案表"和"员工信息表"创建一个名为"员工完全资料"的简单查询，具体做法操作步骤如下：

（1）打开定义了表关系的"员工档案"数据库文件，在"创建"选项卡的"其他"工具栏中的 按钮。

（2）在打开的 新建查询 对话框中选择"简单查询向导"选项，如图 7.5.1 所示。

（3）单击 确定 按钮，打开 简单查询向导 对话框，在"表/查询"下拉列表框中选择 表：员工信息表 选项。单击 >> 按钮，将"可用字段"列表框中的所有字段添加到"选定字段"列表框中，如图 7.5.2 所示。

图 7.5.1　选择查询类型

图 7.5.2　从"员工信息表"中选择字段

（4）再在"表/查询"下拉列表框中选择 表：员工档案表 选项，在"可用字段"列表框中选择"地址"字段，在"选定字段"列表框中选择"出生日期"字段，单击 <kbd>></kbd> 按钮，将"地址"字段添加到"选定字段"列表框中，并排列在"出生日期"字段的后面。

（5）用同样的方法将"联系电话"字段添加到"选定字段"列表框的最底端，如图 7.5.3 所示。

（6）设置完成后，单击 <kbd>下一步(N) ></kbd> 按钮，在打开如图 7.5.4 所示的对话框，在该对话框中的"请为查询指定标题"文本框中输入查询的标题"员工完全资料"。

若选中 <kbd>⊙ 修改查询设计(M)</kbd> 单选按钮，单击 <kbd>完成(F)</kbd> 完成按钮将进入设计视图。

图 7.5.3　从"员工档案表"中选择字段　　　　　　图 7.5.4　命名查询

（7）单击 <kbd>完成(F)</kbd> 完成按钮，系统自动根据所进行的设置创建出名为"员工完全资料"的查询，并在右侧的窗口中将其打开，如图 7.5.5 所示。

图 7.5.5　根据表创建查询的结果

在"新建查询"对话框中可供选择的查询向导有 4 种类型，其作用分别如下：

"简单查询向导"：根据从不同的表中选择的字段创建选择查询。

"交叉表查询向导"：该向导创建的查询以紧凑的、类似电子表格的形式显示数据。

"查找重复项查询向导"：该向导可在单一的表或查询中查找具有重复字段值的记录。

"查找不匹配项查询向导"：用于在一个表中查找在另一个表中没有相关记录的记录。

二、使用查询设计窗口创建

如果对查询已经比较熟悉，则可以直接在查询设计窗口中创建查询，对于创建好的查询，也可进入设计视图进行更改。在设计窗口中创建查询的方法如下：

（1）打开已经创建了表并定义了表关系的数据库，单击 Access 2007 窗口中的"创建"选项卡，再单击"其他"工具栏中的 按钮。

（2）此时打开"查询"窗口和"显示表"对话框，在 <kbd>显示表</kbd> 对话框中选择要用于创建查询的表，单击 <kbd>添加(A)</kbd> 按钮，将表添加到"关系"窗口中，如图 7.5.6 所示。

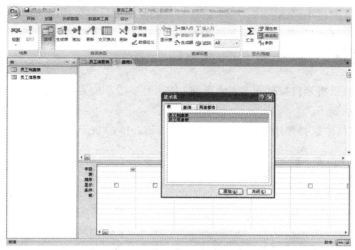

图 7.5.6　"查询"窗口和"显示表"对话框

（3）单击 **关闭(C)** 按钮关闭对话框。此时选择的表被添加到"查询"窗口中，在表中将所需的字段依次拖动到下面设计器中的"字段"行中，即可在新建的查询中添加该字段。添加字段后，在"表"行中将自动显示该字段所在的表名，如图 7.5.7 所示。

（4）设计完毕，在"查询"窗口的选项卡上单击鼠标右键，在弹出的快捷菜单中选择 **保存(S)** 命令，在打开的 **另存为** 对话框中为查询命名，单击 **确定** 按钮完成创建。

图 7.5.7　在新建的查询中添加字段

提示：添加字段时也可以将光标插入"字段"行的各个单元格中，然后单击出现的 按钮，在弹出的列表中选择字段。

第六节　窗体的创建和使用

窗体是用户与 Access 2007 应用程序之间的主要界面，数据库的使用和维护大多都是通过窗体这个界面完成的。窗体能够以各种各样的格式显示数据，而数据表只能以行和列的形式显示类似于电子表格的数据，所以使用窗体来查看和编辑数据优于数据表。用户可以根据多个表创建显示数据的窗体，也可以为同样的数据创建不同的窗体。一个设计合理的窗体可以加快数据的输入，并减少输入错误。

一、创建窗体

直接创建窗体可以将来自数据源（表或查询）的所有字段都放置在窗体中，利用这种方法创建窗体非常简单，其方法如下：

（1）在导航窗格中选择要用于创建窗体的表或查询，单击 Access 2007 窗口中的"创建"选项卡，再单击"窗体"组中的 按钮。

（2）系统自动创建包含源数据所有字段的窗体，单击窗体中的文本框等控件将其选中，然后拖动其边框调整控件的大小，调整宽度时将调整所有控件的宽度，调整高度时可以针对单个控件进行，如图 7.6.1 所示。

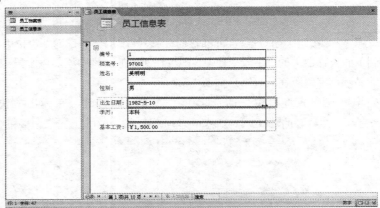

图 7.6.1　调整控件宽度

（3）创建的窗体中显示了一个记录，在控件中可以对该记录进行修改，修改后通过窗体窗口下方的"记录"工具栏可以切换到其他记录中，其方法与在表窗口中切换记录的方法相同，如图 7.6.2 所示。

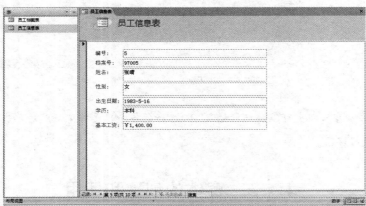

图 7.6.2　切换记录

（4）创建完毕，在"窗体"窗口选项卡上单击鼠标右键，在弹出的快捷菜单中选择 保存(S) 命令，在打开的 另存为 对话框中为窗体命名，单击 确定 按钮完成创建。

二、创建分割窗体

分割窗体是 Access 2007 的新增功能，利用该功能可以同时显示窗体和数据表两种视图，这两种视图链接到同一数据源，并且总是保持同步。创建分割窗体的方法如下：

（1）在导航窗格中选择要用于创建窗体的表或查询，单击 Access 2007 窗口中的"创建"选项卡，再单击"窗体"组中的 按钮。

（2）系统自动创建出包含源数据所有字段的窗体，并以窗体和数据表两种视图显示窗体。在下面的窗体视图中可以像在 7.5.1 节的窗体窗口中那样进行编辑，在下方的数据表视图中单击某个记录，上面的窗体中也会自动切换到同一记录，如图 7.6.3 所示。

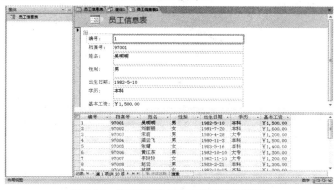

图 7.6.3　以窗体和数据表两种视图显示窗体

（3）在窗体视图中选择某个字段后，在下方的数据表视图中也会选中同一字段，可以在任意视图中添加、编辑或删除数据，如图 7.6.4 所示。

（4）创建完毕，在"窗体"窗口选项卡上单击鼠标右键，在弹出的快捷菜单中选择 保存(S) 命令，在打开的 另存为 对话框中为窗体命名，单击 确定 完成创建。

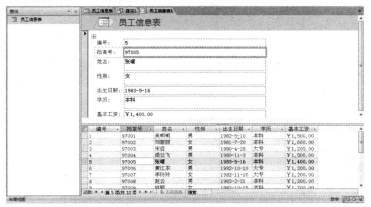

图 7.6.4　两个窗口数据保持同步

三、创建多记录窗体

多记录窗体的创建方法与前面创建窗体的方法类似，仅需单击 Access 2007 窗口中的"创建"选项卡，再单击"窗体"工具栏中的 ▦ 按钮，创建出同时显示多条记录的窗体，对窗体进行编辑后保存即可。

不同的是普通窗体中一次只显示一条记录，而多记录窗体可以一次显示多条记录，而且调整任意一条记录的高度时，所有记录的高度也会同步改变。

创建任何窗体后，都可以在"自动套用格式"工具栏中选择系统预设的格式应用于窗体。

下面根据"员工档案"数据库中的"员工信息表"创建一个名为"员工信息"的多记录窗体，并为其套用"铸造"格式，操作步骤如下：

（1）打开"员工档案"数据库文件，在导航窗格中选择"员工信息表"。

（2）选择"创建"选项卡，单击"窗体"工具栏中的 ▦ 按钮，即可创建如图7.6.5所示的窗体。

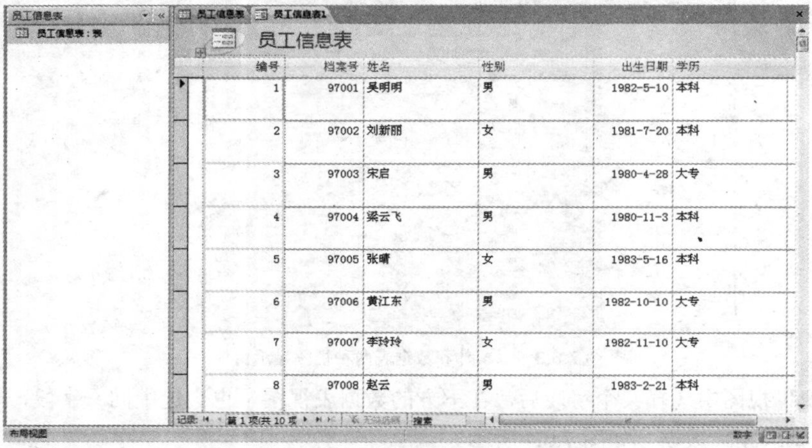

图7.6.5 创建的多记录窗体

（3）在创建的窗体中包含了多条记录，依次拖动各字段列宽，调整其宽度，如图7.6.6所示。

提示 ✎：单击任意一个单元格，将鼠标指针移到其下边框线上，当鼠标指针变为 ↕ 形状时，按住鼠标左键不放并向上拖动，到达适当位置时，释放鼠标，所有记录的行高均被调整。

图7.6.6 调整窗体

（4）单击"自动套用格式"工具栏中[XXXXX]按钮，在弹出的下拉列表框中选择"铸造"选项，如图 7.6.7 所示。

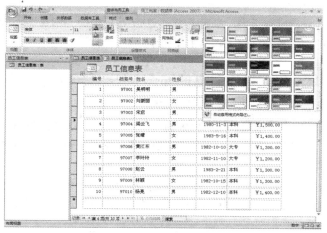

图 7.6.7　套用窗体窗式

（5）在"窗体"选项卡上单击鼠标右键，在弹出的快捷菜单中选择[保存(S)]命令，在打开的[另存为]对话框中输入窗体的名称"员工信息"。

（6）单击[确定]按钮完成创建，如图 7.6.8 所示。

图 7.6.8　创建完成的多记录窗体

第七节　报表的创建和使用

报表是 Access 数据库中的对象之一。一个数据库应用系统的最终目的就是输出报表，报表是数据库中的数据通过打印机输出的特有形式，它能将数据源（表或查询）中的数据根据用户设计的格式在屏幕或打印机上输出。

报表的用途归纳起来主要有两点：

（1）报表可以在大量数据中进行比较、小计和汇总等。

（2）在实际应用中，可以将报表设计成美观的目录、使用的发票、购物订单、标签等。

一、创建报表

报表有直接创建、创建空报表、通过报表向导创建和通过设计视图创建 4 种创建方法。在导航窗格中选择要用于创建报表的表或查询，单击 Access 2007 窗口中的"创建"选项卡，再单击"报表"工具栏中的相应按钮即可。各种创建方式的主要操作如下：

（1）直接创建报表：单击"报表"工具栏中的 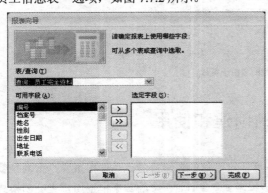 按钮，系统就会自动基于所选的表或查询生成一个报表，与直接创建窗体的方法类似。

（2）创建空报表：单击"报表"工具栏中的 按钮，系统自动创建一个无任何内容的空报表，并在右侧显示"字段列表"窗格，可从"字段列表"窗格中拖动字段到空白报表中，其方法与创建空白窗体类似。

（3）通过报表向导创建报表：单击"报表"工具栏中的 按钮，在打开的 报表向导 对话框中根据提示进行操作即可，其方法与根据窗体向导创建窗体类似。

（4）通过设计视图创建报表：单击"报表"工具栏中的 按钮，系统自动创建出没有任何内容的报表，并在窗口右侧显示"字段列表"窗格，可从"字段列表"窗格中拖动字段到空白报表中，其方法与在设计视图中创建窗体类似。

下面利用报表向导，根据"员工档案"数据库中的"员工完全资料"查询创建一个名为"员工资料报表"的报表，并以"地址"作为分组字段，其具体操作如下：

（1）打开"员工档案"数据库文件，选择"创建"选项卡。

（2）单击"报表"工具栏中的 按钮，打开 报表向导 对话框（一），在"表/查询"下拉列表框中选择"查询：员工完全资料"选项，如图 7.7.1 所示。

（3）单击 >> 按钮，将"可用字段"列表框中的所有字段添加到"选定字段"列表框中。

（4）单击 下一步(N) > 按钮，在打开的 报表向导 对话框（二）中选择查看数据方式，如选择"通过员工信息表"选项，如图 7.7.2 所示。

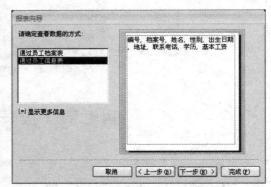

图 7.7.1　选择数据来源　　　　　　　　　图 7.7.2　选择数据的查看方式

（5）单击 下一步(N) > 按钮，在打开的 报表向导 对话框（三）中选择是否添加分组级别，在左侧列表框中选择"地址"字段，单击 > 按钮将其添加到右侧的列表框中，此时"地址"字段出现在最上面，下面显示该分组字段下的其他字段，如图 7.7.3 所示。

（6）单击 下一步(N) > 按钮，在打开的 报表向导 对话框（四）中选择是用于排序的字段方式，这里选择默认设置，如图 7.7.4 所示。

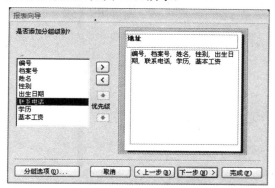

图 7.7.3　选择用于分组的字段

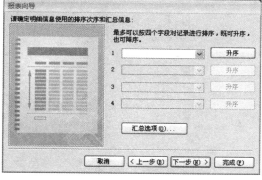

图 7.7.4　选择排序字段及方式

（7）单击 下一步(N) > 按钮，在打开的 报表向导 对话框（五）中选择报表的布局方式及方向，这里选择默认设置，如图 7.7.5 所示。选中 调整字段宽度使所有字段都能显示在一页中(W) 复选框，系统将自动调整报表的字段宽度，以显示出所有的字段。

（8）单击 下一步(N) > 按钮，在打开的 报表向导 对话框（六）中选择报表的格式，这里选择"原点"选项，如图 7.7.6 所示。

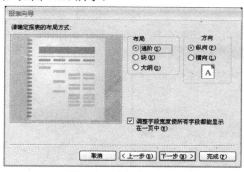

图 7.7.5　选择布局方式

图 7.7.6　选择套用格式

（9）单击 下一步(N) > 按钮，在打开的 报表向导 对话框（七）中的"请为报表指定标题"文本框中输入报表标题"员工资料报表"，如图 7.7.7 所示。

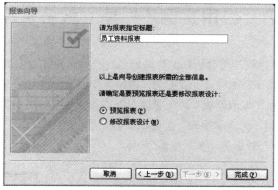

图 7.7.7　命名报表

（10）单击 完成(F) 按钮，完成报表的创建，并在打印预览视图中显示该报表，如图 7.7.8 所示。

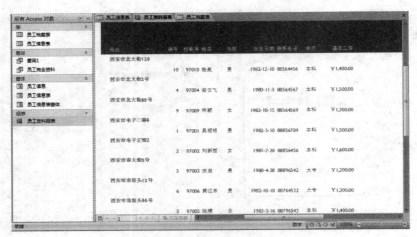

图 7.7.8　创建完成的报表

二、打印报表

创建好报表后，可以单击"打印"按钮开始打印。打印报表的具体操作如下：

（1）在报表预览视图中，单击"打印预览"选项卡中的 按钮。

（2）弹出"打印"对话框，设置打印内容及份数，单击 确定 按钮即可打印，如图 7.7.9 所示。

图 7.7.9　"打印"对话框

第八节　应用实例——建立教务管理系统

利用 Access 2007 的数据管理与分析功能，讲解创建查询、窗体与报表方法。

打开"教务管理"数据库，通过设计视图为"教师表"创建一个名为"政治面貌查询"的选择查询，查询中包括"姓名"和"政治面貌"两个字段，查询条件是政治面貌为"党员"的记录；为"学生表"创建默认样式的窗体，为"学生表"创建默认样式的报表。

（1）打开"教务管理"数据库，如图 7.8.1 所示。

（2）单击"创建"选项卡，单击"其他"组中的 按钮，打开"显示表"对话框，从中选择查询用到的表，如"教师表"，如图 7.8.2 所示。

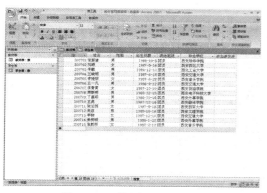
图 7.8.1　"教务管理"数据库

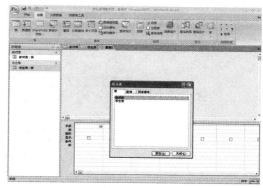
图 7.8.2　"显示表"对话框

（3）单击 [添加(A)] 按钮，然后再单击 [关闭(C)] 按钮。

（4）设置显示字段及查询条件，单击"保存"按钮 🖫，在弹出的 [另存为] 对话框中输入查询名称，如"政治面貌查询"，单击 [确定] 按钮，查询完成，如图 7.8.3 所示。

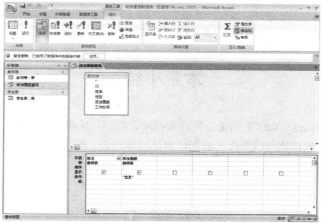
图 7.8.3　设置显示字段及查询条件

（5）打开"学生表"，单击"创建"选项卡，在"窗体"组中单击 🖾 按钮快速创建窗体，窗体效果如图 7.8.4 所示。

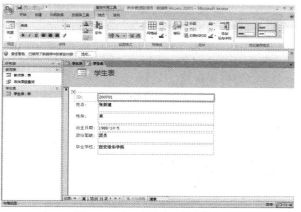
图 7.8.4　为"学生表"创建窗体

（6）单击"创建"选项卡，在"报表"组中单击 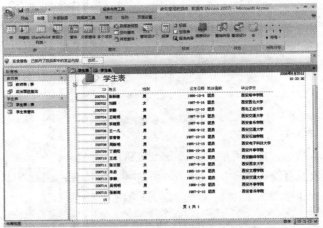 按钮快速创建报表，创建的报表效果如图 7.8.5 所示。

图 7.8.5 创建的报表

本章小结

本章主要介绍了 Access 2007 中创建与打开数据库、创建与编辑表、定义表之间的关系、查询的创建和使用、窗体的创建和使用以及报表的创建和使用等知识，通过本章的学习使用户对数据库管理软件有一个初步的了解，为以后的学习打好基础。

习 题 七

一、填空题

1．DB 是指_____，DBMS 是指 _____。

2．数据库系统一般由_____、_____、应用系统和用户所组成。

3．Access 数据库中的表（table）由表名、_____和_____组成。

4．在 Access 中，表和表之间的关系有 3 种，即一对一，_____和_____的关系。

二、选择题

1．下面列出的选项中不是 Office 应用程序组件的软件是（   ）。

    A．Word   B．Excel

    C．SQL Server   D．Access

2．Access 是基于（   ）模型的数据库管理系统。

    A．关系   B．树状

    C．层次   D．网状

3. （　　）是存储在计算机内的有结构的数据集合。

　　A．网络系统　　　　　　　　　B．数据库系统

　　C．操作系统　　　　　　　　　D．数据库

4. 在一个表中，能够唯一确定一个记录的字段或字段组合叫做（　　）。

　　A．索引　　　　　　　　　　　B．主键

　　C．属性　　　　　　　　　　　D．排序

5. Access 数据库文件的扩展名为（　　）。

　　A．.mdb　　　　　　　　　　　B．.mbd

　　C．.dbm　　　　　　　　　　　D．.dbd

6. 操作查询不包括（　　）。

　　A．更新查询　　　　　　　　　B．参数查询

　　C．生成表查询　　　　　　　　D．删除查询

7. 定义表结构时，不用定义（　　）。

　　A．字段名　　　　　　　　　　B．数据库名

　　C．字段类型　　　　　　　　　D．字段长度

8. 在 Access 数据库中，关于表与表之间的关系，下列说法正确的是（　　）。

　　A．所有表之间都必须有关系

　　B．至少有两个表之间是一对一的关系

　　C．最多有两个表之间是一对一的关系

　　D．多对多的关系需要由第 3 个表来描述

三、简答题

1. 什么是数据库？数据库的主要特征有哪些？

2. 什么是窗体？窗体的作用是什么？

四、上机操作题

1. 打开前面创建的"教务管理系统"数据库，为"教师表"创建一个名为"教师表"的表格式报表，包括所有字段，以"姓名"为升序进行排列，报表样式为"跋涉"。

2. 打开前面创建的"员工档案"数据库，为"员工信息表"创建一个名为"员工档案号查询"的选择查询，查询中包括"姓名"、"出生日期"、"学历"三个字段，查询条件是"学历为本科"的记录。

第八章　畅游 Internet

 **教学目标**

　　随着计算机技术的迅猛发展，计算机逐渐渗透到各个技术领域和整个社会的各个方面。社会的信息化、数据的分布处理、各种计算机资源的共享等各种应用要求都促使计算机技术与通信紧密结合。Internet 的产生符合了现代人们对计算机技术的要求，目前，Internet 的范围已经扩展到了生活、娱乐、新闻、通信、投资理财，甚至于军事、外交等各个方面，与人们的工作、学习和生活密切相关。

教学难点与重点

　　（1）Internet 概念。
　　（2）Internet 的接入。
　　（3）浏览网页。
　　（4）资料的下载与上传。
　　（5）电子邮件的使用。
　　（6）使用即时通信软件。

第一节　Internet 概念

　　本节主要介绍计算机网络及 Internet 的基本概念和应用。

一、网络的基本概念

　　计算机网络是一个利用外围通信设备和线路将不同地理位置、功能独立的多台计算机互相连接起来，实现各台计算机之间信息的互相交换，从而实现计算机资源的共享。
　　按照网络覆盖地理范围的大小，将计算机网络分为局域网、城域网和广域网。
　　局域网（Local Area Network，LAN）是覆盖地理范围较小的通信网络。它常利用电缆线将个人计算机和办公设备相互连接起来，以实现用户之间相互通信、共享资源及访问其他网络和远程主机。
　　城域网（Metropolitan Area Network，MAN），可以覆盖相距不远的几栋办公楼，也可以覆盖一个城市；既可以是专用网，也可以公用网，所采用的技术基本上与局域网相似。城域网既可以支持数据和语音传输，也可以与有线电视相连。
　　广域网（Wide Area Network，WAN）是覆盖地理范围广阔的数据通信网络。它利用电话线、高速电缆、光缆和微波天线等将远距离的计算机相互连接起来以实现数据传输，是一种跨越地区及国家的遍布全球的计算机网络。

二、Internet 的基本概念

Internet 的音译名为"因特网"，人们也常称其为"互联网"或者是"国际互联网"。它是 1969 年由美国军方的 Arpanet 网发展而成的一个军用网络，经过几十年的发展，逐渐成为一个国际性的网络。它是目前世界上最大的信息网络，有人把它称为"网络中的网络"，但它不是一个具体的网络，是众多网络互相通过一定的协议（TCP/IP 协议）连接而成的一个网络集合。

由于越来越多的人使用、接入计算机，现在 Internet 规模越来越大，网络资源也越来越丰富。它形成了以传播信息为中心的跨国界、跨地域的全新传播方式，成为人们相互交流、获取信息的一种重要手段，对社会各个方面也产生了巨大的影响。它还允许各式各样的计算机通过拨号方式或者是局域网方式接入。

三、Internet 的应用

Internet 之所以得到广泛的应用，是因为它提供了大量的服务，如万维网（WWW）服务、电子邮件（E-mail）服务、电子公告板（BBS）服务、文件传输（FTP）服务、新闻组（Usenet）服务、远程登录（Telnet）服务、信息查询工具（Gopher）等。这些服务为人们之间的信息交流带来了极大的便利，下面对主要的服务项目做以介绍。

（1）万维网（WWW）。万维网是全世界性的互联网的多媒体子网，是 Internet 上发展最快的一部分，也是最受欢迎的一种信息服务形式。万维网站点地址前都有"http//"字样，它遵循超文本传输协议（HTTP），通过超文本及超媒体技术将 Internet 上的信息集合起来，使用户可以通过"超级链接"快速访问。即使用户对网络不熟悉，也可以使用 WWW 浏览器（如 Internet Explorer）漫游 Internet，从中获取信息。

（2）电子邮件（E-mail）。E-mail 的使用很普及，是由于它可以使用户在任何时间、地点撰写、收发邮件、读取邮件、回复及转发邮件等。用户可以通过 Internet Explorer 中的电子邮件收发器 Outlook Express 来收发电子邮件。

（3）电子公告板（BBS）。BBS 是因特网上的信息实时发布系统。用户可以通过它发布各种信息及进行各种交流，国内多数用户喜欢用这种方式进行交流。

（4）文件传输（FTP）。使用文件传输这种服务可以将一台计算机上的文件传送到另外一台计算机上。FTP 可以传输各种类型的文件。

（5）新闻组（Usenet）。Usenet 是一种类似于 BBS 的服务，通过它用户可以在网上发布信息和相互交流。Usenet 比 BBS 安全、方便、可读性好。

（6）远程登录（Telnet）。远程登录作为 Internet 上最早的一种服务，使用户使用的个人计算机成为某一台远程计算机的虚拟终端，用户所有的操作都要通过远程主机处理后才反馈给用户。

（7）信息查询工具（Gopher）。Gopher 软件在 WWW 没出现以前，是 Internet 上最主要的信息检索工具。但由于计算机网络技术和 WWW 技术的飞速发展，Gopher 技术逐渐被人们遗忘。

Gopher 是一种基于菜单的 Internet 信息查询工具，用户只要在呈树形结构排列的多层菜单中选择特定的选项，就可以选取自己需要的、感兴趣的信息资源，用户还可以对 Internet 上的远程信息系统进行实时访问。

第二节　Internet 的接入

随着 Internet 的迅速普及和用户数量的不断增长，用户的需求也越来越多样化。各运营商为了满足用户的需求，根据自身网络发展情况，推出了多种不同的 Internet 接入方式。这一节主要介绍一些上网的基本要求和 Internet 的接入方式。

一、上网的要求

用户要实现上网首先必须查看计算机的硬件和软件是否符合条件。根据上网方式的不同，需要的硬件也不同，用户可以根据自己的喜好选择，但需要的软件是相同的。

由于采用普通电话线上网方式既经济又实惠，所以这里只介绍使用电话线上网所需的条件。

1. 上网的硬件要求

硬件的性能直接影响上网速度的快慢，一般包括以下几种设备：

（1）计算机系统。对上网的用户来说，首先要做好基本硬件设备的准备。用户所用的计算机必须在 486 以上，最好使用 586 以上档次的计算机；内存 16 MB 以上，最好在 32 MB 以上；硬盘容量最好大一些，有 200 M 以上的可用硬盘空间；显示卡和显示器最好能支持 800dpi×600dpi 以上的分辨率；最好配有多媒体部件，因为现在的许多站点都具有声音、图像、视频信息等。

（2）网络适配器。采用普通电话线方式上网，需要用到调制解调器。它的功能主要是"调制"和"解调"。"调制"就是将计算机发送的数字信号转换为模拟信号的过程，其目的便于在电话线上高质量的传输数据。"解调"就是在数据接收端将电话线传来的模拟信号转换为数字信号传送到计算机的过程。调制解调器是对数据传输进行转换的设备，用户可根据需要选择传输速度高的调制解调器。

（3）网络连线。采用普通电话线方式上网，使用的网络连线是电话线。

2. 上网的软件要求

上网除了具备硬件设备外还需要有一定的网络软件，如浏览器软件、电子邮件软件、文件下载软件、网络优化软件等。

3. 申请 Internet 账号

具备了一定的硬件和软件条件后，用户还需要到 ISP（Internet 服务供应商即 Internet Service Provider）处申请一个 Internet 账号。用户拿到申请的 Internet 账号就可以通过电话线将个人计算机连接到 ISP 的计算机上，并接入 Internet 中。申请账号时，ISP 会让用户自己选择用户名和密码。

二、Internet 的接入

不管是单位用户还是个人用户，接入 Internet 都有多种接入方式，如 Modem 接入、Cable Modem 接入、ISDN 接入、ADSL 接入、DDN 接入、无线接入及光纤接入等。这里介绍两种常用的接入方式。

1. Modem 接入

虽然现在有许多比 Modem 速度快、功能好的接入技术，但是目前 Modem 仍然是较常用的接入方式。Modem 是英文 Modulator 和 Demodulator 的缩写，中文名为调制解调器，俗称"猫"，是把数字信号与模拟信号相互转换的设备。Modem 的传输速率较低，其下行传输速率为 56 Kb/s，上行传输速率仅有 33.6 Kb/s。

它的主要功能在网络适配器中已讲过，这里只介绍它的分类。Modem 主要分为外置和内置两种。

（1）外置 Modem 又称台式 Modem，其特点是不占用主机的资源，便于安装，性能较好且方便使用，但须另外配置电源和电缆，价格较贵。

（2）内置 Modem 又称卡式 Modem，其特点是体积较小，是一块可插在主机箱内扩展槽上的插卡。虽然价格便宜，但其安装较复杂，且占用主机资源，性能较差。

2．ADSL 接入

ADSL（Asymmetric Digital Subscriber Line）中文译为非对称数字用户线路，是另一种最具影响的宽带接入技术。

如果用户要使用高宽带服务，只要在普通线路两端安装 ADSL 设备就可以了，再通过一条电话线就可以获得比普通 Modem 快 100 倍的速度来浏览因特网。使用因特网可以查找资料、娱乐、购物以及享受其他网上乐趣。

（1）ADSL 的接入方式。ADSL 接入 Internet 主要有两种方式：专线接入和虚拟拨号。

1）专线接入方式：它是由 ISP 提供静态 IP 地址、主机名称、DNS 等入网信息，然后安装好 TCP/IP 协议，直接在网卡上设定好 IP 地址，DNS 服务器等信息，就可直接接入 Internet。由此可见，ADSL 软件的设置和局域网一样。由于此方式设置技术性稍多，而且占用 ISP 有限的 IP 地址资源，所以目前主要是针对企业。

2）虚拟拨号方式：采用这种方式比较简单。可使用 PPPoE 协议软件，然后按照传统拨号方式上网，ISP 分配动态 IP。由于 PPPoE 形式的入网与用户所使用的 PPPoE 软件有很大关系，所以首先要确定使用的 PPPoE 软件，由于大家都遵守 PPPoE 协议，所以用户可以不使用 ISP 提供的 PPPoE 软件，选择自己喜欢的软件。

PPPoE（Point to Point Protocol over Ethernet）中文译为基于局域网的点对点通信协议，它基于局域网 Ethernet 和点对点 PPP 拨号协议两个标准。对于最终用户来说不必了解局域网的较深技术，只需当做普通拨号上网就可以了。

PPPoE 协议：ADSL 连接的是 ADSL 虚拟专网接入的服务器。根据网卡类型的不同可分为 ATM 和 Ethernet 局域网虚拟拨号方式。由于使用局域网虚拟拨号方式具有安装、维护简单等特点，所以目前已成为 ADSL 虚拟拨号的主力军，并且具有一套可以实现账号验证、IP 分配等工作的网络协议，这就是 PPPoE 协议。

（2）ADSL 的特点。ADSL 利用铜质电话线作为传输介质，为用户提供了高宽带服务技术，其主要特点如下：

1）ADSL 是非对称传输，传输速率高，上行可高达 640 Kb/s，下行高达 8 Mb/s。

2）与普通调制解调器相比，ADSL 采用专线接入，不需要拨号，可以直接上网。而且 ADSL 的传输速率非常高，是普通调制解调器的几十倍。用户既可以上网又可以打电话，使两者互不干扰。

第三节 浏览网页

用户要在 Internet 上尽情的冲浪，必须借助于 WWW 浏览器。本节主要介绍 WWW 浏览器的概念、IE6.0 的使用、IE 搜索功能的应用等。

一、WWW 浏览器的概念

万维网 WWW（World Wide Web）是一个基于超文本方式的信息检索工具。它将文本、图形、文件和其他 Internet 上的资源紧密地联系起来，用户只要操作鼠标就可以从其他地方调来所需的信息，使用 WWW 浏览器可使用户访问 Internet 上的资源更加方便、快捷。

二、IE6.0 的使用

使用 Windows XP 内置的 Internet Explorer 6.0（简称 IE6.0），可以很方便地帮助用户从 Internet 上获取各种类型的信息。下面主要介绍 IE6.0 的界面及使用 IE6.0 浏览网页、查找网页、保存网页、脱机浏览等。

1．IE6.0 的界面

双击任务栏中 IE 的快速启动图标，或选择　　开始 ➝ 　Internet Explorer　命令，打开如图 8.3.1 所示的 IE6.0 界面。

图 8.3.1　IE6.0 界面

IE6.0 界面是 Windows XP 的一个标准界面，主要由标题栏、菜单栏、工具栏、地址栏、状态栏等组成。

（1）标题栏：标题栏位于界面的顶行，标明正在浏览的网页标题。

（2）菜单栏：菜单栏位于标题栏的下方，它包含 IE 所有的命令，单击其中任意一个菜单项即可弹出相应的下拉菜单。用户可以根据需要选择菜单命令。

（3）工具栏：工具栏位于菜单栏的下方，它包含了常用的功能按钮，如后退、前进、停止、刷新等，用户单击按钮即可实现相应的功能。

（4）地址栏：地址栏位于工具栏的下方，用户可以在此输入网页的地址，单击地址栏右边向下的箭头可弹出最近查看过的网页地址。

（5）状态栏：状态栏位于 IE 界面的最底部，它显示当前的工作状态，连接网页时显示进度条。

（6）浏览区：浏览区位于地址栏和状态栏之间的区域是界面的浏览区，在此可以显示网页的内容。

（7）滚动条：滚动条分为水平滚动条和垂直滚动条。水平滚动条位于"浏览区"的底端，垂直滚动条位于"浏览区"的右侧，使用滚动条可以查看未显示完整的网页内容。

2. 浏览网页

启动 IE6.0 后，就可以打开任意一个网页（见图 8.3.1）。从中可以看到许多彩色文本、图片和一些动画，因为它们都设置了超链接，单击其中任意一个，都可链接到其他的网页。

（1）地址栏的使用。单击网页中的超链接，可以链接到其他的网页，如果一直单击，网页会层层显示，但这样比较浪费时间，为了节省时间，如果用户已经知道某些网址或网站，就可以在地址栏中输入网址，进行有目的的浏览。

在地址栏中输入一个网址，单击"转到"按钮 ![转到] 或按回车键，即可打开该网站的主页。

（2）切换网页。切换网页通常有下面两种方法：

1）刷新。用户在打开网页时，有时会出现网页没有完整显示或网页被停止的情况，这时，单击 IE 工具栏中的"刷新"按钮 ![刷新]，可以重新打开该网页。

2）使用"前进"和"后退"按钮。使用"前进"和"后退"按钮可连接到最近访问过的网页。单击 IE 工具栏中的"后退"按钮 ![后退]，可查看刚刚访问的最后一页。

3）使用"停止"按钮。打开网页时，如果网页打开速度较慢或者发现不是自己所要浏览的网页时，单击 IE 工具栏中的"停止"按钮 ![停止]，可停止正在打开的网页。

3. 查找网页

（1）在当前网页中查找信息。用户要在当前网页中查找信息，具体操作步骤如下：

1）选择 ![编辑(E)] → ![查找(在当前页)(F)... Ctrl+F] 命令，弹出如图 8.3.2 所示的 ![查找] 对话框。

图 8.3.2 "查找"对话框

2）在"查找内容"文本框中输入要查找的关键字。

3）单击 ![查找下一个(F)] 按钮，光标即停在第一个找到的关键字上。

（2）查找网页。在 Internet 上查找网页，可通过下面的方法完成。

1）选择 ![查看(V)] → ![浏览器栏(E)] ▶ ![搜索(S) Ctrl+E] 命令，或者使用"搜索"按钮 ![搜索]，可打开"搜索"任务窗格，如图 8.3.3 所示。

2）在"请选择您要搜索的内容"选项中，选中需要的单选按钮，然后在"请输入查询关键词"文本框中输入您要查找的网站或者是相关的关键词，如输入"sohu.com"，单击 ![搜索] 按钮即可打开相应的网页，如图 8.3.4 所示。

图 8.3.3 "搜索"任务窗格

图 8.3.4 使用"搜索"打开的网页

用户还可以通过单击工具栏中的"历史"按钮 ，来查找几天前或几周前访问过的网页站点链接。找到所需的历史记录快捷方式后，单击该快捷方式图标即可查看访问过的历史记录。

4．保存网页

保存网页的具体操作步骤如下：

（1）使用 IE 6.0 打开要保存的网页，选择 文件(F) → 另存为(A)... 命令，弹出"保存网页"对话框。

（2）在 文件名(N): 下拉列表框中输入网页的名称；在 保存类型(T): 下拉列表框中选择要保存网页的类型。用户可以将网页保存为以下 4 种类型：

1）网页，全部（*.htm，*.html）。该类型可以保存网页包含的所有信息。

2）Web 档案，单一文件（*.mht）。该类型只保存网页中的可视信息。

3）网页，仅 HTML（*.htm，*.mhtl）。该类型只保存当前网页中的文字、表格、颜色、链接等信息，而不保存图像、声音或其他文件。

4）文本文件（*.txt）。该类型可将网页保存为文本文件。

5．收藏网页

浏览网页时，可以将喜欢的网页用收藏夹收藏起来，以后再打开该网页时，只要单击收藏夹中的链接即可。

（1）收藏网页。使用收藏夹收藏网页的具体操作步骤如下：

1）使用 IE 6.0 打开要收藏的网页。

2）单击工具栏中的 收藏夹 按钮，即可打开"收藏夹"面板，如图 8.3.5 所示。单击 添加... 按钮，弹出"添加到收藏夹"对话框，如图 8.3.6 所示。

图 8.3.5　"收藏夹"面板　　　　　　图 8.3.6　"添加到收藏夹"对话框

3）单击 创建到(C) >> 按钮，即可弹出创建到列表框，用户可在该列表框中选择一个收藏网页的文件夹。

4）在"名称"文本框中输入网页的名称，单击 确定 按钮即可。

（2）整理收藏夹。在 IE 6.0 中，如果用户收藏了多个网页，就需要对收藏夹进行整理，以便于快速查找。整理收藏夹的具体操作步骤如下：

1）在"收藏夹"面板中单击 整理... 按钮，弹出"整理收藏夹"对话框，如图 8.3.7 所示。

2）单击 创建文件夹(C) 按钮，即可创建一个文件夹，并为其设置合适的名称。

3）在网页列表框中选择要移动的网页对应的图标，单击 移至文件夹(M)... 按钮，弹出"浏览文件夹"对话框，如图 8.3.8 所示。

4）在文件夹列表中选择合适的文件夹，单击 确定 按钮，即可将选中的网页移至该文件夹中。

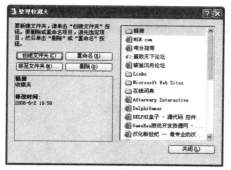

图 8.3.7 "整理收藏夹"对话框

图 8.3.8 "浏览文件夹"对话框

5）如果要删除收藏夹中的某个网页，将其选中后单击 删除(D) 按钮即可。

6．使用历史记录栏

历史记录栏中存放着曾经浏览过的网页，如果用户想要再次浏览该网页，可通过历史记录直接打开。其具体操作步骤如下：

（1）在 IE 浏览器窗口中单击"历史"按钮 ，即可弹出"历史记录"面板，如图 8.3.9 所示。

（2）单击 查看(V) ▾ 按钮，弹出其下拉菜单，如图 8.3.10 所示。用户可选择相应的命令，按日期、站点、访问次数及当天的访问顺序查看访问过的网页。

（3）找到要打开的网页后，单击鼠标即可将其打开。

图 8.3.9 "历史记录"面板

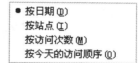

图 8.3.10 "查看"下拉菜单

7．脱机浏览

有时为了方便工作和节省上网费用（如果是 Modem 拨号上网，就要支付一定的电话费和网络使用费），可以将 Internet 上的网页下载到本地计算上，断开和 Internet 的连接后，再使用 IE 的脱机浏览功能来浏览网页。

三、IE 搜索引擎

在 Web 页上浏览，可以得到丰富的信息。但对于用户来说，并不是漫无目的地浏览 Web 页，而是根据需要查找感兴趣的信息。通常使用搜索引擎在 Web 上进行查找。所谓搜索引擎就是将网页按主题进行分类和组织的特殊站点。Internet Explorer 中包含了一项内建的功能，通过单击 搜索 按钮能访问大量流行的搜索引擎，如 yahoo，sina，sohu，chinaren 等，并将结果显示在浏览器的窗口之中。其具体操作步骤如下：

（1）在工具栏中单击 搜索 按钮，这时 Internet Explorer 浏览器窗口会自动分为两个窗格，左边的窗格为"搜索栏"；右边的窗格仍显示当前的网页。以新浪网站为例，其窗口显示如图 8.3.11 所示。

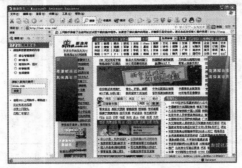

图 8.3.11　"新浪"主页

（2）在左边的"搜索"窗格中，从"请选择您要搜索的内容"选区中选择一个搜索引擎，默认情况下，IE 自动让各个流行站点不断循环以作为当前选择的内容。

（3）在"请输入查询关键词"文本框中输入所要搜索网站的关键字，然后单击 搜索 按钮，系统自动进行搜索。

（4）搜索结果将在左边的"搜索"窗格中显示出来，单击结果中的任意一个链接，该网页便会在右边的浏览器窗格中显示出来。

（5）要隐藏搜索窗口，再次单击 搜索 按钮即可。

第四节　资料的下载与上传

网络上有很多有用的资源，如图像、视频、文档、软件等。用户可以使用搜索引擎搜索到对自己有用的文件，然后可以把它下载到本地用户的计算机上。从网上下载可以分为 WWW 方式和 FTP 方式，使用这两种方式可以直接下载，也可以使用专业的下载软件（如 NetAnts，FlashGet）等。下面介绍几种常用的下载方法。

一、使用 FlashGet 下载

网际快车（FlashGet）是目前常用的下载工具软件之一，其操作界面如图 8.4.1 所示。与其他下载软件相比，FlashGet 具有如下特点：

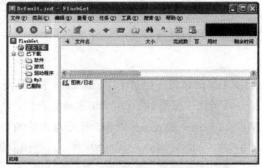

图 8.4.1　"网际快车"的下载界面

（1）下载速度快。FlashGet 把一个文件分成几个部分同时下载，这样可以成倍地提高速度。

（2）管理功能强大。FlashGet 可以创建不限数目的类别，并且允许将不同的类别保存在不同的目录；支持拖动、重命名、添加描述、查找等操作；文件名重复时可以自动重命名；下载前后均可轻易管理文件。

（3）管理界面简洁，方便了用户对下载任务进行管理。

1．下载文件

使用 FlashGet 下载文件的具体操作步骤如下：

（1）双击桌面上 FlashGet 的快捷方式图标，启动 FlashGet 应用程序。

（2）选择 任务(T) → 新建下载任务(N)... F4 命令，弹出 添加新的下载任务 对话框，如图 8.4.2 所示。

（3）在"网址"文本框中输入要下载文件的网页地址；在"文件分成"微调框中输入"5"。

（4）设置完成后，单击 确定 按钮，即可开始下载文件。

2．下载文件的管理

用户可以对已经下载的文件进行管理操作，例如重命名或移动等。

（1）重命名。在"下载资源"列表中单击 📁 已下载 文件夹，在"下载任务"列表中选中要设置的下载文件，单击鼠标右键，从弹出的快捷菜单中选择 重命名(R) ▶ 重命名(R)... 命令，在弹出的 重命名 对话框中的文本框中输入文件的新名称，单击 确定(O) 按钮，即可完成文件的重命名操作。

（2）在"下载任务列表"中选中要设置的下载文件，单击鼠标右键，从弹出的快捷菜单中选择 移动到(M)... 命令，弹出 移动 对话框，如图 8.4.3 所示。在该对话框中选择存放文件的位置，单击 确定(O) 按钮，在弹出的 FlashGet 提示框中单击 是(Y) 按钮，即可完成下载文件的移动。

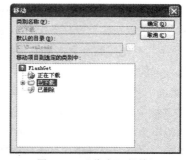

图 8.4.2　"添加新的下载任务"对话框　　　　　　图 8.4.3　"移动"对话框

二、使用迅雷下载

用户可根据需要，选择合适的下载工具进行文件的下载，下面将主要介绍迅雷的使用。当用户将迅雷安装到计算机中，即可在下载文件时使用它快速下载文件。

1．普通下载

使用迅雷下载文件的具体操作如下：

（1）在网站中找到下载链接，用鼠标右键单击该链接，在弹出的快捷菜单中选择 使用迅雷下载 命令，即可打开迅雷并进行下载，如图 8.4.4 所示。

（2）如果用户知道下载文件的 URL，可单击 新建 按钮，弹出"建立新的下载任务"对话框，如图 8.4.5 所示。在 网址(URL)(U): 文本框中输入文件所在的网址；在 存储目录(A): 下拉列表框中选择下载的类别及文件存放的路径；在 另存名称(E): 文本框中可以输入文件被下载后保存的名字。设置好相关参数后单击 确定(Q) 按钮，即可进行下载。

图 8.4.4　迅雷工作窗口　　　　　　　　　图 8.4.5　"建立新的下载任务"对话框

2. 多任务下载

如果用户要同时下载多个文件，可以按照以下操作步骤来进行下载，具体操作如下：

（1）选择 文件(F) → 新建批量任务(B)... 命令，弹出"新建批量任务"对话框，如图 8.4.6 所示。

（2）在 URL: 文本框中输入带通配符的批量任务下载地址，允许多个通配符，但字符的长度不能超过 1 024 字节。例如：http://www.xunlei.com/(*).zip。

（3）选中 从 0 到 0 单选按钮，在起始数字文本框中输入数值，可以决定批量任务中起始任务的 URL，最多可以输入 7 个字，在结尾数字文本框中输入数值，可以决定批量任务中结尾任务的 URL。

（4）如果选中 从 a 到 z （区分大小写）单选按钮，在起始字母文本框中输入字母，可决定批量任务中起始任务的 URL，输入的范围为 A～Z，该项的默认值为 a；在结尾字母文

图 8.4.6　"新建批量任务"对话框

本框中输入字母，可以决定批量任务中结尾任务的 URL，其输入范围为 A～Z。

（5）在 通配符长度: 文本框中输入数字，可以决定通配符的长度，其取值范围为 1～5，默认设置为 2。

（6）设置好相关参数后，单击 确定(Q) 按钮，即可进行批量下载。

除此之外，用户还可以在网页中提供的链接地址上单击鼠标右键，从弹出的快捷菜单中选择 使用迅雷下载全部链接 命令，即可打开多任务选择面板，如图 8.4.7 所示。用户可在该面板中选择要下载的任务。选择好要下载的任务后，单击 确定(Q) 按钮即可。

如果用户要对迅雷的下载属性进行设置，可选择 工具(T) → 配置(Q)... Alt+O 命令，弹出"配置"对话框，用户可在该对话框中选择不同的标签，对该软件进行详细的设置。

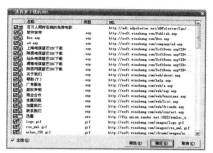

图 8.4.7 多任务选择面板

三、用 IE 完成文件上传

在下载的时候我们通常会使用 NetAnts、FlashGet 等专门的下载软件，在上传时也可以用 CuteFtp 一类的软件，但是这些上传软件大多数是英文的，并且操作不是特别简单，但是使用 IE 浏览器就可以轻松完成文件上传。在 IE 中上传文件大致分为以下几步：

（1）在 IE 的地址栏中输入 FTP 服务器的地址，如："FTP://go.163.com"。注意一定要在服务器地址前加上"FTP://"，这才表明是 FTP 服务器，否则电脑将把地址作为一般的网站地址，会自动在地址前添上 HTTP://。

（2）确认输入的地址无误后按回车键，IE 会搜索服务器。

（3）连接到服务器后，IE 会提示输入用户名和密码，或者是以匿名用户登录。如果是一般的软件下载站点则可以选择以匿名用户登录，如果是个人网站一类的 FTP 站点就需要输入用户名和密码，同时可以选择保留密码，但为了安全起见最好不要将密码保留在电脑上。

（4）通过了站点的用户确认就可以将硬盘上的文件上传到该 FTP 服务器上，但是一定要确认该站点是否对用户提供文件上传的权利。如果对该站点完全的读写权利，就可以使用与"Windows 资源管理器"或"我的电脑"相同的命令和操作。

以上传为例，可以先将要上传的文件"复制"到剪贴板，再"粘贴"到 FTP 服务器上即可。

第五节 电子邮件的使用

电子邮件是随着计算机网络技术的发展而出现的一种崭新的通信手段，其中 Outlook Express 6.0 是当前常用的一个电子邮件收发软件，在安装 IE6.0 浏览器时，Outlook Express 6.0 也会被自动安装。它可以管理多个电子邮件和新闻组账户；在服务器上保存邮件以便在多台计算机上查看；使用通讯簿存储和检索电子邮件地址；在邮件中添加个人签名或信纸、发送和接收安全邮件等。

电子邮箱地址的格式为：username@machinename，由用户名（username）、符号@和邮件服务器名（machinename）构成。用户名是信件接收者的个人标识，符号@是电子邮件地址的专用标识符，邮件服务器名又称为域名，由两个或两个以上的词构成，中间用点号隔开。

一、注册免费电子邮箱

要想通过 Internet 收发邮件，必须先向 ISP 机构申请一个属于自己的个人信箱。只有这样才能将电子邮件准确地送达给每个 Internet 用户。ISP 提供的邮箱有免费邮箱和收费邮箱两种，下面以"网易 163"为例介绍申请免费电子邮箱的方法，具体操作步骤如下：

（1）打开 IE 浏览器，在地址栏中输入"www.163.com"，然后按回车键，打开网易首页。

（2）在该网页的最上方单击 免费邮箱 超链接，打开"163 邮箱"网页，如图 8.5.1 所示。

（3）在该网页中单击 注册2260亮免费邮箱 按钮，打开"网易通行证服务条款"网页，如图 8.5.2 所示。

　　图 8.5.1　"163 邮箱"网页　　　　　　图 8.5.2　"网易通行证服务条款"网页

（4）在该网页中阅读相关条款，单击 我接受 按钮，打开"选择用户名"网页，如图 8.5.3 所示。

（5）在该网页中填写注册邮箱的详细信息，如用户名、登录密码、密码提示问题等，填写完成后，单击 提交表单 按钮，打开"填写个人资料"网页，如图 8.5.4 所示。

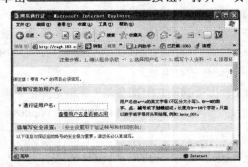　　　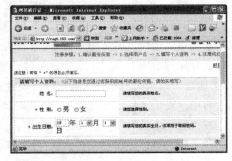

　　图 8.5.3　"选择用户名"网页　　　　　　图 8.5.4　"填写个人资料"网页

（6）在该网页中填写用户的姓名、身份证号、性别、出生年月等，填写完成后，单击 提交表单 按钮，即可打开"注册成功"网页，如图 8.5.5 所示。

至此，免费邮箱已经申请完成，单击该网页中的 开通2280兆免费邮箱 按钮，即可登录到电子邮箱页面，如图 8.5.6 所示。

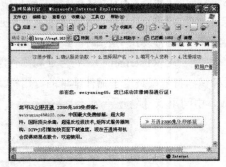　　　

　　图 8.5.5　"注册成功"网页　　　　　　图 8.5.6　电子邮箱页面

二、收发电子邮件

利用 Outlook Express 6.0 可以接收邮件、阅读邮件、回复邮件和管理邮件。

1．接收邮件

接收邮件的具体操作步骤如下：

（1）要接收邮件，首先必须启动 Outlook Express 6.0。

（2）在打开的 Outlook Express 6.0 窗口中单击"发送和接收"按钮 ，Outlook Express 6.0 验证用户的身份并且接收新的邮件，打开如图 8.5.7 所示的"接收新邮件"窗口。

在该窗口中提示有两封未读的邮件，说明有新的邮件，否则就表示没有新的邮件。

2．阅读邮件

用户接收到新的邮件后，就可以阅读它们了。阅读邮件的具体操作步骤如下：

（1）单击左侧窗格中的"收件箱"文件夹，打开如图 8.5.8 所示的"收件箱"窗口。

图 8.5.7 "接收新邮件"窗口

图 8.5.8 "收件箱"窗口

（2）单击要阅读的邮件主题，相应的邮件内容便在窗口的右下方显示，如图 8.5.9 所示。

（3）用户也可以通过双击要阅读的邮件主题打开邮件阅读的窗口，如图 8.5.10 所示。

图 8.5.9 阅读邮件的窗口（一）

图 8.5.10 阅读邮件的窗口（二）

3．回复邮件

发送邮件有两种，一种是创建一个新邮件，然后发送该邮件；另一种是回复邮件。回复邮件的具体操作步骤如下：

（1）在 Outlook Express 6.0 窗口中，选择好要回复的主题后单击 按钮，打开"回复邮件"

窗口，如图 8.5.11 所示。

（2）在窗口中输入要回复的内容，如果要添加附件，单击  按钮，增加附件文件。

（3）单击  按钮，该邮件被发送出去。

发送时会显示邮件发送进度的对话框，如果邮件地址错误或其他原因，系统会显示邮件发送错误的信息，用户可以根据提示做出相应的改进措施。

邮件发送完后，系统自动返回到 Outlook Express 6.0 窗口，并且可以看到在"已发送邮件"文件夹中添加了刚刚发送的邮件。

4. 管理邮件

管理邮件主要指删除邮件、通讯簿管理以及文件夹管理。

（1）删除邮件。当用户接收到大量的电子邮件时，有的是有用的，有的是没用，这时就需要对一些没用的电子邮件进行删除。删除邮件的操作非常简单，在 Outlook Express 6.0 窗口中选择要删除的主题，然后单击  按钮；或者在要删除的主题上单击鼠标右键，在弹出的快捷菜单中选择 删除(D) 命令，如图 8.5.12 所示。

图 8.5.11　"回复邮件"窗口

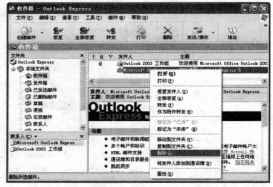

图 8.5.12　使用快捷菜单删除邮件

Outlook Express 6.0 先将删除的邮件移动到"已删除邮件"文件夹中，如果用户想恢复已删除的邮件，可以打开"已删除邮件"文件夹，然后将邮件拖回到"收件箱"文件夹或者其他文件夹中。这种功能类似于 Windows 中的"回收站"。

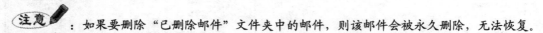

注意：如果要删除"已删除邮件"文件夹中的邮件，则该邮件会被永久删除，无法恢复。

（2）通讯簿管理。通讯簿管理包括添加联系人和添加联系人组。通讯簿提供了存储联系人信息的方便场所，用户可以在其中添加联系人的各类信息而且还可以对联系人进行分组管理。在通讯簿中添加联系人的具体操作步骤如下：

1）单击"打开通讯簿"超链接，打开如图 8.5.13 所示的 通讯簿 - 主标识 窗口。

2）选择 文件(F) → 新建联系人(C)... Ctrl+N 命令；或者单击工具栏中的"新建"按钮 新建，在弹出的下拉菜单中选择 新建联系人(C)... 命令，弹出如图 8.5.14 所示的联系人 属性 对话框。

3）在该对话框中输入联系人的相关信息，如姓名、职务、电子邮件地址等。

图 8.5.13 "通讯簿－主标识"窗口

图 8.5.14 联系人"属性"对话框

4）单击 确定 按钮，联系人就添加到通讯簿中，如图 8.5.15 所示。

除了可以在通讯簿中添加联系人外，还可以在通讯簿中添加联系人组，利用组名可以同时给组内各成员发送内容相同的邮件，便于更好地管理通讯簿。

添加联系人组的具体操作步骤如下：

1）在 通讯簿－主标识 窗口中选择 文件(F) → 新建组(G)… Ctrl+G 命令，弹出如图 8.5.16 所示的联系人组 属性 对话框。

图 8.5.15 "添加联系人"通讯簿

图 8.5.16 联系人组"属性"对话框

2）在"组名"文本框中输入联系人组的名称，如同事。

3）在"姓名"和"电子邮件"文本框中分别输入要添加到联系人组的联系人的姓名和电子邮件地址，单击 添加(A) 按钮，便添加到"组员"列表框中。

4）单击 选择成员(S) 按钮，弹出如图 8.5.17 所示的 选择组成员 对话框。

5）在该对话框中选择一个需要添加的邮件地址，单击 选择(T) -> 按钮，所选的邮件地址便可添加到右边的"成员"列表框中。

6）单击 确定 按钮，"成员"列表框中的邮件地址便添加到"组员"列表框中。

7）单击 确定 按钮，新建的组便添加到通讯簿中，如图 8.5.18 所示。

图 8.5.17 "选择组成员"对话框

图 8.5.18 "添加联系人组"的通讯簿

（3）文件夹管理。当收件箱中的邮件太多时，用户可以通过新建文件夹来对邮件进行分类管理。新建文件夹的具体操作步骤如下：

1）选择 文件(F) → 文件夹(F) → 新建(N)... Ctrl+Shift+E 命令，弹出 创建文件夹 对话框，如图 8.5.19 所示。

2）在"文件夹名"文本框中输入新的文件夹名，单击 确定 按钮，创建好的文件夹如图 8.5.20 所示。

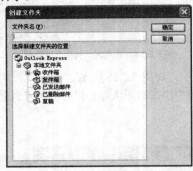

图 8.5.19　"创建文件夹"对话框

图 8.5.20　新建的文件夹

第六节　使用即时通信软件

随着网络的普及，越来越多的人享受到了互联网带来的快捷与方便，网上聊天也增加了用户之间的信息沟通与交流，本节主要介绍腾讯 QQ 软件和 MSN Messenger 即时通信软件。

一、腾讯 QQ

腾讯 QQ 是深圳腾讯电脑系统有限公司开发的一种网络即时通信软件，它是现在国内最为流行的娱乐工具之一，用户可使用电脑或手机等终端设备通过 Internet、移动与固定通信网络进行实时交流。

1．申请号码

申请 QQ 号码的具体操作步骤如下：

（1）双击桌面上的 快捷方式图标，打开 QQ用户登录 窗口，如图 8.6.1 所示。单击 申请号码 按钮，打开 申请号码 窗口，如图 8.6.2 所示。

图 8.6.1　"QQ 用户登录"窗口

图 8.6.2　"申请号码"窗口

（2）单击 [图标] 图标，打开"申请免费号码"界面，如图 8.6.3 所示。

（3）单击 [我同意] 按钮，再单击 [下一步] 按钮，进入"必填个人资料"页面，填写个人资料。

[提示]：在填写个人资料时，一定要加强自我保护意识。如手机号码、家庭电话、住址等联系方式的填写一定要慎重，最后选择"完全保密"。

（4）填写完后单击 [下一步] 按钮，进入"选填详细资料"页面，填写相关的详细信息。

（5）单击 [下一步] 按钮，完成号码申请，如图 8.6.4 所示。

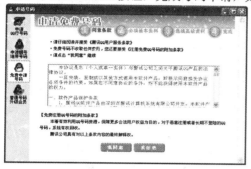

图 8.6.3　"申请免费号码"界面

图 8.6.4　"申请号码"完成界面

2．登录和查找好友

注册完 QQ 号码，就可以登录并使用该工具聊天了。

（1）登录。双击桌面上的 [腾讯QQ] 快捷方式图标，打开"QQ 用户登录"界面（见图 8.6.1），输入 QQ 号码和密码，单击 [登录] 按钮。登录后会打开 QQ 好友界面，如图 8.6.5 所示。

[提示]：如果是第一次使用新注册的号码登录 QQ 服务器，则好友名单是空的，要和其他人联系，必须添加好友。

（2）查找和添加好友。查找好友的具体操作步骤如下：

1）单击 [查找] 按钮，打开 [QQ2005查找/添加好友] 窗口，如图 8.6.6 所示。选中 [看谁在线上] 单选按钮，单击 [查找] 按钮，进入查找列表，选择查找的目标。

图 8.6.5　QQ 好友界面

图 8.6.6　"QQ2005 查找/添加好友"窗口

2）如果知道对方的 QQ 号码、昵称或电子邮件，选中 [精确查找] 单选按钮，在相应的文本框中输入对方的信息，单击 查找 按钮，查找符合要求的对象。

查找完成后，单击 加为好友 按钮，弹出如图 8.6.7 所示的"QQ2005 查找/添加好友"对话框。在"给对方表明身份"文本框中输入验证信息，单击 发送 按钮，即可发送验证信息。对方通过验证后，系统会发送确认信息，好友的头像和昵称也就会在用户的好友列表中出现。

3．聊天

在 QQ 好友列表中双击好友的头像，即可打开"聊天"窗口，如图 8.6.8 所示。

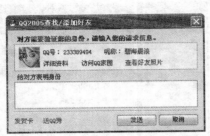

图 8.6.7　"QQ2005 查找/添加好友"对话框

图 8.6.8　"聊天"窗口

在发送信息文本框中输入要发送的信息，单击 发送 按钮，即可将信息发送到对方的 QQ 上。双方的聊天记录将在记录"信息"文本框中显示。

在聊天时单击"视频"按钮 ，在有摄像头的情况下即可邀请好友进行视频聊天，这样不仅可以听到对方的声音、还可以看到对方。单击"文件传输"按钮 ，可以和好友进行文件传输。

可以在聊天中给好友发送表情、图片等。单击"表情"按钮 ，在弹出的"表情"列表框中选择表情，选中后即可将其发送给对方；发送图片单击"截图"按钮 ，弹出截图图标和截图提示框，根据截图提示框中的要求进行操作即可。

4．设置个人信息

个人信息的设置是根据个人的具体情况，对个人在网络上的昵称、邮箱等信息进行设定，同时也可以进行系统参数的设定。

信息设置的设置方法是在 QQ 列表下方的工具选区中单击 菜单 按钮，弹出如图 8.6.9 所示的 QQ 菜单栏，选择其中任意一项，就可以进入相应的项目进行设置。大多数参数设置都是系统默认的，而其中一些个人设置和系统设置则可根据自己的实际情况进行设定。

（1）个人设置。单击 QQ 菜单栏中的 个人设置 按钮，弹出 QQ2005设置 对话框，在如图 8.6.10 所示的 个人设置—个人资料 设置区域中输入个人信息，完成后单击 确定 按钮。

（2）系统设置。在 QQ2005设置 对话框中单击 系统设置 按钮，打开 系统设置—基本设置 系统设置区域，如图 8.6.11 所示，进行系统参数的设置，完成后单击 确定 按钮。

图 8.6.9　QQ 菜单栏

5．QQ 的隐藏设置

下面介绍隐藏 QQ 界面和隐身设置的方法。

（1）隐藏 QQ 界面。将鼠标指针指向 QQ 界面标题栏，按住鼠标左键并上、下、左、右任意拖动，到桌面边缘时，释放鼠标，QQ 界面即可自动隐藏，或者单击标题栏中的"最小化"按钮 ，隐藏 QQ 界面。

图 8.6.10 个人设置

图 8.6.11 系统设置

（2）隐身。用鼠标右键单击桌面右下角的 QQ 图标，在弹出的下拉菜单中选择 **隐身** 命令，如图 8.6.12 所示。在图中可以看到 QQ 的 4 种上线信息，其含义分别如下：

"上线"表示聊天双方可在好友列表中看到对方，可以和对方聊天。

"离开"表示用户虽然在线，但处于较忙的状态。收到信息后，系统会根据用户设定自动回复。

"隐身"表示与对方聊天时对方看到自己的图像是灰色的，但并不是处于离线状态。

"离线"表示用户不在线，不能给好友发送信息和接收好友的信息。用户也可以选择 **离开** 命令，在弹出的下拉菜单中设置系统自动回复语言，如图 8.6.13 所示。

图 8.6.12 选择"隐身"命令

图 8.6.13 设置系统自动回复语言

二、MSN Messenger

微软的 MSN Messenger 能让用户多方位使用各种网络通信工具。使用 MSN Messenger 不但可以与朋友进行文字、语音联机聊天，向朋友的手机或寻呼机发送消息，而且还可以远程传送文件。如果要使用 MSN Messenger 聊天，必须先注册一个 Hotmail 的电子邮箱地址，然后就可以免费获得 MSN Messenger 登录账号，其申请过程如申请 QQ 号码基本相同，这里不再赘述。

1. 登录 MSN Messenger

完成.NET Passport 账号的申请就可以登录 MSN Messenger 了。其具体操作步骤如下：

（1）双击任务栏右侧的 MSN Messenger 图标，弹出如图 8.6.14 所示的对话框，单击 **登录(S)** 按钮，弹出如图 8.6.15 所示的.NET Messenger Service 对话框。

（2）在"登录到.NET Messenger Service 对话框"的"登录名"文本框中输入申请到的.NET Passport 电子邮件地址，在"密码"文本框中输入用户密码。

图 8.6.14　MSN Messenger 窗口　　　　图 8.6.15　登录到.NET Messenger Service 对话框

（3）输入完毕，单击 确定 按钮，打开 MSN Messenger 聊天界面，如图 8.6.16 所示。
登录上 MSN Messenger 之后，就可以使用 MSN Messenger 提供的服务了。

2．添加及管理联系人

如果用户是初次使用 MSN 聊天工具，当进入聊天界面以后，用户列表中没有聊天对象，必须先添加联系人，才能进行聊天。

添加及管理联系人，其具体操作步骤如下：

（1）在聊天工具窗口中选择 联系人(C) → 添加联系人(A)… 命令，弹出 添加联系人 对话框（一），如图 8.6.17 所示。

图 8.6.16　MSN 聊天界面　　　　图 8.6.17　"添加联系人"对话框（一）

（2）在该对话框中选择添加联系人的方式，单击 下一步(N) > 按钮，弹出 添加联系人 对话框（二），如图 8.6.18 所示。

（3）在该对话框中输入联系人的 E-mail 地址，然后单击 下一步(N) > 按钮，弹出 添加联系人 对话框（三），如图 8.6.19 所示。

图 8.6.18　"添加联系人"对话框（二）　　　　图 8.6.19　"添加联系人"对话框（三）

（4）在该对话框中选中 ☑ 向此人发送关于 MSN Messenger 的电子邮件(S) 复选框，在文本框中输入邮件内容，向添加的联系人发送邮件，然后单击 下一步(N) > 按钮，弹出 添加联系人 对话框（四），如图8.6.20所示。

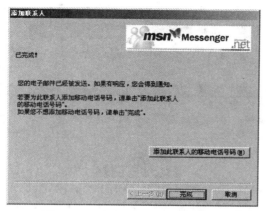

图8.6.20　"添加联系人"对话框（四）

（5）在该对话框中单击 完成 按钮，完成添加联系人的操作。

3．使用 MSN Messenger 发送即时消息

当用户添加了联系人以后，如果对方在线，双方便可以进行即时聊天。其具体操作步骤如下：

（1）在用户列表中选择要聊天的对象，双击该联系人头像，打开聊天窗口，如图8.6.21所示。

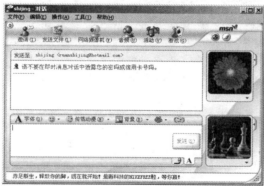

图8.6.21　聊天窗口

（2）在该窗口中编辑聊天内容，然后单击 发送(S) 按钮即可。

（3）当联系人回复消息后，回复的消息会显示在聊天窗口的上方，如图8.6.22所示。

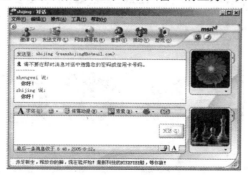

图8.6.22　显示聊天内容

第七节 应用实例——搜索图片

通过本章学习，主要掌握搜索引擎的使用方法，并用所学的知识在网络上搜索一张图片。

（1）选择 开始 → 程序(P) → Internet Explorer 命令，启动 IE 浏览器。

（2）在浏览器"地址栏"中输入"http://www.baidu.com"，按回车键，打开百度主页，如图 8.7.1 所示。

图 8.7.1 百度主页

（3）单击 图片 超链接，打开百度图片搜索页面，如图 8.7.2 所示。

图 8.7.2 图片搜索网页

（4）在文本框中输入文本"水果"，单击 搜索图片 按钮，即可打开搜索到的水果页面，如图 8.7.3 所示。

图 8.7.3 打开水果页面

（5）在该页面中单击需要的图片，即可打开相应的水果图片，最终效果如图 8.7.4 所示。

图 8.7.4　最终效果

本章小结

本章介绍了 Internet 概念、Internet 的接入、浏览网页、收发电子邮件以及计算机病毒与防治等内容，通过本章的学习，用户可以掌握如何上网、如何搜索与查找站点、如何使用即时通信软件等知识。

习　题　八

一、填空题

1．按照网络覆盖地理范围的大小，将计算机网络分为＿＿＿＿＿＿、＿＿＿＿＿＿和＿＿＿＿＿＿。

2．局域网是覆盖地理范围较小的通信网络。它常利用电缆线将＿＿＿＿＿＿和＿＿＿＿＿＿相互连接起来，以实现用户之间相互＿＿＿＿＿＿、＿＿＿＿＿＿及访问其他网络和远程主机。

3．新闻组是一种类似于＿＿＿＿＿＿的服务，通过它用户可以在网上发布信息和相互交流。

4．腾讯 QQ，原名＿＿＿＿＿＿，是由＿＿＿＿＿＿开发的基于 Internet 的即时寻呼软件，用户可以使用它和好友在线进行交流，信息即时发送，即时恢复。

5．＿＿＿＿＿＿是指在 Internet 或常规计算机网络上各个用户之间通过电子信件的形式进行通信的一种现代通信方式。

二、选择题

1．（　）是因特网上的信息实时发布系统，通过它可以发布各种信息及进行各种交流。

A．电子邮件　　　　　　　　　B．新闻组

C．电子公告板　　　　　　　　D．WWW

2．为了满足广大用户信息检索的需求，由专业网站提供的搜索工具，称为（　）。

A．网络导航　　　　　　　　　B．搜索引擎

C．检索工具　　　　　　　　　D．推（Push）技术

3．Internet 提供的众多服务中，人们最常用的是在 Internet 各站点之间漫游，浏览文本、图形、声音等各种信息，这项服务为（　　）。

A．电子邮件　　　　　　　　　　　B．WWW

C．文件传输　　　　　　　　　　　D．网络新闻组

三、问答题

1．简述 Internet 提供的服务。

2．简述免费电子邮箱的申请。

四、上机操作题

1．使用搜索引擎在 Internet 上搜索需要的网页和信息。

2．在某个网站上注册一个免费电子邮箱，并给好友发一封电子邮件。

第九章　多媒体计算机及应用

教学目标

计算机多媒体技术在当今社会的各个领域都得到了广泛的应用，所以用户在学习计算机知识时要对多媒体知识有足够的了解，这样在以后的学习和工作中才能发挥自己的特长。本章主要介绍计算机在多媒体技术方面的应用和一些多媒体工具软件。

教学难点与重点

（1）多媒体的基本概念。
（2）多媒体计算机的特点及系统组成。
（3）常见的多媒体文件格式。
（4）常用的多媒体处理工具。
（5）Windows XP 中的多媒体组件。
（6）图像浏览软件 ACDSee 10。
（7）MP3 播放器 Winamp v 5.05。
（8）视频播放器豪杰超级解霸 10。
（9）刻录软件 Nero。

第一节　多媒体的基本概念

多媒体技术是 20 世纪 80 年代发展起来并得到广泛应用的计算机新技术，它广泛应用于教育、商业、文化娱乐、工程设计及通信等领域。多媒体技术不仅为人们勾画出一个多姿多彩的视听世界，也使人们的工作和生活方式发生了巨大的改变。

一、媒体与多媒体

人们通常所说的媒体（Medium）包含两种含义：一种是指信息的载体，即存储和传递信息的实体，如书本、光盘、磁带以及相关的播放设备等；另一种是指信息的表现形式或传播形式，如文本、声音、图形、图像和动画等。多媒体计算机中所说的媒体是指后者而言。

人类在社会生活中要使用多种信息和信息载体进行交流，多媒体就是融合两种或两种以上媒体的一种人机交互式信息交流、传播的媒体，包括文本、图形、图像、声音、动画和视频等。

二、多媒体技术

多媒体技术是指利用计算机技术把数字、文本、图形和图像等多种媒体信息进行有效组合，并对这些媒体进行同步获取、编辑、存储、显示和传输的一门综合技术。

三、媒体的种类

在日常生活中，媒体的种类繁多。国际电信联盟（ITU-T）将各种媒体做了如下的分类和定义：

1．感觉媒体

感觉媒体是指能直接作用于人的感觉器官，从而使人产生直接感觉的媒体，如语言、音乐、动画、文本以及自然界中的各种声音、图像等。

2．表示媒体

表示媒体是为了加工、处理和传送感觉媒体而人为开发出来的一种媒体，即数据交换的编码。借助于此种媒体，人们能更有效地存储感觉媒体或将感觉媒体从一个地方传送到另一个地方，如语言编码、电报码、条形码和计算机中的数字化编码等。

3．显示媒体

显示媒体是通信中用于使电信号和感觉媒体之间产生转换的一类媒体，如键盘、鼠标、显示器、打印机、音箱、扫描仪和投影仪等。

4．存储媒体

存储媒体是用于存放某种信息的物理介质，如纸张、磁带、磁盘和光盘等。

5．传输媒体

传输媒体是把信息从一个地方传送到另一个地方的物理介质，如电话线、双绞线、同轴电缆和光缆等。

四、多媒体的组成要素

从多媒体技术的定义来看，多媒体是由文本、图形和图像、音频、动画以及视频等要素组成的。

1．文本

文本是多媒体中最基本也是应用最为普遍的一种媒体。多媒体中的文本整洁易懂，通常只显示10个左右的重要语句和内容，只要将鼠标移至其上并单击，就会出现对应这个语句的画面和声音。

2．图形和图像

多媒体中的图形和图像可以是人物画、景物照片或者其他形式的图案。用它们来表达一个问题要比文字更加直观，也更有吸引力。

3．音频

在多媒体中，音频是指数字化后的声音。它通常用来做解说词、背景音乐和音效。在多媒体技术中，存储声音信息的常用文件格式有 WAV，MIDI，RMI，MP3，WMA 等。

4．动画和视频

视频信息一般通过摄像机、录像机等设备捕获到计算机内部。在多媒体中加入一段动态视频信息会使画面更加生动。视频文件主要有 AVI，MOV，MPG 等格式。

将一段好的动画片穿插到多媒体中，不仅可以使整体风格更加活泼，还可以更加吸引人，尤其是儿童会更酷爱这类多媒体信息。然而，制作动画片比较费时而且成本较高，所以一般都与其他媒体搭配使用。

5. 流媒体

流媒体是应用流技术在网络上传输多媒体文件，它将连续的图像和声音信息经过压缩后存放在网站服务器上，用户可以一边下载一边观看、收听。流媒体就像"水流"一样从流媒体服务器源源不断地"流"向客户机。该技术先在客户机创建一个缓冲区，在播放前预先下载一段资料作为缓冲，避免播放的中断，也使得播放质量得以保证。

目前流媒体的主要文件格式有 RM，ASF，MOV，MPEG-1，MPEG-2，MPEG-4，MP3 等。

第二节　多媒体计算机的特点及系统组成

目前，人们所说的多媒体计算机是指具有处理多媒体功能的计算机。它是多媒体技术和计算机技术结合的产物，其外观如图 9.2.1 所示。

图 9.2.1　多媒体计算机

一、多媒体计算机的特点

多媒体计算机技术是一种基于计算机技术的综合技术，它包括数字化信号处理技术，音频和视频技术，计算机软，硬件技术，人工智能和模式识别技术，通信和图像技术等。多媒体计算机有以下几个特点：

1. 集成性

集成性是指将多媒体有机地组织在一起，共同表达一个完整的多媒体信息，达到声、文、图像一体化。

2. 交互性

交互是指人和计算机的"对话"，并且能够进行人工的干预控制。交互性是多媒体技术的关键特征。

3. 数字化

数字化是指多媒体中的单个媒体以数字化的形式存放在计算机中，由计算机对它们进行加工和处理。

4．实时性

由于一些多媒体的应用与时间有关，例如电视会议，所以多媒体技术必须支持实时处理。

二、多媒体技术的应用

多媒体技术应用十分广泛，对提高人们的工作效率和改善人们的生活质量产生了深远的影响，其主要应用在以下几个方面：

（1）多媒体电子出版物，为读者提供了"图文声像"并茂的表现形式。

（2）支持各种计算机应用的多媒体化，如电子地图。

（3）科技数据和文献的多媒体表示、存储及检索。它改变了过去只能利用数字、文字的单一方法，还描述对象以本来面目。

（4）娱乐和虚拟现实是多媒体应用的重要领域，它帮助人们利用计算机多媒体和相关设备把自己带入虚拟世界。

（5）多媒体技术加强了计算机网络的表现力，促进了计算机网络的发展。

三、多媒体计算机标准

多媒体计算机是指能够处理多种媒体的计算机，简称 MPC（Multimedia Personal Computer）。

MPC 有 4 个标准，即 MPC-1 标准、MPC-2 标准、MPC-3 标准和 MPC-4 标准，如表 9.1 所示。

表 9.1　4 个 MPC 标准

计算机中的各部件	MPC-1	MPC-2	MPC-3	MPC-4
CPU	80386 SX/16	80486 SX/25	Pentium 75	Pentium 133
内存容量	2 MB	4 MB	8 MB	16 MB
硬盘容量	80 MB	160 MB	850 MB	1.6 GB
CD-ROM 速度	1×	2×	4×	10×
声卡	8 位	16 位	16 位	16 位
图像	256 色	65 535 色	16 位真彩	32 位真彩
分辨率	640×480	640×480	800×600	1280×1024
软驱	1.44 MB	1.44 MB	1.44 MB	1.44 MB
操作系统	Windows 3.x	Windows 3.x	Windows 95	Windows 95

四、多媒体计算机硬件系统

多媒体计算机硬件系统主要包括 6 部分。

（1）主机，如个人计算机、工作站、超级微机等。

（2）输入设备，如摄像机、麦克风、收录机、录像机、扫描仪等。

（3）输出设备，如打印机、音响、绘图仪、显示器、扬声器等。

（4）存储设备，如硬盘、软盘、光盘、声像磁带等。

（5）功能卡，如视频卡、声音卡、通信卡、压缩卡、家电控制卡等。

（6）操纵控制设备，如鼠标、键盘、操纵杆、触摸屏等。

五、多媒体计算机软件系统

对于多媒体计算机的每一种硬件设备都要有相应的程序支持,这些程序统称为多媒体计算机的软件系统。

多媒体软件系统按功能可分为系统软件和应用软件。

系统软件是多媒体系统的核心,它不仅具有综合使用各种媒体、灵活调度多媒体数据进行媒体的传输和处理的功能,而且能控制各种媒体硬件设备协调地工作。多媒体系统软件主要包括多媒体操作系统、媒体素材制作软件及多媒体函数库、多媒体创作工具与开发环境、多媒体外部设备驱动软件和驱动器接口程序等。

应用软件是在多媒体创作平台上设计开发的面向应用领域的软件系统,通常由应用领域的专家和多媒体开发人员共同协作、配合完成。例如,教育软件、电子图书等。

第三节　常见的多媒体文件格式

本节主要介绍常见的多媒体文件格式,主要包括文本、图形图像、声音文件、动画文件、视频文件等的基本格式。

一、文本的基本格式

文本包含字母、数字、字和词等基本元素。多媒体系统除了具备一般文本处理的功能外,还可运用人工智能技术对文本进行识别、理解、翻译和发音等。文本文件可分为非格式化文本文件和格式化文本文件。

1. 非格式化文本文件

非格式化文本文件只有文本信息,没有其他任何有关格式的信息,又称为纯文本文件,简称文本文件,例如用记事本编辑生成的“.txt”文件。

2. 格式化文本文件

格式化文本文件是指带有各种文本排版等格式信息的文本文件,例如用 Word 编辑生成的“.doc”文件。

二、图形图像的基本格式

图形(Graphic)一般指用计算机绘制的画面,如直线、圆、圆弧、矩形、任意曲线和图标等。图形的格式是指一组描述点、线、面等几何图形的大小、形状及其位置、维数等的指令集合。在图形文件中只记录生成图的算法和图上的某些特征点,因此也称矢量图。

用于产生和编辑矢量图形的程序通常称为“Draw”程序。计算机中常用的矢量图形文件格式有 3DS(用于 3D 造型)、DXF(用于 CAD)等。由于图形文件中只保存生成图的算法和图上的某些特点,因此占用的存储空间很小。但显示时须经过重新计算,因此显示速度相对较慢。

图像(Image)是指由输入设备捕捉的实际场景画面或以数字化形式存储的任意画面。静止的图像是一个矩阵，阵列中的各项数字用来描述构成图像的各个点（称为像素）的强度与颜色等信息。这种图像也称为位图（BMP）。

用于生成和编辑位图图像的软件通常称为"Paint"程序。图像文件在计算机中的存储格式有多种，例如 BMP，TIF，GIF，JPG 等，一般图像文件的数据量都较大。

三、声音文件的基本格式

数字音频（Audio）主要可分为语音、音乐和音效 3 种。计算机中保存声音文件的格式有多种，最常用的有 WAV，MIDI，MP3，RA 等。

1．WAV

WAV 声音格式文件也叫波形声音文件，它是音乐格式的鼻祖。WAV 格式直接保存声音采样数据，数据不经过压缩，所以音质较好。

2．MIDI

MIDI（Musical Instrument Digital Interface）是音乐数字化接口的缩写。MIDI 格式的文件体积相当小，适合于网络传播，是多媒体领域中常用的一种音乐文件。

3．MP3

MP3 是将 WAV 声音数据进行特殊的数据压缩后产生的一种声音文件格式。MP3 技术是 MPEG 技术中的一部分，专门用来压缩影像中的伴音。

4．RA

RA 的全称是 Real Audio，目前在网络上非常流行，很多音乐网站和网络广播都使用 RA 格式。

四、动画文件的基本格式

动画是活动的画面，实质是一幅幅静态图像的连续播放。动画的连续播放既是指时间上的连续，也是指图像内容上的连续。计算机动画有帧动画和造型动画两种类型。存储动画的文件格式有 GIF，FLA 等。

1．帧动画

帧动画是由一幅幅位图组成的连续的画面，就如电影胶片或视频画面一样要分别设计每屏幕显示的画面。

2．造型动画

造型动画是对每一个运动的物体分别进行设计，赋予每个动画元素一些特征，然后用这些动画元素构成完整的帧画面。

五、视频文件的基本格式

视频由一幅幅单独的画面组成，这些画面以一定的速率连续地投射在屏幕上，使观察者观察到的图像具有连续的运动的感觉。视频文件的存储格式有 AVI，RM，DAT，SWF 等。

1. AVI

AVI 的全称是 Audio Video Interleaved，它是微软公司推出的视频文件格式，是目前视频文件格式的主流。

2. RM

RM 是 Real Networks 公司开发的一种压缩格式，主要用于在低速率的网上实时传输音频和视频信息。

3. DAT

DAT 格式不是指程序设计中的数据文件格式，而是指 VCD 影碟中的视频文件格式。这类文件除了可以用专门的 VCD 播放软件播放，还可以用 Windows 的媒体播放器直接播放。

4. SWF

SWF 格式是由 Macromedia 公司的 Flash 软件生成的矢量动画图形格式。由于 SWF 格式的动画文件很小，因此被广泛应用在 Internet 上。

第四节　常用的多媒体处理工具

多媒体处理工具是多媒体系统的重要组成部分。多媒体处理工具很多，主要包括图形图像软件、视频编辑软件、动画制作软件、音频编辑软件以及常见的多媒体合成软件等。

一、图形图像软件

图形软件一般指矢量绘图软件，图像软件一般指位图处理软件。CorelDRAW 就是一款功能强大的图形工具包，由多个模块组成。它几乎包括了所有绘图和桌面出版功能，适用于商业应用领域。Photoshop 是一款多功能的图像处理软件，它除了能进行一般的图像艺术加工外，还能进行图像的分析计算，可以帮助图形及 Web 设计人员、摄影师和视频专业人员更有效地创建出高质量的图像。

二、视频编辑软件

视频软件一般都有非常广泛的素材兼容性，可以利用图、文、声、像各类素材编辑合成视频片断。在信息形式的多样性方面，视频编辑软件并不逊于多媒体合成软件，但它并不是多媒体合成软件，用这类软件做出的视频片断不包含交互性，只可作为视频素材加入到多媒体作品中。Premiere 是一款著名的视频编辑软件，在视频软件中的地位相当于 Photoshop 在图像软件中的地位，而 After Effects 则是配合 Premiere 使用的后期效果软件。

三、动画制作软件

动画制作软件可大致分为二维动画制作软件和三维动画制作软件。3DS MAX 是一款流行甚广的优秀三维动画制作软件，利用 3DS MAX 可以控制画面的各种色彩、透明度和表面花纹的粗细程度，可以方便地移动、放大、压缩、旋转甚至改变对象的形态，也可以移动光源、摄像机、聚光灯以及摄像镜头的目标，以产生如电影般的效果。Flash 被公认为是当前世界上最优秀的二维动画制作软件，它集矢量绘图、动画制作、Actions 编辑于一体，因而被广泛应用于网页制作、多媒体教学、游戏开发等领域。

四、音频编辑软件

声音的录制和编辑工作可使用两种方法完成：一种方法是使用 Windows 中的录音机，但它的功能不强，效果也一般，而且录制声音的时间很短；另一种方法是使用声卡附带的软件及一些著名软件公司推出的多媒体音频制作编辑软件，例如简便的音频处理软件 CoolEdit 和功能完善的音频处理软件 Soundfoge 等。

五、多媒体合成软件

将用以上各种编辑软件生成的素材编辑合成，并加入必要的交互功能，使之成为完整的最终作品，是多媒体合成软件的功能。

Authorware 是基于图标和流程线的多媒体合成软件，具有功能完善且易于实现的 11 种交互方式。其流程图式的程序能清晰地表达多媒体作品的复杂结构，特别适用于大型作品的整体合成。

Director 是基于二维动画制作的多媒体合成软件，具备完善的二维动画制作功能，易于制作生动活泼的局部内容，内嵌内容丰富、功能完善的 Lingo 语言，可为作品添加丰富的交互功能。

以上两个合成软件同为 Macromedia 公司的产品，也是多媒体合成软件中最为著名的两个产品。它们各具有鲜明的特性，前者并不注重局部的细小功能，而擅长于对作品的整体把握；后者不易清晰地表达作品的复杂结构，却善于将局部内容表现得精彩纷呈。

除了以上两款多媒体合成软件外，常见的多媒体合成软件还有网络型软件 FrontPage 和 Dreamweaver 等。

第五节　Windows XP 中的多媒体组件

计算机技术的飞速发展使个人计算机的功能越来越强大，多媒体便是其中最富有吸引力和特色的一个功能。Windows XP 提供了强大的多媒体功能，使得个人计算机功能更加强大，内容更加丰富多彩。

一、多媒体组件

在 Windows XP 操作系统中经常使用的多媒体组件主要有录音机和 Windows Media Player。

1. 录音机

"录音机"程序用于录制、播放和编辑声音文件。选择 开始 → 所有程序(P) → 附件 → 娱乐 → 录音机 命令，打开 声音 - 录音机 窗口，如图 9.5.1 所示。

使用录音机录制和保存声音文件的具体操作步骤如下：

（1）在 声音 - 录音机 窗口中选择 文件(F) → 新建(N) 命令，单击 ⬤ 按钮，此时可以对着话筒唱歌或说话。

（2）录音完毕后，单击 ⬛ 按钮停止录音。

（3）选择 文件(F) → 保存(S) 命令，弹出 另存为 对话框，如图9.5.2所示。

图9.5.1　"声音 - 录音机"窗口

图9.5.2　"另存为"对话框

（4）在该对话框中设置声音文件的保存位置和名称，单击 保存(S) 按钮，即可将刚才录制的声音保存在计算机中，其文件类型为WAV。

2．Windows Media Player

用户可以使用Windows Media Player播放音频、视频或动画等多媒体文件以及控制媒体硬件设备的设置等。选择 开始 → 所有程序(P) → 附件 → 娱乐 → Windows Media Player 命令，即可打开 Windows Media Player 窗口，如图9.5.3所示。

图9.5.3　"Windows Media Player"窗口

使用Windows Media Player播放多媒体文件的具体操作步骤如下：

（1）选择 文件(F) → 打开(O)... Ctrl+O 命令，弹出 打开 对话框，如图9.5.4所示。

图9.5.4　"打开"对话框

（2）在该对话框中选择需要播放的多媒体文件，单击 打开(D) 按钮，即可播放该文件，效果如图 9.5.5 所示。

图 9.5.5 播放多媒体文件

二、设置多媒体属性

用户在使用多媒体组件的过程中，还可以对多媒体的属性进行设置，主要包括音量控制和音频属性的设置。

1. 音量控制

可以用两种方法实现音量控制：最简单的方法是直接用鼠标单击任务栏中的喇叭图标，然后用鼠标直接拖动滑块进行音量设置；用户还可以对音量控制进行高级设置，方法为：在任务栏中的喇叭图标上单击鼠标右键，从弹出的快捷菜单中选择 打开音量控制(O) 命令，弹出 音量控制 窗口，如图 9.5.6 所示。用户可在该窗口中对音量控制进行高级设置。

2. 设置音频属性

用户还可以方便地对声音多媒体的属性进行设置，方法为：在任务栏中的喇叭图标上单击鼠标右键，从弹出的快捷菜单中选择 调整音频属性(A) 命令，弹出 声音和音频设备 属性 对话框，如图 9.5.7 所示。在该对话框中可对声音和音频设备的属性进行设置，设置完成后，单击 确定 按钮即可。

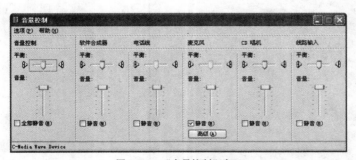

图 9.5.6 "音量控制"窗口

图 9.5.7 "声音和音频设备属性"对话框

第六节　图像浏览软件 ACDSee 10

　　网络中存放着大量的图像资料，当用户将图片保存到计算机的硬盘之后，就可以浏览或使用这些资源。用户既可以使用 Windows XP 自带的图片浏览器浏览图片，也可以从网络上下载或购买专业的图片浏览软件浏览图片。

一、ACDSee 10 功能简介

ACDSee 10 的新增功能主要表现在以下几方面：

1．快速查看

通过虚拟日历查看图片，让图片填满屏幕并通过指尖轻点快速浏览。另外 ACDSee 的快速查看模式可以以最快的方式打开邮件附件或者桌面的文件。

新特性：将鼠标放在图片上可以进行快速预览。

2．使用 ACDSee 管理文件

使用 ACDSee，创建最适合的方式。管理 Windows 文件夹，增加关键字和等级，编辑元数据和创建自己的分类。将图片按照自己的喜好任意分类而无须复制文件。

新特性：使用多个关键字搜索使搜索图片更加容易，例如"黄浦江之夜"。

3．保持图片的秩序性

照相手机或者其他设备与电脑连接时自动对新图片进行输入，重命名和分类。管理 CD，DVD 和外部驱动的图片而无须将其复制到电脑中，节省大量时间。

新特性：无须离开 ACDSee 即可迅速解压缩文件，查看和管理存档项目。

4．修正和改善照片

点击按钮修正普通的问题，如消除红眼，清除杂点和改变颜色。

新特性：通过 ACDSee 先进的工具可以消除红眼并使眼睛的颜色更加自然。

通过 ACDSee 阴影/高光工具可以修正相片过明或者过暗等细节问题。它可以快速修正照片的曝光不足，在指定的区域内而不影响其他区域。并且可以对照片所选范围实现模糊、饱和度和色彩效果的调整。

5．浏览格式增加

支持大量的音频，视频和图片格式包括 BMP，GIF，IFF，JPG，PCX，PNG，PSD，RAS，RSB，SGI，TGA 和 TIFF。可以通过完整列表查看所有支持的文件格式。

二、ACDSee 10 窗口界面

　　安装 ACDSee 10 之后，选择 [开始] → [所有程序(P)] → [ACD Systems] → [ACDSee 10] 命令，即可打开 ACDSee 10 工作窗口，如图 9.6.1 所示。

ACDSee 10 的工作窗口与 Windows 其他应用软件的工作窗口基本相同，下面只介绍该软件工作

窗口中新增部分的功能。

标题栏
工具栏
文件夹列表
预览窗口

菜单栏
整理列表
文件列表窗口
图片浏览窗格
状态栏

图 9.6.1　ACDSee 10 工作界面

（1）文件夹列表：用户可在文件夹窗口中找到要打开的图片。

（2）图片浏览窗格：图片浏览窗格中显示用户当前打开的文件夹中的图片。

（3）预览窗格：当用户在图片浏览窗格中选择一幅图片后，将在预览窗格中显示该图片的缩略图。

三、ACDSee 浏览器

ACDSee 浏览器的操作非常方便，用户可在资源管理器窗口中用鼠标右键单击要浏览的图片，从弹出的快捷菜单中选择 用 ACDSee 打开 命令，即可打开 ACDSee 浏览该图片。

1．转换文件格式

ACDSee 不仅可以识别多种格式的图片，还可以将一幅图片在不同的格式之间互相转换。下面将一幅 JPEG 格式的图片转换为 GIF 格式，操作步骤如下：

（1）在 ACDSee 主窗口中选择要转换的图片。

（2）选择 工具(T) → 转换文件格式(V)... Ctrl+F 命令，弹出"转换文件格式-选择一个格式"对话框，如图 9.6.2 所示。

（3）在"格式"选项卡中选择"GIF"选项，单击 下一步(N) > 按钮，弹出"转换文件格式-设置输出选项"对话框，如图 9.6.3 所示。

图 9.6.2　"转换文件格式-选择一个格式"对话框　　　图 9.6.3　"转换文件格式-设置输出选项"对话框

（4）选中 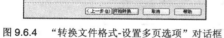 单选按钮，单击 下一步(N) 按钮，弹出"转换文件格式-设置多页选项"对话框，如图 9.6.4 所示。

（5）保持默认设置，单击 开始转换 按钮，系统开始转换选中的图像文件。转换完成后，单击 完成 按钮，即可看到转换后生成的文件，如图 9.6.5 所示。

图 9.6.4　"转换文件格式-设置多页选项"对话框

图 9.6.5　转换格式后的图片

2. 编辑图片

使用 ACDSee 可以进行一些常规的编辑操作，如缩放、剪切、旋转等，还可以对图片的清晰度、颜色及亮度等进行调整，具体操作步骤如下：

（1）在 ACDSee 主窗口中选择要编辑的图片。

（2）单击 编辑图像 按钮右侧的下拉按钮，在其下拉菜单中选择 编辑模式 命令，即可打开图片编辑器，如图 9.6.6 所示。

图 9.6.6　图片编辑器

（3）当用户单击不同的工具按钮，程序会弹出相应的编辑界面，其中给出了相关的参数设置和预览窗口，用户可通过设置合适的参数对图片进行编辑调整。

第七节　MP3 播放器 Winamp v 5.05

Winamp v 5.05 是目前最流行的 MP3 音乐播放工具。用户使用它不仅可以方便地欣赏自己硬盘中的 MP3 乐曲、获得最佳的乐曲播放享受和令人遐思无限的视觉享受，而且还可以直接欣赏网络上的各种 MP3 音乐。

一、Winamp v 5.05 主界面

Winamp v 5.05 的主界面继承了以前版本的优良传统，也是由标题栏、菜单栏、显示窗口、播放进度条、播放控制按钮组成，如图 9.7.1 所示。

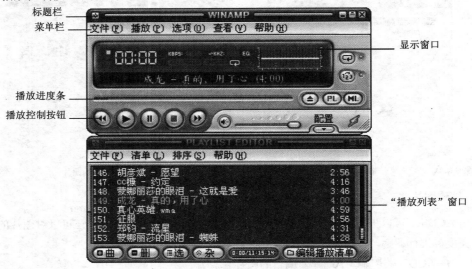

图 9.7.1　"Winamp v 5.05" 主界面

二、Winamp v 5.05 的使用

Winamp v 5.05 是一款以播放音频文件为主的媒体播放软件，在软件的升级中也增加了对视频文件的支持，现在的 Winamp 是一款集视频、音频文件播放于一体的强大的播放器。它的特点在于程序设计简洁，大大降低了播放文件时计算机内存的使用。

Winamp v 5.05 的功能包括播放音频、视频文件以及通过 Internet 收听网络广播、观看网络电视等。播放音频和视频文件的具体操作步骤如下：

（1）在 Winamp 播放器窗口中选择 文件(F) → 打开文件(F)... L 命令，弹出 打开文件 对话框，如图 9.7.2 所示。

图 9.7.2　"打开文件" 对话框

（2）选择需要播放的文件，单击 打开(0) 按钮，即可播放该文件。

三、Winamp v 5.05 的设置

Winamp v 5.05 的设置也很简单，选择 选项(O) → 参数设置(P)... Ctrl+P 命令，弹出 Winamp 参数设置 对话框，如图 9.7.3 所示，在该对话框中即可对 Winamp 的各项参数进行设置，设置完成后单击 关闭 按钮关闭该对话框。

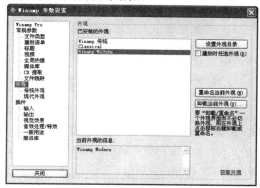

图 9.7.3　"Winamp 参数设置"对话框

第八节　视频播放器豪杰超级解霸 10

豪杰超级解霸 10 Beta 版是豪杰公司聚焦于 IPTV 领域后再次全新推出的网络多媒体互动娱乐服务系统。它集以往各版本之长，凭借独创的网络即时下载播放技术，支持多种常用 BT 种子文件播放；通过对播放界面、音视频播放器合并，使超级解霸从此以一个整体形象出现于用户面前，结合资源平台搜索服务，整合本地播放、互动网络直播等多项服务，为您提供全方位的互动娱乐服务。

一、豪杰超级解霸功能简介

（1）首创 BT 即时下载播放技术内建 P2P 传送技术，多点数据互传，最大限度利用带宽资源；多种常用视音频 BT 种子文件可边下边看，无须等待文件下载完毕；支持播放条的实时拖动，支持网络数据流控制。

（2）播放器合二为一，播放窗口与控制面板自由分离，音视频播放器合并为一体，分离时代从此结束；播放窗口与控制面板采用趣味性设计，可手动拆分和组合；全新操作界面，更时尚更方便。

（3）强大的在线支持与统计功能，播放列表窗口可自由收放，网络列表文件实时显示；支持在线统计功能，实时了解在线用户使用情况。

（4）简化操作，满足不同用户的需求，更换安装界面，简化安装流程；播放菜单重新整合，满足不同级别用户的需求。

（5）实用的媒体工具：多种视音盘片内容抓取工具，帮助您建立个人的数字媒体库。影音分离工具轻松提取影视主题曲，制作卡拉 OK 的 CD 或 MP3。

（6）经典的视频音频播放：强力支持多种文件格式和光盘模式，功能更强大，播放更稳定。配套完整的均衡/环绕/多声道音箱软连接方案，搭建完美的音响环境。别致的多语言字幕同屏显示能力，娱乐休闲、外语学习两不误！独特背景视频播放方式，天天工作变轻松！

（7）Web 2.0 互动娱乐新门户：丰富的平台内容资源和用户上传资源为解霸用户提供实时在线支持，以内容为主体，通过核心用户驱动线上互动娱乐环节的视频娱乐平台，以用户为中心，原创内容为基础，倡导用户主动展现自我角色扮演机制，加强用户的交互行为。

（8）全面支持豪杰自有高质量音视频格式：DAC 和 DVS，全新 DAC 音频技术：采用自然声学模型，85%～99%的 CD 无损质量；8K-1M 的采样率以及 16 位到 32 位编码方式，满足多种品质要求；32 个通道（包括 5.1 和 8.1），每通道独立编码，无干扰、串扰问题；压缩解压 CPU 占用率低，系统资源消耗小，全新 DVS 视频技术：采用可变帧率技术，解决网速不稳定带来的视频不同步问题，高压缩率，512dpi×384dpi 只使用 200~300K 的带宽即可流畅播放；支持动态图像大小的变动，支持动态图像清晰度的变动。

（9）支持播放的格式。

1）视频类：VOB / VBS / DAT / ASF / AVI / WMV / QT / MOV / RM / RMVB / RMM 等。

2）音频类：CDA / MP 3 / MIDI / RA / WAV / WMA / AU 等。

3）MPEG 系统视频音频文件：DIVX / M1V / M2V / MIV / MPV / MPEG / MP1 / MP2 等。

4）其他文件类型：SWF / SMIL / SMI / RT 等。

二、豪杰视频解霸

豪杰视频解霸是豪杰超级解霸的重要组成部分，选择 ▉▉ 开始 ▶ 所有程序(P) ▶ ▉ 超级解霸10 ▶ ▉ 超级解霸10 Beta 命令，即可启动豪杰视频解霸，打开其工作窗口，如图 9.8.1 所示。由图可以看出，豪杰视频解霸由两大部分组成，分别是主控界面和视频播放窗口。

图 9.8.1 豪杰视频解霸

主控界面：主控界面中间的按钮从左至右依次是：打开文件、播放 VCD/DVD、抓图、连续抓图、静音、循环、选择开始点、保存 MPG、全屏、使模糊变清晰。

主控界面下方的按钮从左至右依次是：播放/暂停、关闭一切、上一段、后退、前进、下一段和高级，使用这些按钮可以控制视频文件的播放。

主控界面右上角的按钮从左至右依次是：最小化、换肤和关闭。使用这些按钮可以控制主界面的大小，更换主控界面的皮肤，如图 9.8.2 所示的为单击"换肤"按钮 ▣ 后为主控界面更换的皮肤。

主控界面右侧从左至右依次是亮度调节和色彩调节（黄蓝、红绿）按钮。使用这些按钮可以调节视频文件的亮度和色彩。

图 9.8.2　更换主控界面的皮肤

三、暴风影音功能简介

暴风影音是现在网络上最流行使用人数最多的一款媒体播放器，它具有软件简单、播放流畅、占用资源少。

1. 支持格式多

解码器，兼容流行音视频格式及字幕支持。

2. 启动速度快

标准简介的界面，操作更方便，占用系统资源更少。

3. 播放更流畅

针对解码器的专门优化，更清晰、流畅的播放效果。

4. 专业级设置

丰富的专业化选项设置，满足发烧级用户各种设置。

作为对 Windows Media Player 的补充和完善，暴风影音提供和升级了系统对流行的影音文件和流的支持，包括 Real、QuickTime、MPEG-2、MPEG-4（DivX/XviD/3ivx、MP4、AVC/H264…）、AC3/DTS、ratDVD、VP3/6/7、Indeo、XVD、Theora、OGG/OGM、Matroska、APE、FLAC、TTA、AAC、MPC、Voxware、3GP/AMR、TTL2、字幕等。配合最新版本的 Windows Media Player 可完成大多数流行影音文件、流媒体、影碟等的播放而无须其他专用软件。

四、暴风影音界面介绍

启动主程序，弹出暴风影音的工作界面，如图 9.8.3 所示。

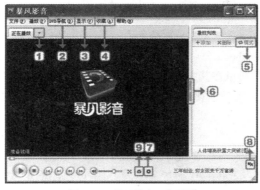

图 9.8.3　暴风影音工作界面

（1）快速打开文件与视、音频字幕设置。

（2）播放 DVD 的设置菜单（仅对 DVD 光盘生效）。

（3）显示比例与皮肤更换。

（4）影片记忆功能（方便从断开的地方继续观看）。

（5）更换观看循环比如：单曲循环和随机播放的方式。

（6）隐藏播放列表。

五、PPstream 介绍

PPS 网络电视是全球第一家集 P2P 直播点播于一身的网络电视软件。PPS 网络电视能够在线收看电影、电视剧、体育直播、游戏竞技、动漫、综艺、新闻、财经资讯……播放流畅、完全免费，PPS 网络电视是网民喜爱的装机必备软件。

六、PPstream 界面介绍

启动 ![图标] 主程序，弹出 PPstream 工作的界面，如图 9.8.4 所示。

图 9.8.4　PPstream 工作界面

播放频道：用于选择所要观看的节目类型，再根据节目类型选择自己喜欢的节目。

播放窗口：用于播放所选节目的界面。

播放主页：用于显示主页中正在热播的节目，单击即可进入热播的节目。

第九节　刻录软件 Nero

刻录软件 Nero 是由德国 Ahead 公司出品的，其功能十分强大，能完成大部分刻录工作，而且操作简单，应用比较广泛。用户可以在其主页（http://www.nero.com）中下载 Nero 的最新版本，在汉化新世纪（http://www.hanzify.org）等汉化站点下载 Nero 的汉化包，并完成 Nero 的安装。

一、Nero 主界面

完成 Nero 的安装后，双击桌面上的 Nero 快捷方式图标，打开 Nero 主界面，该界面由 6 个菜单按钮和 4 个工具按钮组成，如图 9.9.1 所示。

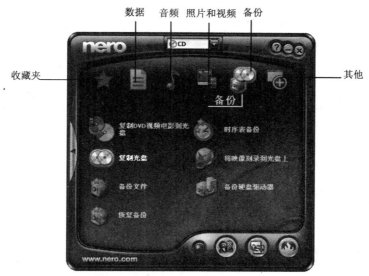

图 9.9.1　Nero 主界面

"收藏夹"按钮 ：快速便捷地访问用户收藏的项目。

"数据"按钮 ：创建数据光盘来存储用户的文件及文件夹，或添加到现有的数据光盘。

"音频"按钮 ：制作各种普通的音乐光盘、MP3 光盘、WMA 光盘和其他光盘。

"照片和视频"按钮 ：捕捉数字照片和视频，并创建用户自己的电影或幻灯片显示。

"备份"按钮 ：复制整个光盘、备份单个文件甚至整个磁盘驱动器。

"其他"按钮 ：使用该菜单下的工具来控制驱动器速度、制作光盘标签、擦除光盘和实现许多其他功能。

二、Nero 的功能简介

Nero 是著名的光盘刻录工具，其功能如下：
（1）通过 Nero 刻录数据光盘，将重要的数据文件保存下来。
（2）通过 Nero 刻录音乐光盘。
（3）通过 Nero 刻录 VCD。
（4）通过 Nero 刻录，完成光盘的复制。
（5）通过 Nero 完成光盘封面的制作。

三、使用 Nero 刻录数据光盘

使用 Nero-Burning Rom 刻录数据光盘的具体操作步骤如下：

（1）双击桌面上 Nero 的快捷方式图标，启动 Nero 应用程序。

（2）选择 📋 → 📀 命令，打开 📀 **ISO1 - Nero Burning ROM** 窗口，如图 9.9.2 所示。

（3）在该窗口中单击"使用 Nero Express"按钮 📷，打开 📷 **Nero Express** 窗口（一），如图 9.9.3 所示。

图 9.9.2 "ISO1 - Nero Burning ROM"窗口

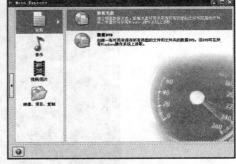

图 9.9.3 "Nero Express".窗口（一）

（4）在该窗口中选择"数据光盘"选项，打开 📷 **Nero Express** 窗口（二），如图 9.9.4 所示。

（5）在该窗口中单击 ⊕ 添加(A)... 按钮，弹出 📁 添加文件和文件夹 对话框，如图 9.9.5 所示。

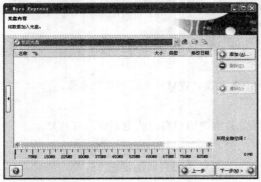

图 9.9.4 "Nero Express"窗口（二）

图 9.9.5 "添加文件和文件夹"对话框

（6）在该对话框中选择要刻录的数据，单击 添加(A)... 按钮，完成刻录数据的添加，单击 关闭(C) 按钮，返回到 📷 **Nero Express** 窗口（一）中。

（7）查看刻录数据的文件大小是否符合刻录要求，然后单击 下一步(N) > ⊕ 按钮，打开 📷 **Nero Express** 窗口（三），如图 9.9.6 所示。

图 9.9.6 "Nero Express"窗口（三）

（8）选择刻录数据的刻录机，在"光盘名称"文本框中输入刻录文件的名称，单击 刻录 按钮开始刻录。

（9）刻录完成后，在弹出的 Nero Express 提示框中单击 确定 按钮，完成数据的刻录。

第十节 应用实例——使用压缩软件压缩文件

通过本章的学习，主要掌握各种常用工具软件的使用方法。下面练习压缩一个文件。

（1）选择 开始 → 所有程序(P) → WinRAR → WinRAR 命令，打开"WinRAR"应用程序的主界面，在目录栏中选择需要压缩的文件夹，如图 9.10.1 所示。

（2）在主界面的工具栏中单击 添加 按钮，弹出 压缩文件名和参数 对话框，如图 9.10.2 所示。

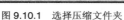

图 9.10.1 选择压缩文件夹

图 9.10.2 "压缩文件名和参数"对话框

（3）在该对话框中的"压缩文件名"文本框中输入压缩文件的名称"盆景艺术"，在"更新方式"下拉列表中选择"添加并替换文件"选项，在"压缩文件格式"选区中选中 RAR(R) 单选按钮，在"压缩选项"选项组中选中 添加恢复记录(P) 和 测试压缩文件(E) 复选框，在"压缩方式"下拉列表中选择压缩文件的速度。

（4）设置完成后，单击 确定 按钮，弹出压缩进度条对话框，显示文件夹压缩的进度，如图 9.10.3 所示。

（5）文件压缩完之后，在"WinRAR"主界面的文件列表中将显示新创建的压缩文件，如图 9.10.4 所示。

图 9.10.3 压缩进度条对话框

图 9.10.4 新创建的压缩文件效果

本章小结

本章主要介绍了多媒体的基本概念、多媒体计算机的特点及系统组成、常见的多媒体文件格式、常用的多媒体处理工具、Windows XP 中的多媒体组件、图像浏览软件 ACDSee 10、MP3 播放器 Winamp v5.05、视频播放器豪杰超级解霸以及刻录软件 Nero，通过本章的学习使用户对常用工具软件有一个初步的了解，为以后的学习打好基础。

习 题 九

一、填空题

1. 从多媒体技术的定义来看，多媒体是由_____、图形和图像、_____、动画以及_____等要素组成的。

2. 多媒体软件系统按功能可分为_____和_____。

二、选择题

1. 最常用的视频文件的存储格式有（　　）。

　（A）SWF　　　　　　　　　　　　（B）RM

　（C）DAT　　　　　　　　　　　　（D）AVI

2. 以下属于刻录软件的是（　　）。

　（A）WinRAR　　　　　　　　　　（B）Winamp

　（C）ACDSee　　　　　　　　　　（D）Nero

三、简答题

1. 简述多媒体计算机的特点。

2. 简述常见的多媒体文件格式。

3. 简述常用的多媒体处理工具。

4. 简述 Winamp v 5.05 的功能及基本操作。

5. 简述豪杰超级解霸 10 的播放功能。

6. 简述刻录软件 Nero 的主要功能。

四、上机操作题

对本章所介绍的各种工具软件进行实际的上机操作，体验各软件的特点和操作方法。

实训 1　启动和关闭计算机

1．目的和要求

掌握启动和关闭计算机的操作方法。

2．要点及说明

掌握启动和关闭计算机的顺序和方法。

3．实训内容

启动和关闭计算机，并注意启动和关闭计算机的顺序和方法。

4．上机操作

（1）打开显示器及主机电源，稍后屏幕上将显示计算机自检信息。

（2）选择 Windows XP 选项，按回车键进入 Windows XP 操作系统，显示如图 10.1.1 所示的用户登录界面。

（3）在该界面中输入正确的登录账号和密码，然后按回车键即可运行 Windows XP 操作系统，并进入如图 10.1.2 所示的 Windows XP 桌面。

图 10.1.1　用户登录界面　　　　　　　　图 10.1.2　Windows XP 桌面

（4）计算机使用完后，关闭所有已经打开的应用程序。

（5）单击 开始 按钮，在弹出的"开始"菜单中选择 关闭计算机 命令，弹出 关闭计算机 对话框，如图 10.1.3 所示。

图 10.1.3　"关闭计算机"对话框

（6）在该对话框中单击"关闭"按钮 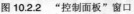，即可关闭计算机。

（7）最后关闭显示器及总电源。

实训 2　创建新用户

1．目的和要求

学习在 Windows XP 操作系统中创建新用户，并熟悉创建用户账户的方法。

2．要点及说明

掌握 Windows XP 操作系统中创建新用户的方法，以便更好地管理计算机。

3．实训内容

在 Windows XP 操作系统中创建一个新的用户，并设置该用户为管理员，效果如图 10.2.1 所示。

图 10.2.1　效果图

4．上机操作

（1）选择 开始 → 控制面板(C) 命令，打开 控制面板 窗口，如图 10.2.2 所示。

（2）在该窗口中单击 用户帐户 超链接，打开 用户帐户 窗口，如图 10.2.3 所示。

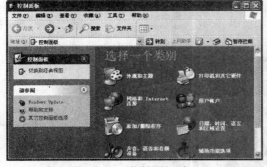 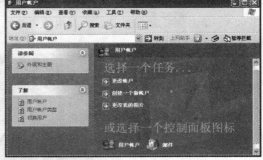

图 10.2.2　"控制面板"窗口　　　　　　图 10.2.3　"用户账户"窗口

（3）在该窗口中单击 创建一个新帐户 超链接，打开 用户帐户 窗口（一），如图 10.2.4 所示。

（4）在该窗口中的"为新账户键入一个名称"文本框中输入"镜花水月"，单击 下一步(N) > 按钮，打开 用户帐户 窗口（二），如图 10.2.5 所示。

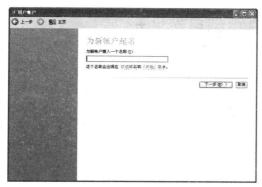

图 10.2.4 "用户账户"窗口（一）

图 10.2.5 "用户账户"窗口（二）

（5）在该窗口中选中 ◎计算机管理员(A) 单选按钮，将新用户设置为计算机管理员，单击 创建帐户(C) 按钮，新设置的用户名称即可出现在 用户帐户 窗口中。

实训 3　文本输入

1．目的和要求

学习中英文输入法之间的切换和文字输入的具体方法。

2．要点及说明

掌握中英文输入法之间的切换和使用方法，这是编辑文档的基础。

3．实训内容

分别使用英文输入法、微软拼音输入法、智能 ABC 输入法和五笔字型输入法输入文字。

3．上机操作

（1）使用英文输入法在记事本中输入下面一段文字。

Long ago,there was a big cat in the house.He caught many mice while they were stealing food.

One day the mice had a meeting to talk about the way to deal with their common enemy.Some said this,and some said that.At last a young mouse got up,and said that he had a good idea.

"We could tie a bell around the neck of the cat,Then when he comes near,we can hear the sound of the bell,and run away."

Everyone approved of this proposal,but an old wise mouse got up and said, "That is all very well,but who will tie the bell to the cat?"The mice looked at each other,but nobody spoke.

（2）分别使用微软拼音输入法、智能 ABC 输入法和五笔字型输入法输入下面一段文字。

从前，一所房子里面有一只大猫，它抓住了很多偷东西的老鼠。

一天，老鼠在一起开会商量如何对付它们共同的敌人。会上大家各有各的主张。最后，一只小老鼠站出来说它有一个好主意。

"我们可以在猫的脖子上绑一个铃铛，那么如果它来到附近，我们听到铃声就可以马上逃跑。"

大家都赞同这个建议，但是一只聪明的老耗子站出来说："这的确是个绝妙的主意，但是谁来给猫的脖子上绑铃铛呢？"老鼠们面面相觑，谁也没有说话。

实训 4　在 Word 中绘制自选图形

1. 目的和要求

学习自选图形的绘制以及设置其填充效果的方法。

2. 要点及说明

掌握 Word 2007 的基本操作。

3. 实训内容

选择一个自选图形，然后为其设置填充效果，并添加文字，效果如图 10.4.1 所示。

图 10.4.1　效果图

4. 上机操作

（1）启动 Word 2007，单击 → 命令，在弹出的 对话框中选择"空白文档"选项，即可新建一个空白文档。

（2）打开 选项卡，在"插图"中选择"形状"命令，在弹出的下拉列表中单击 组中的"流程图：顺序访问存储器"按钮。

（3）当鼠标变成 十 形状时，按"Shift"键，拖动鼠标到合适的位置，效果如图 10.4.2 所示。

（4）右击该自选图形，在弹出的快捷菜单中选择 命令，弹出 对话框，打开 选项卡，如图 10.4.3 所示。

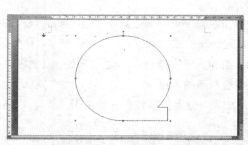

图 10.4.2　绘制自选图形

图 10.4.3　"颜色与线条"选项卡

（5）在"填充"选区中的"颜色"下拉列表中选择 填充效果(F)... 选项，弹出"填充效果"对话框，打开 图片 选项卡，如图 10.4.4 所示。

（6）单击 选择图片(L)... 按钮，弹出"选择图片"对话框，如图 10.4.5 所示。

图 10.4.4　"图片"选项卡

图 10.4.5　"选择图片"对话框

（7）选择所需要的图片，单击 插入(S) 按钮即可，效果如图 10.4.6 所示。

（8）用同样的方法设置该自选图形的线条颜色为"粉红"。

（9）打开 插入 选项卡，在"文本"组中单击"艺术字"命令 ，弹出其下拉列表，在该列表中选择第一行第一个样式，弹出 编辑艺术字文字 对话框，如图 10.4.7 所示。

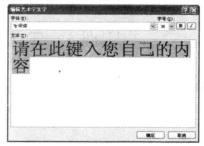

图 10.4.6　设置填充效果　　　　　　　　图 10.4.7　"编辑'艺术字'文字"对话框

（10）在"文本"文本框中输入"秋"，单击 确定 按钮即可插入艺术字。

（11）鼠标右击插入的艺术字，在弹出的快捷菜单中选择 设置艺术字格式(O)... 选项，弹出 设置艺术字格式 对话框，打开 颜色与线条 选项卡，如图 10.4.8 所示。

（12）在"填充"和"线条"选区中分别设置其颜色为"金色"，并打开 版式 选项卡，在"环绕方式"选区中选择"浮于文字上方"选项，单击 确定 按钮，效果如图 10.4.9 所示。

图 10.4.8　"颜色与线条"选项卡　　　　　图 10.4.9　插入艺术字效果

（14）选择该自选图形，单击鼠标右键，在弹出的快捷菜单中选择  添加文字(X) 命令，输入"不要以为忙碌和烦琐才是生活，不要以为春天才是郊游的季节，不要以为天空总是布满阴霾，朋友啊，走吧，走进秋天，去看看秋天的景色，听听季节的问候；去拥抱自然，让你的心沐浴在秋天的阳光下。"

（15）设置在步骤（14）中输入的文字的字体和颜色，效果如图 10.4.10 所示。

（16）打开 插入 选项卡，在"插图"组中选择"图片"命令，弹出 插入图片 对话框，从中选择一幅图片，单击 插入(S) 按钮。

（17）设置图片的"环绕方式"为"浮于文字上方"，如图 10.4.11 所示。

图 10.4.10　设置字体效果　　　　　　　图 10.4.11　插入图片

（18）双击图片，打开 格式 选项卡，选择"调整"组中的"重新着色"命令 重新着色，在其下拉列表中选择 设置透明色(S) 选项，然后单击图片即可，最终效果如图 10.4.1 所示。

实训 5　工作簿与工作表

1. 目的和要求

创建工作簿，美化工作表。

2. 要点及说明

掌握 Excel 2007 的基本操作。

3. 实训内容

创建"考勤卡"工作簿并设置工作表背景，效果如图 10.5.1 所示。

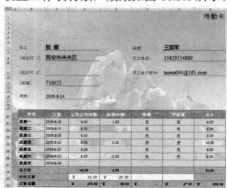

图 10.5.1　效果图

4．上机操作

（1）选择  → 命令，弹出对话框，如图 10.5.2 所示。

（2）在该对话框的"模板"选区中，选择选项，如图 10.5.3 所示。

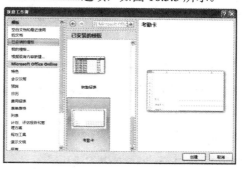

图 10.5.2　"新建工作簿"对话框　　　　　　　　图 10.5.3　"已安装的模板"选项卡

（3）在"已安装的模板"栏中选择"考勤卡"选项，单击按钮，"考勤卡"模板如图 10.5.4 所示。

（4）在工作簿中输入数据，效果如图 10.5.5 所示。

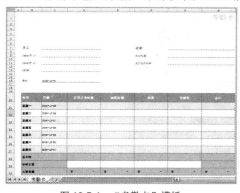

图 10.5.4　"考勤卡"模板　　　　　　　　　图 10.5.5　在工作簿中输入数据

（5）选定 A1:H30 单元格区域，打开选项卡，在"页面设置"组中选择命令，弹出对话框，如图 10.5.8 所示。

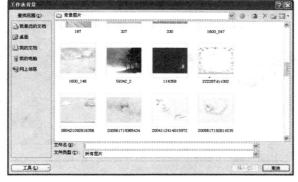

图 10.5.8　"工作表背景"对话框

（6）在该对话框中选择一种背景图片，单击 插入(S) 按钮，即可将选择的图片设置为工作表的背景，最终效果如图 10.5.1 所示。

实训 6　制作卡片

1．目的和要求

掌握 PowerPoint 2007 中的更换版式设置、应用幻灯片设计模板、插入文本框、插入图片、自定义设置动画等知识。

2．要点及说明

复习 PowerPoint 2007 的基本操作。

3．实训内容

利用 PowerPoint 2007 制作一张漂亮的卡片，效果如图 10.6.1 所示。

图 10.6.1　卡片效果

4．上机操作

（1）启动 PowerPoint 2007 应用程序，系统自动新建一张幻灯片。

（2）单击 开始 选项卡"幻灯片"组中的 版式 命令，在弹出的下拉列表中选择"空白"选项。

（3）打开 设计 选项卡，在"主题"组中单击 按钮弹出其下拉列表，如图 10.6.2 所示。

（4）在该列表中选择"纸张"选项，如图 10.6.3 所示。

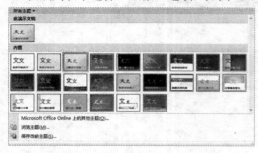

图 10.6.2　"幻灯片主题"下拉列表

图 10.6.3　"跋涉"幻灯片设计模板

（5）切换到 插入 选项卡，在"文本"组中单击 文本框 → 横排文本框(H) 命令，将鼠标移至当前幻灯片中，当鼠标变为 ↓ 形状时，按住鼠标左键并拖动，绘制一矩形文本框，然后在此文本框中输入文本内容，并设置其字体为"华文楷体"，字号为"20"，字体颜色为"黄色"，效果如图 10.6.4 所示。

（6）以同样的方法插入第二个文本框，并在其中输入文本，同时设置其字体为"幼圆"，字号为"20"，字体颜色为"绿色"，效果如图 10.6.5 所示。

图 10.6.4　插入文本框并在其中输入文本且设置效果　　　图 10.6.5　插入文本框并在其中输入文本且设置效果

（7）选定当前幻灯片，切换到 插入 选项卡，在"插图"组中选择 图片 命令，弹出如图 10.6.6 所示的"插入图片"对话框。

（8）在"查找范围"下拉列表中选择插入图片的具体位置，在列表框中选择所需要的图片，单击 插入(S) 按钮，即可将其插入到幻灯片中，将鼠标移至图片中任意一个调整控制点上，按住鼠标左键并拖动，调整至适当大小释放鼠标即可，如图 10.6.7 所示。

图 10.6.6　"插入图片"对话框　　　　　　　图 10.6.7　在幻灯片中插入图片并调整其大小

（9）选中插入到幻灯片中的图片，然后打开 动画 选项卡，在"动画"组中选择 自定义动画 命令，弹出"自定义动画"任务窗格，如图 10.6.8 所示。

图 10.6.8　"自定义动画"任务窗格

（10）单击 添加效果 ▼ 按钮，在弹出的下拉菜单中选择 ★ 进入(E) ▶ 命令，在弹出的子菜单中选择 ★ 4. 菱形 命令，如图 10.6.9 所示。

（11）为选定的图片设置"菱形"动画效果后，如果对添加的动画不满意，可以在"自定义动画"任务窗格中对其进行修改。如在"修改：菱形"选区中的"开始"下拉列表中选择"单击时"选项，在"方向"下拉列表中选择"放大"选项，在"速度"下拉列表中选择"慢速"选项，单击 ▶ 播放 按钮，即可开始播放设置的动画效果，如图 10.6.10 所示。

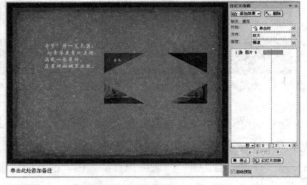

图 10.6.9　选择"菱形"命令　　　　　　　图 10.6.10　预览图片动画效果

（12）设置完成后，最终效果如图 10.6.1 所示。

实训 7　　创建学生成绩管理系统

1．目的和要求

掌握创建数据库、保存数据库、在数据库中创建数据表、设置主键、建立查询、创建窗体、创建报表、打印报表等操作。

2．要点及说明

掌握 Access 2007 的使用方法和技巧。

3．实训内容

综合运用 Access 2007 的数据管理功能，创建学生成绩管理系统。

4．上机操作

（1）启动 Access 2007，单击"开始使用 Microsoft Office Access"栏中的"新建空白数据库"下的 空白数据库 按钮。

（2）在"开始使用 Microsoft Office Access"栏的右边出现"空白数据库"栏，在"文件名"中输入文件名，如学生成绩管理系统。单击"浏览"按钮 选择保存位置。

（3）打开 文件新建数据库 对话框，选择文件保存位置，如 E:，单击 确定 按钮，返回到"开始使用 Microsoft Office Access"栏，在右边的"空白数据库"栏中单击 创建(C) 按钮，创建空白数据库后的效果如图 10.7.1 所示。

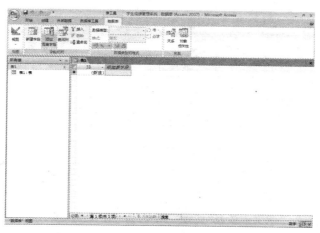

图 10.7.1　创建的空白数据库

（4）单击  按钮切换视图，这时会打开 **另存为** 对话框，输入数据表名称，如"学生成绩表"，单击 确定 按钮切换到设计视图，如图 10.7.2 所示。

图 10.7.2　"另存为"对话框

（5）打开表设计器，在"字段名称"列中输入字段名，如编号，在"数据类型"列单击下拉列表按钮，选择需要的数据类型，如自动编号，继续输入表中其他字段、数据类型及设置属性。单击"保存"按钮 进行保存，如图 10.7.3 所示。

图 10.7.3　创建表

（6）切换到数据表视图，输入数据完成表的创建，如图 10.7.4 所示。

（7）将"姓名"设置为主键，切换到设计视图中。在"字段名称"列中单击要设为主键的字段"姓名"，再单击"工具"栏中的 按钮，该字段前面将出现 标记，表示已将该字段设为主键，如图 10.7.5 所示。

图 10.7.4　表创建完成

图 10.7.5　设置主键

（8）通过设计视图为"学生成绩表"创建一个名为"学生成绩查询"的选择查询，查询中包括"姓名"、"语文"和"数学"三个字段，查询条件是语文和数学成绩均为"100"分的记录，效果如图 10.7.6 所示。

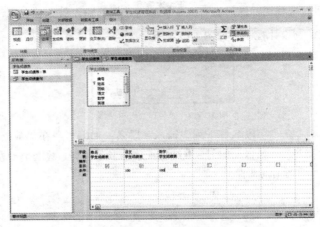

图 10.7.6　设置查询条件

（9）切换到数据表视图，可以看到查询的结果，如图 10.7.7 所示。

图 10.7.7　查询的结果

（8）利用窗体向导为"学生成绩表"表创建一个名为"四二班学生成绩表"的纵栏式窗体，包括所有字段，并调整窗体的大小，最终效果如图 10.7.8 所示。

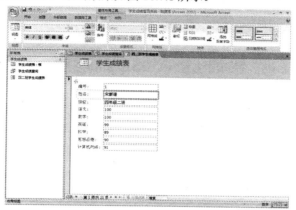

图 10.7.8 创建窗体

（9）更改窗体样式为"溪流"，并将记录为"1"，姓名为"宋新谱"的学生英语成绩改为 100分，如图 10.7.9 所示。

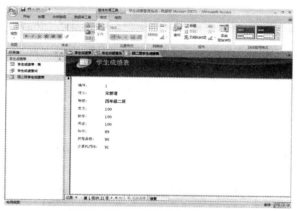

图 10.7.9 修改窗体

（10）利用报表向导为"学生成绩表"表创建纵栏式报表，包括所有字段，以"语文"字段为降序进行排列，报表样式为"Access 2007"，并调整报表的格式，最终效果如图 10.7.10 所示。

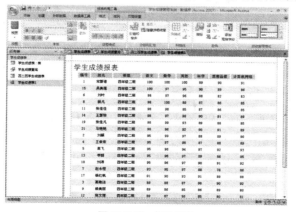

图 10.7.10 创建报表

（11）在报表预览视图中，单击"打印预览"选项卡中的 按钮，弹出 打印 对话框，将创建的报表打印两份。

实训 8　　ADSL 的连接

1. 目的和要求

创建一个快速、低费的宽带上网连接。

2. 要点及说明

掌握如何建立宽带上网连接。

3. 实训内容

在 Windows XP 中创建 ADSL 网络连接。

4. 上机操作

（1）选择 开始 → 所有程序(P) → 附件 → 通讯 → 网络连接 命令，打开 网络连接 窗口。

（2）在左侧"网络任务"窗格中单击 创建一个新的连接 超链接，弹出 新建连接向导 对话框。

（3）单击 下一步(N) > 按钮，向导提示选择网络连接类型，选中 连接到 Internet(C) 单选按钮。

（4）单击 下一步(N) > 按钮，向导提示选择连接到 Internet 服务商提供的 ISP 方式，选中 手动设置我的连接(M) 单选按钮。

（5）单击 下一步(N) > 按钮，向导提示选择连接方式，选中 用要求用户名和密码的宽带连接来连接(W) 单选按钮，如图 10.8.1 所示。

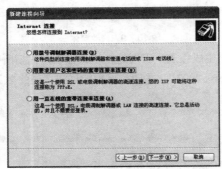

图 10.8.1　选择连接方式

（6）单击 下一步(N) > 按钮，在"ISP 名称"文本框中输入 Internet 服务提供商的名称。

（7）单击 下一步(N) > 按钮，在"用户名"和"密码"文本框中输入 ISP 提供的用户名和密码。

（8）单击 下一步(N) > 按钮，在弹出的 新建连接向导 对话框中选中 ☑在我的桌面上添加一个到此连接的快捷方式(S) 复选框。

（9）单击 完成 按钮，关闭 新建连接向导 对话框，弹出 连接 adsl 对话框，其中"用户名"和"密码"已经默认输入，如图 10.8.2 所示。

（10）单击  按钮，弹出 adsl 属性 对话框，如图 10.8.3 所示。用户可以在该对话框中对 ADSL 的连接属性进行设置。

图 10.8.2　"连接 adsl" 对话框

图 10.8.3　"adsl 属性" 对话框

（11）单击 连接(C) 按钮，弹出 正在连接 adsl... 对话框，如图 10.8.4 所示。

图 10.8.4　"正在连接 adsl" 对话框

（12）连接成功，系统自动提示，并在右下角显示已连接的图标。

（13）单击已连接的图标，弹出 adsl 状态 对话框，显示 ADSL 网络连接后的状态，如图 10.8.5 所示。

图 10.8.5　"adsl 状态" 对话框

实训 9　搜索网页

1. 目的和要求

学习在 Internet 上使用搜索引擎搜索需要的网页。

2. 要点及说明

掌握在 Internet 上搜索所需要资料的方法。

3．实训内容

启动 IE 浏览器，使用百度搜索引擎搜索网页。

4．上机操作

（1）选择 [开始] → [程序(P)] → [Internet Explorer] 命令，启动 IE 浏览器。

（2）在浏览器"地址栏"中输入"http://www.baidu.com"，按回车键，打开百度主页，如图 10.9.1 所示。

图 10.9.1　百度主页

（3）在文本框中输入文本"中国农业银行"，单击 [百度搜索] 按钮，即可搜索到包含相关信息的所有网页，如图 10.9.2 所示。

图 10.9.2　搜索所有包含该信息的网页

（4）在该页面中单击第一个超链接，即可打开中国农业银行的主页。

实训 10　查杀计算机病毒

1．目的和要求

学习使用瑞星杀毒软件查杀计算机病毒的方法。

2．上机要点

使用杀毒软件清除计算机病毒，是最直接最有用的操作方法。

3．实训内容

使用瑞星杀毒软件查杀计算机病毒。

4．上机操作

（1）安装杀毒软件后，在桌面上双击该软件的快捷图标 ，启动瑞星杀毒软件 2008。

（2）在打开的瑞星杀毒软件界面中的"查杀目标"窗格中选中要查杀的目标选项前的复选框，然后单击 开始查杀 按钮，如图 10.10.1 所示。

图 10.10.1　设置杀毒目标

（3）发现病毒后将打开"发现病毒"对话框，其中显示了感染病毒的文件的名称和病毒的名称，这里单击"清除病毒"按钮，如图 10.10.2 所示。

（4）杀毒软件对感染病毒的文件进行病毒的清除，并在瑞星杀毒的界面中显示感染病毒文件的相关信息。

（5）杀毒完成后，打开"杀毒结束"对话框，提示扫描病毒的结果，这里单击"清除病毒"按钮，返回到"瑞星杀毒软件"窗口中，单击标题栏右侧的 × 按钮，退出杀毒软件。

图 10.10.2　查找并清除病毒

提示：用户还可对瑞星杀毒软件进行设置和手动升级。只有在计算机连入 Internet 的时候，在打开的瑞星杀毒软件界面的右侧窗格中才能显示网页信息，并进行软件的升级。

实训 11　播放视频文件

1．目的和要求

学习使用豪杰超级解霸播放视频文件。

2．要点及说明

掌握使用豪杰超级解霸播放视频文件的方法。

3．实训内容

启动视频播放器豪杰超级解霸，并播放一个视频文件。

4．上机操作

（1）选择 开始 ➝ 所有程序(P) ➝ 超级解霸10 ➝ 超级解霸10 Beta 命令，启动豪杰超级解霸 10 应用程序，并打开其应用程序主界面。

（2）选择 文件(F) ➝ 打开 媒体文件(O)... Ctrl + O 命令，弹出 打开 对话框，如图 10.11.1 所示。

图 10.11.1　"打开"对话框

（3）在该对话框中的"查找范围"下拉列表中选择要播放的视频文件，单击 打开(O) 按钮，即可开始播放视频文件。